"十三五"江苏省高等学校重点教材(编号：2018-2-244)

木质制品生产工艺学

主　编　蔡家斌

副主编　董会军　丁　涛　董宏敢

科学出版社

北　京

内 容 简 介

本书以木质材料为主要研究对象,系统讲述了木质制品的生产理论和具体的生产工艺流程。主要内容包括木质制品材料与结构基础、木质制品机械加工基础、实木零部件加工工艺、板式零部件加工工艺、弯曲木质制品零部件加工工艺、木质制品装配和涂饰等。

本书适用于木材科学与工程、家具设计与制造、室内设计与工程、木结构工程与材料等相关专业的本科生,并可供相关领域的科学技术人员、企业生产技术人员和管理人员参考。

图书在版编目(CIP)数据

木质制品生产工艺学 / 蔡家斌主编;董会军,丁涛,董宏敢副主编. —北京:科学出版社,2022.5

"十三五"江苏省高等学校重点教材

ISBN 978-7-03-072240-9

Ⅰ. ①木… Ⅱ. ①蔡… ②董… ③丁… ④董… Ⅲ. ①木制品-生产工艺-高等学校-教材 Ⅳ. ①TS66

中国版本图书馆 CIP 数据核字(2022)第 078451 号

责任编辑:李涪汁 曾佳佳 李 策 / 责任校对:杨聪敏
责任印制:张 伟 / 封面设计:许 瑞

科 学 出 版 社 出版
北京东黄城根北街 16 号
邮政编码:100717
http://www.sciencep.com
北京建宏印刷有限公司 印刷
科学出版社发行 各地新华书店经销

*

2022 年 5 月第 一 版　开本:787×1092 1/16
2022 年 5 月第一次印刷　印张:14
字数:330 000
定价:89.00 元
(如有印装质量问题,我社负责调换)

前　言

　　木质制品生产工艺学是木材科学与工程、家具设计与制造、室内设计与工程、木结构工程与材料等相关专业的必修课程，是一门基础理论与实践应用并重的课程。我国是木质制品的消费和出口大国，每年都要消费数亿立方米的木质材料原料。木质材料是绿色可再生的资源，但是木质材料生长缓慢、周期长。因此，提高木质制品的加工工艺技术，对节约木材资源、提高产品质量和延长使用寿命具有重要意义。我国木质制品的生产制造历史悠久，传统木质制品如家具、木结构建筑的结构、造型等具有中国独特的历史文化，本书以文化传承、弘扬工匠精神为指导，以提高木质材料利用率、高效加工、节能、环保为准则，以提高木质制品质量为目标，对常见木质制品的生产原料、产品结构、生产工艺过程进行了较为系统的阐述。

　　全书共 8 章，第 1 章为绪论，主要介绍木质制品加工工艺技术的发展现状；第 2 章为木质制品材料与结构基础，主要介绍木质制品用材和结构特征；第 3 章为木质制品机械加工基础，主要介绍木质制品机械加工方法和质量要求；第 4 章为实木零部件加工工艺，主要介绍实木类制品的加工工艺过程；第 5 章为板式零部件加工工艺，主要介绍板式木质制品的制备工艺过程；第 6 章为弯曲木质制品零部件加工工艺，主要介绍实木和板式弯曲零部件的加工方法和工艺过程；第 7 章为木质制品装配，主要介绍木质制品的装配方法和工艺；第 8 章为木质制品的涂饰，主要介绍木质制品的涂料和涂装方法。

　　本书是"十三五"江苏省高等学校重点教材，由南京林业大学主持编写。参与编写的人员有南京林业大学的蔡家斌、董会军、丁涛、苗平和安徽农业大学的董宏敢以及浙江农林大学的俞友明等，本书经南京林业大学庄寿增教授审稿，最后由蔡家斌统稿。

　　本书承蒙科学出版社的筹划和指导，并参考了国内外相关教材、书籍和网站的部分资料，在此表示感谢；同时向关心和帮助本书出版的单位和朋友表示感谢！

　　由于作者水平有限，书中疏漏难免，恳请读者批评指正。

作　者

2021 年 9 月

目　　录

第1章 绪 论

木质材料具有重量轻、强重比高、弹性好、耐冲击、纹理色调丰富美观、加工容易等优点，自古至今都被列为重要的原材料。木质制品是以木材或含木质纤维类材料为加工原料而制成的产品。

现代的木质制品已从原木的初加工产品，如电杆、坑木、枕木和各种锯材，发展到成材的再加工品，如建筑木构件、木质家具、室内装饰制品、房车内饰、游艇船舶及其装饰、文体用品、包装容器等木质制品、木质板材的再造加工品以及利用各种人造板加工的制成品，形成了独立的木质材料加工工业体系。木质材料加工工业由于具有能源消耗低，污染少，储碳、固碳资源可再生，环境友好等优点，在国民经济中占有重要地位。

1.1 研究对象和内容

木质制品生产工艺学以木质制品的材料、结构、工艺为研究对象，研究木质制品材料的性质、结构组成以及加工工艺和设备等。

材料研究指了解材料的结构、性质及主要技术特性，以便选用满足产品生产工艺和质量要求的材料，即如何利用材料的特性。木质制品有特殊工艺和技术质量要求，因此还应了解如何改变材料的特性来满足这些需要，通过物理方法、化学方法或二者结合的方法来改变材料的颜色、力学强度、尺寸稳定性，以增加其力学强度等性能，目前采用比较多的改变材料特性的方法有木材软化、漂白及染色、木材塑化等，以满足对木质制品的特殊工艺技术要求。

结构研究的目的是使木质制品的结构设计更加合理，满足生产线上设备工艺布置要求，生产效率更高，装配、运输更简单方便。研究结构与木质制品强度特性之间的关系，从而使得木质制品满足人们的不同需求，如待装式结构(RTA)的研究就是为了便于运输、销售和生产等。

工艺研究主要目标是解决生产过程中存在的各种工艺技术问题，以提高木质制品的生产效率、降低木质制品的生产成本、提高材料的利用率、挖掘设备的潜能、扩大其使用范围，合理的工艺设计及设备选型可以保证和提高木质制品的产品质量以及生产效率；同时，还应研究新的加工工艺来适应木质制品的特殊工艺要求。工艺研究还包括生产过程管理的研究，如生产定额、成本核算等内容。

1.2 木质制品的分类

木质制品在生产、生活中应用广泛，种类繁多，几乎涉及人们生产生活的各个领域，难以将其全部罗列,并且同样一件木质制品,在不同的场所有不同的用途和属性,它可能是成品,也可能是半成品材料。木质制品通常按材料、用途和结构三种方式进行分类。

1.2.1 木质制品按材料分类

木质制品按其使用的木质材料性质来分类,可分为实木制品、木质复合材料制品、实木与木质复合材料制品等类型。由锯材加工而成的木质制品属于实木制品;由人造板材料加工而成的木质制品属于木质复合材料制品;由锯材和人造板及两种以上材料加工而成的木质制品属于实木与木质复合材料制品。

1.2.2 木质制品按用途分类

木质制品按用途可分为木质家具、建筑用木质制品、交通工具中的木质制品、作为容器用的木质制品、工农业用木质制品、军用木质制品、文娱器具及民用其他类型的木质制品等。

(1) 木质家具是人们最常见的木质制品。它既是人类文化的重要组成部分,也是人类日常生活与工作中不可缺少的器具,不管在住宅,还是在现代办公、医疗、教学等公共建筑中,木质家具都占有重要的位置。

(2) 建筑用木质制品是指构成建筑体一部分的木质制品。这类木质制品一般应用于建筑的木质构造组件,如建筑的梁、构架、楼梯、门窗;或作为建筑装饰的木质制品,如木质地板、装饰木质线条、木质墙板等;或加工制作成木制房屋等。

(3) 交通工具中的木质制品是指作为交通工具的全部或部分结构及装饰部件的木质制品。这类木质制品一般作为交通工具的结构部件,如木船只、木马车等;或作为交通工具内部的装饰部件,如车辆、船舶装饰、装修制品等。

(4) 作为容器用的木质制品是指用以容纳或包装物体用的木质制品。这类木质制品主要有两大类,一类是化学工业用的容器木质制品;另一类是货物包装运输、贮存用的木质包装箱或托盘等。

(5) 工农业用木质制品是指用于工农业生产、仓储设施、木质机器和机械设备、木质构筑设施等的木质制品,如大量的手持工具、木质传动装置的风车和水车、木质纺纱机和构件等。目前,由于生产技术的革新和新型功能材料的出现,这类木质制品大部分被其他材料所取代。

(6) 军用木质制品是指各种武器、军用器械及其他军工用品的木质配件。这类木质制品一般会按照要求加工成各种零部件,如枪托、枪械和弹药包装箱。这类木质制品现在也正逐渐被其他材料取代。

(7) 文娱器具及民用其他类型的木质制品是指作为各种民用木质生活工具或文化娱乐器具的木质制品。这类木质制品按照使用要求加工成各种工具、用具和零部件,如体育运动器械、文教用品、乐器产品等。

1.2.3 木质制品按结构分类

木质制品的结构多种多样,结构繁简程度也有很大差异,简单者(如面板、木槌等)只由一块木材加工而成，烦琐者(如家具、房屋等)则包含着复杂的结构和众多的零部件。

木质制品按照结构分类可分为框架式结构木质制品、板式结构木质制品、箱式结构木质制品、弯曲结构木质制品和其他结构木质制品等。

(1) 框架式结构木质制品指木质制品的主体结构采用以框架支撑体系为主，围合填充或装饰等后续处理为辅的形式。这类木质制品较为常见，如家具中的椅子和桌案等。

(2) 板式结构木质制品指以各种独板、拼板或嵌板为主体，先制作各种板件，然后经拼贴、拼合或镶嵌等方法制成的木质制品。这类木质制品主要有地板、板式家具制品等。

(3) 箱式结构木质制品与框架式结构木质制品不同，不存在独立的内在框架，它是以同构件本身起主要承载作用的木质制品。这类木质制品主要有各种木箱、木盒和木质壳体器具等。

(4) 弯曲结构木质制品指主要构件或主体形态是经过弯曲加工处理的木质制品。例如，经过锯制弯曲、软化加压弯曲或胶合弯曲等工艺加工而成的木构件，还有弯曲家具的扶手、木制弓等。

(5) 其他结构木质制品指除以上常用结构的其他类型木质制品，如利用金属件连接结构、旋切成型结构、挖制成型结构等加工而成的木质制品，主要有木楼梯立柱、木雕工艺品、建筑木制附件等。

1.3　木质制品的现状与发展

1.3.1　主要木质制品行业的发展现状

1. 木质家具行业发展现状

目前，中国是世界家具的生产和出口大国，我国木质家具产值占世界家具产值第一，家具出口量居世界第一。由于国内经济不断增长，国内家具消费逐年增加。虽然经历了2008 年以来世界金融危机的影响，但是进入 2011 年后家具出口呈现了恢复性的增长态势，同时家具行业投资也保持较高增长。家具行业的技术发展主要体现在设计研发和制造工艺两方面，同时，企业注重对计算机技术、自动化技术、材料技术和管理技术的研发与应用，通过引进国外先进制造设备和改进国内机械设备来提升家具产业的制造能力和管理水平。在市场变化和竞争日益激烈的环境下，为了适应市场的发展要求，很多家具企业在技术上实现了快速转型升级、创新经营发展，一些家具企业还在生产加工和管理中广泛运用了信息化和自动化技术，有的家具企业还运用了智能化技术。

2. 木门、窗行业发展现状

木门是以实木或其他木质材料为主要原料制作的门窗框和门窗扇，通过五金件连接而成。木门加工是一个既古老，又新兴的行业。随着木材加工业的发展，木门的加工方式由传统的全实木材料、手工制造，发展为以实木、人造板为主要原材料，以机械化和智能化加工为主要的生产方式。木门作为传统建筑中应用最早的产品，凭借其独有的木材纹理、良好的触感和隔音效果以及结构与装饰的多样化、个性化等特点，深受消费者的喜爱。我国木门行业发展迅速，我国既是木门制造大国，也是木门消费大国。据统计，目前我国木门加工企业有 1 万多家，达到规模化生产的有 3000 多家。随着市场发展，借助现代化的手段，木门加工生产行业也在不断应用和发展新材料、新工艺和新设备。

建筑外窗是建筑物不可缺少的组成部分，它除了具有采光、通风等作用，还具有隔热保温的功能。此外，建筑外窗造型和色彩的选择对建筑物室内外的装饰效果影响也很大，建筑外窗是木质制品中加工技术发展最快的行业。20 世纪 90 年代以后，木窗行业开始向技术密集型、专业化方向发展。据中国林产工业协会木门窗产业分会的估计，在国内木窗行业 100 余家企业中，80%以上的企业拥有成套的木窗加工技术中心，大部分企业引进德国或意大利的先进设备及门窗加工系统，部分领先企业的加工技术及产品质量可达到欧洲同步先进水平。目前，木窗的市场占有率约为 0.3%，而国际市场中木窗的市场占有率约为 30%，市场潜力还很巨大。国内上下游全面覆盖的产业链条和产业集群仍在发展过程中，木窗由早期只在一线城市别墅项目中应用，发展到目前应用于中高层及高层住宅项目，并推广到二、三线城市的高端项目中。随着国家对建筑节能的不断重视，木窗产品在技术性能上也向着被动式木窗发展，为被动式建筑提供配套用窗。

3. 木地板行业发展现状

自 1995 年，我国木地板行业进入快速发展、产量稳步提升阶段，实现了从小到大、由弱到强的发展，已出现多种类、多规格和多档次的产品，形成了从生产、销售到售后服务相配套的产业体系。目前，我国从事木地板生产及相关配套企业约有 3000 家，从业人员有 100 多万。在强化木地板、实木复合地板和实木地板等主导产品的基础上，在表面装饰材料、产品功能材料和应用领域等方面不断创新，开发出仿古、仿实木、浮雕面、拼花、抗静电、抗菌、吸音、变色、户外、除甲醛、高湿场所用、体育场馆用、集装箱用等款式和功能型新产品。

4. 定制家居行业发展现状

"定制"这一家居概念是强调个性与实用，注重协调美观与绿色环保，以满足消费者不同的需求，演绎着家居行业新的发展主题。整体定制橱柜在市场上发展得越来越快、成为越来越多的家居消费者购买的首选，主要是因为它能够更好地利用空间，满足个性化的需求。

近年来，由于消费主体和消费观念的转变，人们对家居个性化、人性化、智能化、健康化和功能化的追求不断提高，从原来的入墙收纳柜体(橱柜、衣柜、书柜等)向其他家居品类延伸。随着整体家装、三维家装设计软件在家装公司的应用普及，推动家居消费者由购买单品家具产品向基于整体居住空间的成套产品采购发展。中国定制橱柜的高速和多样化发展已引起整个家居行业的重视。据不完全统计，定制橱柜作为装修建材木质制品的重要元素，定制家居行业的产值每年都以翻倍的速度增长，在整个家居产业中占据的市场份额已经达到 10%~15%，且还有很大的发展空间，但定制橱柜不会完全取代传统的家具，而是以多种产品同场竞技、互补态势出现。

5. 木制玩具产业发展现状

我国是最大的玩具生产和出口国，玩具产量占世界玩具总产量的 2/3 以上。我国木制玩具约占玩具市场总量的 10%，产品主要有纯木制玩具(如手工雕刻制品)、复合木制玩具(如胶合板制成的拼图)、木辅玩具(如木制惯性小汽车)等。木制玩具生产企业主要分布在浙江省、广东省和山东省，其中浙江省丽水市云和县曾被命名为"中国木制玩具之乡"，拥有木制玩具企业约 700 家，其木制玩具产量占全国的 70%、世界的 40%。

1.3.2 木质制品加工工艺发展

木质制品加工在我国是一门传统产业，随着社会的发展，该行业的加工作业方式和技术水平等均发生了巨大的变化。

(1) 生产方式发生变化。木质制品行业自古以来就以手工操作为主，无论是建筑木结构，还是木质家具、木盆、木桶等器皿，都是以手工现场制作为主，而且前店后坊、家庭手工作坊的生产方式比较普遍。中华人民共和国成立后，木质制品行业的生产方式和生产规模发生了一些变化，逐步走向企业化发展道路。改革开放以后，该行业实现了飞跃式发展，生产技术和管理体制发生了显著而深刻的变化，其生产方式主要以机械化生产线、自动化流水线为主，规模也越来越大，专业化分工(专业协作厂)生产模式日趋成熟，如家具企业需要的制材、干燥、刨切薄木、贴面、胶合弯曲材料、拼板等都有专业厂家生产，彼此相互协作。例如，实木地板产品的生产由不同的企业协作完成，实现了专业化分工生产，为提高产品质量、生产效率和经济效益奠定了基础。

生产管理模式从发挥劳动者的生产积极性出发，将固定工资制、等级工资制改变为计件工资制、计时工资制、效益工资制、责任工资制、基础工资制等多种方式；销售模式也从区域式发展到全国、全球式，将"前店后厂"的低产低销改变为多层次、多渠道跨地区流通。总之，基本上实现了大流通、大生产、专业化的生产方式。

(2) 木质制品的原材料、结构、工艺发生变化。传统木质制品的原料是天然原木。随着森林资源环境保护政策的实施及天然林蓄积量的减少，现在原料供应出现了天然林原木板材、人造板材、集成材等多种材料并存的方式，产品是根据使用场合、性能强度要求、零件接合方式的不同而选用多种生产原料。天然原木板材作为家具用材，主要应用在结构部件及需要铣、雕刻等部位上，并常以胶合拼板或集成材的形式出现，其他零件用材则大多数为人造板或经过贴面装饰的人造板材。建筑用材多数为集成材、层积材等结构材及定向刨花板等，这些特制材料在强度和尺寸稳定性等方面都优于原木。随着各类人造板材生产设备与板式家具生产线设备的引进和创新，中密度纤维板和刨花板在家具行业中得到了广泛的应用。

新型木质原材料的出现，使现代木质产品的结构发生了变化。传统制品的零件主要采用榫卯结构、木栓及竹签连接，几乎没有金属连接件，但随着人造板的普及运用和金属机械加工业的发展，现代五金件连接、圆棒榫连接得到了广泛运用，从而出现了板式家具、待装家具、拆装家具等结构。机械化和自动化流水线是新型木质制品材料加工的基础，同时新型结构的木质制品又能充分发挥流水线生产效率高、加工精度高的特点。

传统木质制品采用粽角榫接合、斜角暗套榫等结构，这种结构与当时的手工生产方式相适应，但与现代化的生产方式及加工特点不适应，因此目前更多的木质制品结构采用金属连接件、圆棒榫、长圆榫和直角榫等方式连接。

木质制品连接方式的不断发展，不仅能适应工业化流水线生产，提高生产效率和产品质量，而且便于产品运输、包装、贮存，实现大生产、大流通。随着连接件的高速发展及其性能的提高，实木家具结构也开始采用金属连接件进行连接。

(3) 木质制品设计发生变化。木质制品设计是木质制品发展的代表，其变化最大。首先是沿用传统的图样、结构和加工形式，其次是以广东为代表模仿国外的款式，然后从南向北、从沿海地区向内陆迅速扩展传播，最后以初具规模的企业为代表，开始注重品牌和知识产权。特别是加入世界贸易组织(WTO)后，外资和国外的产品进入中国，国际竞争局面的形成促进了我国家具工业的全面进步，特别是在产品设计方面开始走自己的路。在设计思想方面，以往更多考虑其功能性设计和强度设计，而现在更加注重造型设计及如何体现以人为本的设计思想，在设计中大量应用人体工程学知识；色彩的运用也更加鲜明、更加体现个性；在材料运用方面，主要表现为多材质的搭配，如金属、塑料及各种装饰材料的大量运用，体现了时尚和现代感。与此同时，另一种设计思潮是仿古设计，如果不是作为艺术品，而是作为工业品，那就需要通过先进的设备来实现，如采用数控加工中心进行雕刻及加工复杂曲面等。

(4) 改性技术促进木质制品行业的发展。随着现代科学技术的飞速发展，各种木材改性技术不断涌现，如木材表面强化处理技术、压缩技术、弯曲技术、木塑复合技术、木材塑化技术、人造木技术、重组木技术、木材漂白和染色技术、木材阻燃技术、防腐技术、烙花技术、油印技术、贴面技术等，这些技术为扩大材质较差木材的可利用范围提供了可能。

木材阻燃技术为木质门、窗、室内装饰材料在高层建筑中的安全使用创造了条件；人造木技术的成熟为低质材优用提供了技术条件，如速生低质杨木模仿榉木纹理、胡桃木纹等已经成功应用于生产，大大提高了速生低质杨木的利用价值；木材表面强化处理技术可以提高低密度木材的力学性能、增加其尺寸稳定性。

木塑复合材料(WPC)是在木材中注入不饱和烯烃类单体或低聚体，预聚后利用射线照射或催化加热手段使其在木材内聚合固化。木塑复合材料与素材相比，尺寸稳定性高、各种强度指标(硬度、抗压、耐磨性等)都大幅度上升、外观美丽、维护保养方便，是耐久、优质的建筑用材。

木材漂白和染色技术扩大了存在色差木材的应用范围，大大提高了色差和材色不正木材的附加值。该技术在木质家具制造和室内木质装饰材料的生产过程中得到了广泛应用。

(5) 数控设备和数控技术的应用提高了木质制品的加工技术及加工精度。应用数控(NC)机床的效益主要表现为提高生产效率、减少现场操作工人数量、提高产品质量、避免对工人操作技能的依赖、实现计算机辅助设计(CAD)和计算机辅助制造(CAM)控制系统一体化，避免中间信息传递失误(包括对图纸的理解、设备调整误差等)，有利于零废品率生产。例如，用五轴数控机床加工复杂的仿古式椅子靠背部件，可实现大批量无差别生产，确保了加工形状和尺寸精度，提高了产品档次。

(6) 计算机技术的应用促进了木质制品行业向信息化发展。以计算机为代表的信息技术，促进了木质制品的生产、管理和设计的发展，引进信息技术改造传统产业，是振兴中国木质制品产业、实现产业转型升级的关键。

计算机技术在产品造型设计、零部件绘图方面都已经得到了普及，在生产中自动配料计算、编制零部件明细表和加工余量计算、材料的利用率计算等方面发挥了重大作用，在成本管理等方面也发挥了很好的作用。有的企业开始应用计算机集成制造系统(CIMS)，将现代信息技术、管理技术和生产技术集成应用到产品设计、生产管理、加工工艺、销售、用户售后服务等全过程，通过计算机技术将信息统一管理和控制，以优化企业的生产活动，提高企业效益和市场竞争力。

对于非标准化、小批量多品种产品零部件，采用 CIMS 理论和技术可实现柔性化生产制造，即按事先编好的程序，在同一台设备或同一条生产线上，高效、准确地生产多种型号的产品，每种型号就是一个标准。应用 CIMS 软件不仅可以使在同一网络下各个部门拥有同样的信息，而且可以通过删除多余的、相互矛盾的数据，来节约许多无效劳动，减少停机待料的时间，提高准确性。

在可预见的未来，木质制品行业向着软科学方面发展，计算机技术、网络信息技术与机床结合日益紧密，木材行业的全面自动化生产不会太远。

第2章 木质制品材料与结构基础

木材是应用最广泛、历史最悠久的一种天然优质材料，也是可再生、可循环利用的资源，加之性能优异、对环境友善、加工能耗低，是世界公认的绿色环保材料。木材强重比高、易加工，具有良好的保温和隔热性能，自古以来木材就是木质制品制造的主体材料，至今也难以被其他材料完全替代。

2.1 加工材料基础

2.1.1 实木锯材

1. 锯材

1) 锯材的种类和规格

锯材是将原木按一定的技术要求经锯切加工得到的产品。锯材产品的种类很多，如表2-1所示，广泛应用于家具、建筑、交通、包装等制品。一般木质制品的生产都使用普通锯材，国家标准《阔叶树锯材》(GB/T 4817—2019)和《针叶树锯材》(GB/T 153—2019)对阔叶树锯材和针叶树锯材的规格尺寸和质量等级进行了规定。

表2-1 锯材规格尺寸 (单位：mm)

分类	厚度	宽度	
		尺寸范围	进级
薄板	12,15,18,21	30~300	10
中板	25,30,35		
厚板	40,45,50,60		
方材	25×20, 25×25, 30×30, 40×30, 60×40, 60×50, 100×55, 100×60		

锯材按纹理方向可分为径切板和弦切板。对于航空、军工、乐器和体育器材，用材多为径切板。弦切板纹理变化丰富，可作为装饰用材，且弦切板抗渗水的性能优于径切板，因此适用于作为多种容器、木桶、木船等用材。

天然木材具有如下特点：

(1) 木材具有较高的强重比，在建筑上应用较多。

(2) 虽然绝干木材是电、热的不良导体，但却是声波的良导体，且随着含水率的增加，导电性也增强。

(3) 易于机械加工，如车、磨、铣、刨、钻等；易于接合，如可采用胶、钉、螺钉、圆榫及金属连接件等将零部件接合在一起。

(4) 木材具有美丽的天然色泽、纹理，较好的触感，使人有安全感和易于装饰等特点，因此广泛应用于家具业和室内装饰。

(5) 随着环境温度和空气湿度的变化，木材会发生干缩或湿胀，严重时会出现变形、翘曲或开裂。

(6) 不同树种或同一树种不同部位材料的物理力学性能都有一定的差别。

(7) 锯材宽度受原木直径的限制，并具有天然缺陷，如节子、斜纹理等。

因此，在木质制品设计和制造过程中，应该充分发挥木质材料的优点，使木质制品达到高质量、高使用性能的效果。

2) 木质制品对木材材性的要求

木质制品生产中常用的木材树种复杂繁多。木质制品的种类有很多，由于木材树种不同或相同树种不同部位之间的材性存在较大的差异，一般需要根据木材的性质、用途、工艺等，结合木质制品的技术要求合理选用。

(1) 建筑用材：建筑用材对木材材性的要求一般为纹理直、干缩性小、变形小、不易开裂、抗弯和抗压强度高、耐久性强、易施工、涂饰性能好。

建筑用材应用于建筑上的主要部位，如屋架、木桁架等，选用的树种多为杉木、铁杉、云杉等，装修门窗选用杉木、落叶松、樟子松、铁杉等，也有选用硬阔叶树种的木材，如水曲柳、橡木、柳桉、柚木等，地板用材以硬阔叶材为主，国产的树种如水曲柳、柞木、桦木等，进口的各种硬杂木如圆盘豆、二翅豆、番龙眼、柚木、橡木等。

(2) 工业用材：主要应用于渔船，包括船架、船壳、甲板、舵、尾轴筒及轴承等部件；纺织用的木梭、纱管、走梭板等；包装箱，如茶叶包装箱、食品包装箱、工业用品包装箱等；车辆的厢板，如客车、货车、火车的厢板等。车辆支架、厢板部分选用力学强度高的树种木材，卡车车厢选用抗压、抗弯强度高的硬松类木材。现代车辆主要为内部装饰需用木材，选用纹理美观、耐腐、耐磨的木材，如水曲柳、橡木、柚木、樱桃木等。

(3) 军工方面：主要应用于枪托、手榴弹柄、弹药箱、模型机、救生艇等。因用途不同，选用的木材树种也不同，主要有核桃楸、山毛榉、马尾松等。

(4) 民用生产生活方面：应用于农具、木质家具、木质地板、铅笔、制图板、木座、木雕、印章、玩具、木贴画、宫灯、折扇、镜框、屏风、乐器。农具要求木材的强度高、耐磨；木质家具用材一般要求木材的密度适中、结构细、材色悦目、纹理美观、具有足够的强度，适用于家具用材的树种繁多。

(5) 体育、文娱用品方面：体育用品主要有运动器材(如赛艇、乒乓球台、球拍、高尔夫球棍、网球拍、箭、平衡木、单杠、双杠等)、体育运动地板等。体育用品不仅对木材的力学强度要求高，而且要求木材变形小、纹理均匀、材性差异小，主要用材为山毛榉、橡木、桦木等。文娱用品主要是各类乐器。乐器用材根据乐器的部位要求不同选材也不同，一般乐器的壳体多为白松，壳体外装饰选用硬杂木或红木，音板因乐器产品不同选材也不同，如钢琴音板为云杉、古筝和琵琶的音板为泡桐。

2. 集成材

集成材(指接或齿接材)是将小规格材或去除缺陷的锯材,按材色和纹理经刨光、铣齿、接长、拼宽而成的一种实木板材,如图 2-1 所示。

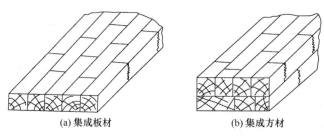

(a) 集成板材　　　　　　　(b) 集成方材

图 2-1　集成材

1) 集成材的分类

(1) 按使用环境分:集成材可分为室内用集成材和室外用集成材。室内用集成材在室内干燥的状态下使用,只要满足室内使用环境下的耐久性,即可达到使用要求。室外用集成材在室外使用,经常遭受雨、雪侵蚀以及太阳光线照射,因此要求具有较高的耐久性。

(2) 按产品形状分:集成材可分为板状集成材、通直集成材和弯曲集成材,也可以把集成材制成异型截面,如工字形截面集成材,箱形截面集成材也称为中空截面集成材。

(3) 按产品用途分:集成材可分为结构用集成材和非结构用集成材。结构用集成材是承载构件,它要求集成材具有足够的强度和刚度,如木结构墙体用方形截面用材;非结构用集成材是非承载构件,它大多要求集成材外表美观。

2) 集成材的特点

(1) 小材大用,劣材优用。集成材是利用小规格材料或有缺陷的材料,在长度、宽度和厚度上胶合而成的。因此,用集成材制作的构件尺寸不受材料的尺寸限制,可以做到小材大用,劣材优用。

(2) 保留了天然木材的材质感,外表美观。

(3) 材质均匀、尺寸稳定性好。集成材的原料经过充分干燥,即使是大截面、长尺寸材,其各部分的含水率也基本均匀一致,拼接的木料长度短,减少了斜纹和乱纹,同时去除了天然缺陷,因此其材质均匀、尺寸稳定性好、开裂和变形小。

(4) 在抗拉和抗压等物理力学性能和材料质量均匀化方面优于实木锯材,并且可按层板的强弱配置,提高其强度性能。

(5) 按需要集成材可以制成通直形状、弯曲形状。按相应强度的要求,可制成沿长度方向截面渐变的结构,也可以制成工字形、空心方形等截面集成材。集成材是理想的木结构构件材料。

(6) 可预先对胶合的木材进行药物处理,即使是长、大材料,其内部也能有足够的药剂,使材料具有优良的防腐性、防火性和防虫性。

(7) 可进行连续化工业生产。

(8) 由于用途不同,要求集成材具有足够的胶合性和耐久性,为此集成材加工需具备良好的技术和设备以及良好的质量管理和产品检验。

3) 集成材的用途

(1) 非结构用集成材：非结构用集成材主要作为家具和室内装修用材。

在家具方面，集成材以集成板材、集成方材和集成弯曲材的形式应用到家具的制造中，例如，集成板材应用于桌类的面板、柜类的旁板和顶底板等大幅面部件，也应用于柜类的隔板和底板、抽屉的底板等不外露部件以及抽屉的面板、侧板、底板、柜类小门等小幅面部件。集成方材应用于桌椅类的支架、柜类脚架等方形或旋制而成的圆形截面部件。集成弯曲材应用于椅类支架、扶手、靠背、沙发、茶几等弯曲部件。

在室内装修方面，集成材以集成板材和集成方材的形式作为室内装修的材料，如集成板材用于楼梯侧板、踏步板、地板及墙壁装饰板等；集成方材用于室内门、窗、柜的横梁、立柱、装饰柱及装饰条等。

(2) 结构用集成材：集成材是随着建筑业对长、大结构构件需求量的大增而发展起来的，主要用于体育馆、音乐厅、厂房、仓库等建筑物的木结构梁，其中三铰拱梁应用最为普遍，这是在以前的木结构中无法实现的。

3. 实木拼板

实木拼板是用窄板材或方材通过胶黏剂胶合而成的板材，其变形小、产品质量稳定性高。实木拼板的胶合方式有侧面平面胶合、穿条胶合、槽簧结构胶合等。其中，侧面平面胶合经济实用。在胶合拼板时要注意木材年轮的排列方向，其直接影响拼板产品的变形大小，一般是基于木材的各向异性达到应力平衡，尽量减小各板件变形的积累，以保持拼板的平整度。实木拼板多数用于桌子、椅子的面板，各种门板的门楹板等。实木拼板目前没有国家标准，一般由供需双方协商验收标准。

2.1.2　人造板

人造板是以木材为原料，将其旋切成单板或刨切成木片、热磨成纤维、加工成短小木块等，通过施加胶黏剂压制而成的木质板状材料。常用人造板种类有胶合板、刨花板、纤维板等，其共性是幅面大(多数为 1220mm×2440mm)、在长度和宽度方向上质地均匀、缺陷少等，但各自性能也存在着不小的差异，因此应根据木质制品的使用环境和技术要求合理选择使用。为了克服天然木材的各向异性，特别是变形和力学性能差异，充分合理地利用森林资源，人造板得到了迅速的发展。目前人造板用量已经占全部用料的 80%，在家具及一般木质制品行业中已经广泛使用。

1. 胶合板

胶合板是用三层或奇数多层的单板胶合而成的。单板常见的有旋切和刨切两种，其中刨切单板由于花纹比较美丽，多用于胶合板面层，用其制成的胶合板多用于家具、车厢、船和房屋内部装修装饰等。为了克服木材的各向异性所带来的不良影响，同时又能保持木材的固有优点，经常采用相邻层单板间纤维方向互相垂直的制造方法，其层数多为 3、5、7、9 等，厚度为 3mm、3.5mm、4mm、5mm、6mm(6mm 以上以 1mm 递增)等。

市场上常见三层胶合板的厚度为 2.7mm，主要是通过减少表面单板厚度而制成的。

单板也可以与钢、锌、铜、铝等金属片材复合，从而使该复合材料在强度、刚度、表面硬度等方面得到了提高，常用于箱、盒及飞机等产品的制造。

1) 胶合板的分类与等级

普通胶合板是用途最广的品种，根据《普通胶合板》(GB/T 9846—2015)可分为三类。

(1) Ⅰ类：耐气候、耐煮沸胶合板(NQF)。该类胶合板采用酚醛树脂(PF)胶或相当性能的胶黏剂进行胶合制成，具有耐久、耐煮沸或蒸汽处理和抗菌等性能，适合于室外使用。

(2) Ⅱ类：耐水胶合板(NS)。该类胶合板能经受短时间 63℃ 的热水浸渍，并具有抗菌特性，但不耐煮沸。其主要采用脲醛树脂(UF)胶进行胶合，室内木质制品普遍选用该类胶合板。

(3) Ⅲ类：不耐潮胶合板(BNC)。该类胶合板适合在室内常态下使用，其具有一定的胶合强度，常用于包装箱类产品。

普通胶合板的幅面规格如表 2-2 所示。

表 2-2　普通胶合板的幅面规格　　　　　　　(单位：mm)

宽度	长度				
915	915	1220	1830	2135	—
1220	—	1220	1830	2135	2440

2) 胶合板的质量

普通胶合板按加工后可见的材质缺陷和加工缺陷分为三个等级：优等品、一等品、合格品，具体等级技术标准参见《普通胶合板》(GB/T 9846—2015)。

3) 胶合板的特点和用途

胶合板强度高、耐冲击性和耐久性好，垂直于板面的握钉力较高，便于加工，因此其用途广泛。胶合板是用于家具、车厢、船舶、室内装饰装修等良好的板材。

对胶合板表面进行饰面加工，可制成各类装饰胶合板，例如，将胶合板一面或两面贴上刨切薄木、三聚氰胺树脂浸渍纸、塑料及其他饰面材料，可进一步提高胶合板的利用价值和使用范围。经过饰面的优等品胶合板用于制作中、高等级的家具、各种电器外壳等；一等品胶合板用于制作普通家具、车辆等；合格品胶合板用于制作包装材料等。

2. 刨花板

刨花板是将木材加工剩余物或小径材、枝丫材加工成一定形状的刨花，再经施胶、热压成型而制成的一种板材。按制造方法，刨花板可分为挤压法刨花板和平压法刨花板。挤压法刨花板主要用于门芯材料或空心刨花板，目前应用较少。平压法刨花板应用相当普遍，其产品较多，如普通刨花板、定向刨花板、华夫刨花板等。普通刨花板按结构还可分为单层结构、渐变结构和三层结构。

刨花板的规格尺寸根据国标《刨花板》(GB/T 4897—2015)确定，刨花板的公称厚度有 4mm、6mm、8mm、10mm、12mm、14mm、16mm、19mm、22mm、25mm、30mm 等。刨花板幅面尺寸规格如表 2-3 所示。

表 2-3　刨花板幅面尺寸规格　　　　　　　　　(单位：mm)

宽度	长度			
915	—	1830	—	—
1000	—	—	2000	—
1220	1220	—	—	2440

刨花板的特点与用途如下：

(1) 幅面尺寸大、表面平整、结构均匀、长宽同性、不需要干燥、隔音隔热性能好。

(2) 刨花板有密度大、平面抗拉强度低、厚度膨胀率大、边部易脱落、不宜开榫、握钉力差、切削加工性能差、游离甲醛释放量大、表面无木纹等缺点。

(3) 刨花板的最大优点是可以利用小径木和碎料。每 1.3～1.8m³ 废料可生产 1m³ 刨花板；生产 1m³ 刨花板，可代替 3m³ 左右原木锯解的板材使用。

(4) 二次加工装饰后可以广泛用于板式家具、橱柜生产和建筑物室内装修等。

3. 中密度纤维板

中密度纤维板(MDF)是以木质纤维或其他植物纤维为原料，经打碎、纤维分离、干燥后施加脲醛树脂或其他适用的胶黏剂，再经热压后制成的一种人造板材。其密度一般在 0.65～0.8kg/m³，厚度一般为 5～30mm，特点是：

(1) 内部结构均匀，密度适中，尺寸稳定性好，变形小。

(2) 抗弯曲强度、内结合强度、弹性模量、板面和板边握钉力等物理力学性能均优于刨花板。

(3) 表面平整光滑，便于二次加工，可粘贴旋切单板、刨切薄木、油漆纸、浸渍纸，也可直接进行油漆和印刷装饰。

(4) 中密度纤维板幅面较大，板厚也可在 2.5～35mm 变化，可根据不同用途组织生产。

(5) 机械加工性能好，钻孔、开榫、铣槽、砂光等加工性能类似木材，有的甚至优于木材。

(6) 容易雕刻及铣成各种型面、形状的家具零部件，加工成的异型边可不封边而直接进行油漆等涂饰处理。

(7) 可在中密度纤维板生产过程中加入防水剂、防火剂、防腐剂等化学药剂，生产特种用途的中密度纤维板。

中密度纤维板具有良好的物理力学性能和加工性能，可以制成不同厚度的板材，因此广泛应用于家具制造业、建筑业、室内装修业。中密度纤维板是匀质多孔材料，其声学性能很好，是制作音箱、电视机外壳、乐器的优质材料。此外，其还可应用于船舶、车辆、体育器材、地板、墙板、隔板等代替天然木材使用,具有成本低廉、加工简单、利用率高、比天然木材更为经济的特点。

4. 细木工板

细木工板俗称大芯板、木芯板、木工板,由木芯条与上下两面单板(上下各两层)胶压而成。木芯条是许多宽度、厚度相同的木条。

1) 细木工板结构

细木工板是特殊的胶合板,因此在生产工艺中也要同时遵循对称原则,以避免板材翘曲变形。作为一种厚板材,细木工板具有普通厚胶合板的漂亮外观和相近的强度,但细木工板比厚胶合板质地轻、耗胶量少,并且给人以实木感,满足消费者对实木质家具的渴求。

木芯条体积占细木工板体积的 60%以上,对细木工板的质量有很大的影响。制造木芯条的树种最好采用材质较软,木材结构均匀、变形小、干缩率小,而且木材弦向和径向干缩率差异较小的树种。若木芯条的尺寸、形状较精确,则成品板面平整性好、板材不易变形、重量较轻,有利于使用。

木芯板的主要作用是为板材提供一定的厚度和强度,上、下中板的主要作用是使板材具有足够的横向强度,同时缓冲因木芯板的不平整给板面平整度带来不良影响,最外层的薄单板一般不超过 1mm,除了使板面美观,还可以增加板材的纵向强度。

一般木芯条含水率为 8%～12%,北方空气干燥,木芯条含水率可为 6%～10%,南方地区空气湿度大,但木芯条含水率不得超过 15%。

2) 细木工板特点

(1) 细木工板握钉力好、强度高,具有质坚、吸声、隔热等特点,而且含水率不高,加工简便,用途最为广泛。

(2) 细木工板比实木板材稳定性强,但怕潮湿,施工中应注意避免用在厨卫等场所。

(3) 细木工板的加工工艺分为机拼与手拼两种。手拼是人工将木条镶入夹板中,木条侧面受到的挤压力较小、拼接不均匀、缝隙大、握钉力差、不能锯切加工,只适宜做部分装修的子项目,如做实木地板的垫层毛板等。而机拼的板材受到的侧向挤压力较大、缝隙极小、拼接平整、承重力均匀,长期使用结构紧凑、不易变形。

(4) 材质不同,质量有异。芯板的材质有许多种,如杨木、桦木、松木、泡桐等,其中以杨木、桦木为好,质地密实,木质不软不硬,握钉力强,不易变形;泡桐的质地很轻、较软,吸收水分大,握钉力差,制成的板材在使用过程中易干裂变形;松木质地坚硬,不易压制,拼接结构不好,变形系数大。根据《细木工板》(GB/T 5849—2016),材质的优劣及面材的质地分为优等品、一等品及合格品,也有企业将板材等级标为 A 级、AA 级和 AAA 级,但是这只是企业行为,与国家标准不符,市场上已经不允许出现这种标注。

3) 细木工板分类与用途

(1) 按板芯结构分:实心细木工板,即以实体板芯制成的细木工板;空心细木工板,即以方格板芯制成的细木工板。

(2) 按板芯接拼状况分：胶拼板芯细木工板，即用胶黏剂将芯条组合成板芯制成的细木工板；不胶拼板芯细木工板，即不用胶黏剂将芯条组合成板芯制成的细木工板。

(3) 按细木工板表面加工情况分：单面砂光细木工板、双面砂光细木工板和不砂光细木工板。

(4) 按使用环境分：室内用细木工板，即适用于室内使用的细木工板；室外用细木工板，即可用于室外的细木工板。

(5) 按层数分：三层细木工板，即在板芯的两表面上各粘贴一层单板制成的细木工板；五层细木工板，即在板芯的两表面上各粘贴两层单板制成的细木工板；多层细木工板，即在板芯的两表面上各粘贴两层以上层数单板制成的细木工板。

(6) 按用途分：普通用细木工板和建筑用细木工板。

2.1.3　贴面材料

为了改善木质制品的物理力学性能和表面装饰质量，进一步提高其使用价值和扩大其应用范围，还需要用贴面材料对木质制品进行装饰。

贴面材料种类有很多，主要有木质贴面材料、塑料薄膜、三聚氰胺装饰纸等，贴面材料除了具有板材的表面装饰性能，还具有增强板材的耐酸、耐碱、防水、耐候等性能。

1. 木质贴面材料

近 20 年来，我国家具制造业及装饰装修业大量使用薄木贴面产品。木质贴面材料主要有天然薄木、染色薄木、人造薄木(又称组合薄木或科技薄木)、集成薄木、拼接薄木、成卷薄木(无纺布薄木)等。

1) 按材质分

(1) 天然薄木：是由天然珍贵木材或树瘤刨切制得的薄木，其规格较小，用于表面装饰；旋切薄木通常以大片薄木的形式出现，规格约为 2500mm×1300mm，主要由普通树种制备，用于胶合板生产或薄木贴面时的平衡层。

(2) 人造薄木：是将速生材或低质材树种原木旋切成薄单板，经调色处理后，按设计的花纹和图案要求，利用着色胶水胶合成木方，再经刨切制成的薄木。人造薄木中常用速生杨木单板设计制成名贵树种的效果甚至其他特殊花纹，从而达到劣材优用的目的，其可以不受树种的颜色、纹理、幅面的限制，制得具有防腐、防火、防潮性能的各类木纹效果。

(3) 集成薄木：用珍贵树种木材按设计图案经拼接合成木方，再从木方上刨切得到拼花薄木。集成薄木可以设计成不同的图案，且保留了天然木材的花纹和色泽。集成薄木主要优点是小材大用，充分利用珍贵树种的小径材；可以保证制得的薄木花纹具有一致性，生产效率较单片薄木拼合高；还可利用集成薄木技术，制成各种幻彩线条或拼花装饰板。

(4) 编织薄木：由一种或多种珍贵树种的薄木窄条按照一定的排列方式，编织胶合而成的一种拼花薄木。利用编织技术可以制作出多种图案效果，且保持天然木材的纹理效果，是市场上新出现的一种新型薄木形式。

(5) 染色薄木：利用与珍贵树种花纹相近的普通树种木材，经过调色或显色处理，制成具有某种色彩效果或仿珍贵树种的薄木。薄木染色后，可以使木材早晚材对比更加突出，甚至具有其他特殊艺术效果。

2) 按薄木厚度分

(1) 厚薄木：厚度大于 0.5mm 称为厚薄木，一般为 0.5～3mm。

(2) 普通薄木：厚度一般为 0.2～0.5mm。

(3) 微薄木：厚度小于 0.2mm，它是背面黏合特种纸的连续卷装薄木。

3) 按切削方式分

按切削方式可分为锯切薄木、旋切薄木和刨切薄木。通常情况下用刨切方法制作较多。

(1) 锯切薄木：是用锯切方法得到的。锯切制成的薄木表面无裂纹，但锯路宽度损失较大，因此市场生产少。

(2) 旋切薄木：是用旋切方法得到的。旋切薄木又称为单板，厚度一般在 0.5～1.0mm，其纹理为弦向，背面裂纹稍大些，根据旋切原木形态分为整圆原木和半圆原木。

(3) 刨切薄木：是用刨切方式得到的。刨切薄木纹理直，适用于拼接成各种图案，一般厚度为 0.2～0.25mm。

2. 热塑性塑料薄膜

热塑性塑料薄膜(简称塑料薄膜)种类较多，用于板式零部件的贴面。其主要是由聚氯乙烯(PVC)薄膜及聚丙烯(PP)薄膜等材料制备的饰面材料，具有良好的物理化学性能，经图案印刷处理后可模拟具有立体感逼真的木纹，表面无色差、无缺陷。近几年来，PVC薄膜的生产技术和贴面工艺都取得了很大的进展，特别是无增塑剂聚氯乙烯的生产以及表面凹版印刷、表面压纹技术的应用，可获得色调柔和、具有立体感的表面，PVC 薄膜还可以采用整面覆面技术，可对雕刻、铣型的异型表面进行贴面，贴面效果好，多用于饰面及家居制造等。但 PVC 薄膜的耐热性能差、软化温度低、表面硬度低，在某些方面应用受到限制。

1) 聚氯乙烯薄膜

室内家具中不受热和不受力部件的饰面和封边，适合进行浮雕模压贴面。PVC 薄膜的表面印有模拟木材的色泽和纹理，压印出导管沟槽和孔眼，以及各种花纹图案等。PVC 薄膜成卷供应，一般厚度为 0.1～0.6mm，用于厨房家具的 PVC 薄膜一般为 0.8～1.0mm。

2) 聚乙烯薄膜

聚乙烯(PE)薄膜表面涂有防老化液，压印木纹与沟槽，色泽柔和，木纹感真实，具有耐高温、防水、防老化性能，适用于室内用家具的饰面和封边处理。

3) 聚丙烯薄膜

聚丙烯薄膜具有耐酸碱、耐擦、耐磨、抗热、体积稳定、抗湿温、不影响切削刀具使用寿命等特点，其表面印有模拟木材的色泽和纹理，立体感强。聚丙烯薄膜贴面后可隔离人造板中的游离甲醛，有利于保护使用者的身体健康。

4) 聚酯薄膜

聚酯薄膜是一种无色透明、有光泽的薄膜，力学性能优良，刚度、硬度及韧性高，具有耐穿刺、耐摩擦、耐高温和低温、耐化学药品性、耐油性、气密性好等特点。聚酯薄膜成型收缩率低，仅为 0.2%，是聚烯烃薄膜的 1/10，较 PVC 薄膜和尼龙薄膜小，制品尺寸稳定。聚酯薄膜机械强度堪称最佳，为聚乙烯薄膜的 9 倍，冲击强度是一般薄膜的 3～5 倍。但聚酯薄膜的价格较高，一般厚度为 0.12～0.35mm。

3. 树脂浸渍纸

树脂浸渍纸是没有进行预先压制的装饰纸，是印刷木纹后的原纸经浸渍热固性合成树脂而成的装饰纸(俗称胶膜纸)，粘贴在人造板表面，贴面时浸渍树脂本身与基材起胶合作用，同时对人造板形成保护膜，省去了把浸渍纸预先压制成装饰板的工作，使工艺得到简化，提高了生产效率，减少了材料的消耗。其特点有：

(1) 胶膜纸厚度薄，是脆性材料；

(2) 由于合成树脂未完全固化，树脂只有几十天的活性，生产企业应在活性期内使用；

(3) 色泽鲜艳、花纹多样、化学稳定性好，压贴在产品上具有较好的抗污作用。

4. 热固性树脂装饰板

热固性树脂装饰板是将几种特制的纸张分别浸渍改性三聚氰胺树脂、酚醛树脂后，经干燥叠压在一起，用高温高压制成一种热固性片材，俗称防火板。表层纸通常由原纸浸渍高压三聚氰胺树脂制成，热压后呈透明状，具有优良的物理化学性能；装饰纸在表层纸下，起装饰作用，防火板的颜色、花纹由装饰纸决定，可模拟木材纹理、大理石花纹、纺织布花纹等图案及各种色调，装饰纸由装饰原纸(钛白纸)、浸渍高压三聚氰胺树脂制成；底层纸的主要作用是决定板坯的厚度及强度，其层数可根据板厚而定，底层纸由不加防火剂的牛皮纸浸渍酚醛树脂制成。

装饰板有较高的耐磨性、耐热性、硬度、抗冲击强度、抗划痕强度等，影响性能的主要因素有树脂含量、挥发物含量和压制工艺，而后成型用的装饰板主要性能是弯曲性能，装饰板的弯曲性能常用装饰板的最小弯曲半径来衡量。例如，生产上常用的比值为 1：10，即表示厚度 1mm 的装饰板最小弯曲半径为 10mm，它代表了装饰板的柔韧性，若装饰板弯曲性能差，则在弯曲较小的弧度时表面易产生开裂。其特点有：

(1) 表面平滑光洁；

(2) 色泽鲜艳，花纹多样；

(3) 质地坚硬，具有较高的耐磨、耐水、耐热性能；

(4) 化学稳定性好，对一般的酸性、碱性液体具有抗腐蚀作用。

2.1.4　封边材料

封边材料与装饰材料应协调一致，上述饰面材料基本上也可以作为封边材料。生产中的后成型工艺就是饰面、封边一次性连续饰贴完成。封边材料都是预先制作成条状或做成卷材,背面预先带胶或不带胶。目前封边材料主要有 PVC 塑料、薄木、木条、ABS 塑料、合成金属材料等。T 形、L 形、F 形、半圆形等各种形状的封边条,使用时嵌在板件的侧面。部分封边材料的截面如图 2-2~图 2-5 所示。

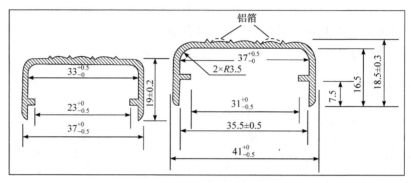

图 2-2　全包边装饰条(单位:mm)

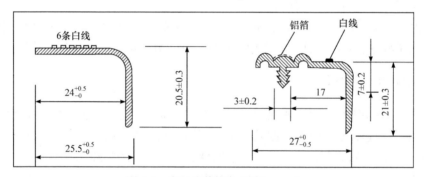

图 2-3　半包边装饰条(单位:mm)

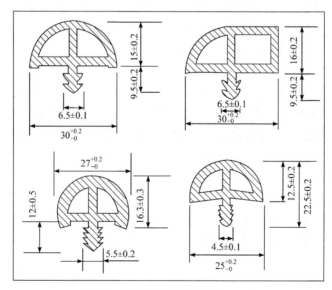

图 2-4　半圆形装饰条(单位:mm)

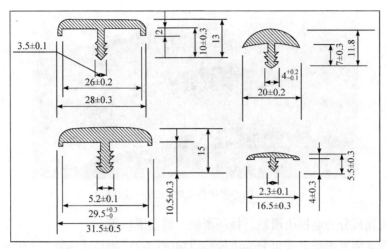

图 2-5　T 形装饰条(单位：mm)

PVC 塑料封边条是应用最广泛的封边材料，主要化学成分是聚氯乙烯，封边条厚度为 0.5～3mm，PVC 树脂的外观呈乳白色，化学性能稳定，具有良好的可塑性，生产中常加入有色填料改变颜色后使用。

2.1.5　五金配件

在木质制品中起到连接、活动、紧固、支撑等作用的结构件统称为配件。配件是现代木质制品中不可缺少的组成部分，在现代板式木质制品和木结构建筑的发展中，其发挥的作用更加明显。如今配件的品种多达万种，门类齐全，质量也有了基本保证。以家具产品为例，配件种类较多，国家标准将五金件配件分为九大类：结构连接件、铰链、滑动装置、锁具、位置保持装置、高度保持装置、支撑件、拉手、脚轮。材料有金属、塑料等。五金配件的发展为家具制造的技术进步和质量提高提供了广阔的空间。

1. 连接件

一般木质制品的生产过程中，在零件与零件之间起到紧固和转动作用的就是连接件，连接件主要有偏心连接件、钩挂式连接件、螺钉、铆钉、子母组合螺母等，这也是目前木质制品五金行业的通用产品。现代家具连接件中使用最多的是偏心连接件，主要完成垂直板和水平板的连接，具有安装快速、牢固、可多次拆卸的优点，安装于板件的暗处，不影响整体美观。偏心连接件的规格种类多，常用的偏心连接件由偏心轮、连接杆、预埋螺母三个零件组成，因此也称为三合一连接件，如图 2-6 所示。此外，还有二合一连接件、四合一连接件、组合螺母等。

2. 滑动装置

滑动装置主要包括抽屉滑道、移门滑道等。滑动装置的分类主要有以下几种：
(1) 按拉出长度可分为部分拉出、全部拉出；
(2) 按使用方法可分为推入式和自闭式；
(3) 按安装方式可分为双侧安装和单侧安装；

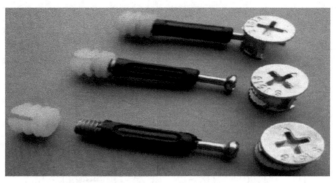

图 2-6　偏心连接件实物(三合一连接件)

(4) 按用途可分为电视机滑轨、抽屉滑轨、键盘滑轨等；

(5) 按滑动装置滚动方式可分为滚轮式滑轨(图 2-7)、钢珠式滑轨、齿轮式滑轨、阻尼滑轨等。

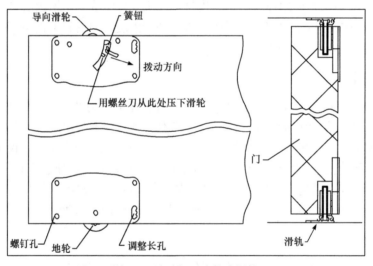

图 2-7　移动门用滚轮式滑轨

传统木质制品是通过木制滑道来完成滑动的。现代滑动装置已经可以标准化生产，抽屉滑道灵活、通畅，且具有免碰伤的防反弹设计。

3. 铰链

铰链是用来连接两个固体并允许两者之间做相对转动的机械装置。铰链由可移动的组件构成，或者由可折叠的材料构成。合页由只能转动的两个零件构成，其主要安装于门窗上，而铰链更多安装于橱柜上，常用暗铰链如图 2-8 所示。铰链的种类繁多，主要有明铰链、暗铰链、玻璃门铰链、门头铰链等。根据不同的安装形式和用途，其还可分为木门铰链、折叠门铰链、反板铰链、反板支架等，按材质还可分为不锈钢铰链和铁铰链等。为让人们得到更好的享受，又出现了液压铰链(又称阻尼铰链)，其特点是在柜门关闭时带有缓冲功能，最大限度减小了柜门关闭时与柜体碰撞发出的噪声。

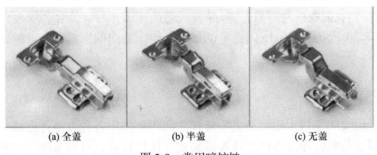

(a) 全盖　　　　　　(b) 半盖　　　　　　(c) 无盖

图 2-8　常用暗铰链

图 2-8 中，全盖是指门板完全盖住侧板，两者之间有小间隙，以便门可以安全打开，又称直铰。半盖是指两扇门共用一个侧板，它们之间有一个最小间隙，每扇门覆盖的距离相应减小，需要采用铰臂弯曲的铰链，又称中弯。无盖是指门嵌装于柜体内，在柜体侧板旁需要一个间隙，以便可以安全打开，需要采用铰臂非常弯曲的铰链，又称大弯。

4. 锁具

锁具主要用于门和抽屉等部件的固定，使门和抽屉能够关闭和锁住，不至于被随便打开，保证存放物品的安全。

锁具的种类较多，常见的形式有整套锁心可换转杆锁、整套锁心可换抽屉锁、整套箱形锁、整套锁心可换插销锁、自动门插销锁、儿童安全锁、普通的挂锁等，还有采用高科技研制出的编码识读锁、指纹锁、智能芯片锁等。

铰链、滑动装置和连接件是现代家具中最普遍使用的三类五金配件，因此常称为"三大件"。但随着现代加工技术的发展，家具零部件与家具五金配件之间的界限越来越模糊，如厨房底柜的调整脚、各种类型的抽屉本应是家具生产的零部件，但现在越来越多由五金制造商提供。

木质制品的设计、结构、生产加工等诸多因素都与五金配件密切相关，随着五金配件的发展，木质制品的生产也有新的飞跃。五金件的发展为木质制品，特别是木制家具的发展奠定了基础。

2.2　木质制品结构

木质制品由若干个零件、部件和配件按一定的结构形式，通过一定的接合方式相互连接才能构成成品。零件及零部件之间的连接称为接合。零件是木质制品的最基本组成部分，如以锯材、板材为原料加工而成的零件，部件是由零件组成的独立装配件。要掌握各零部件的加工工艺，首先需要了解木质制品零部件的结构和接合方式。按照接合方式，木质制品有如下结构形式。

1. 固装式结构

固装式结构又称非拆装式结构或成装式结构。它是指木质制品各零部件之间主要采用紧固件、榫接合(带胶或不带胶)、非拆装式连接件接合、钉接合和胶接合等,一次性装配而成,不可再次拆装的、牢固稳定的结构。传统结构的家具、木质制品基本为固装式结构。

2. 拆装式结构

拆装式结构(KD)是指木质制品各零部件之间主要采用各种五金件连接,如空心螺丝连接、尼龙倒刺与螺钉和偏心件连接等拆装式连接件接合,可以多次拆卸和安装。拆装式家具制品不仅易于设计与生产,而且便于搬运和运输,也可以减少生产车间和销售仓库的占地面积,可供用户自行装配。这种结构不仅适用于柜类制品,也可以适用于椅子、凳子、沙发、床、桌子、茶几,甚至传统雕刻木质制品等。拆装式结构又可称为待装式结构、易装式结构(ETA)或自装式结构(DIY)。

3. 框式结构

框式结构作为典型的中国传统家具结构类型而被广泛沿用。它主要是由实木锯材为原料制成的框架、框架再覆板、嵌板(主要以实木零件为基本构件)所构成的。例如,实木门是由四个边框、横档、竖档构成的平面框式制品;实木衣橱、书橱是由立体框式结构加上侧面嵌板、背面嵌板、门、抽屉等构成的制品。框式结构既可以制成固装式结构,也可以做成拆装式结构。框式结构常用的接合方式有榫接合、胶接合、螺钉接合、圆钉接合、金属或硬质塑料连接件接合,以及采用多种形式并用的混合接合等。采用不同的接合方式对制品的美观和强度、加工过程和成本等均有很大的影响。当然,采用人造板基材的复合原料也可制成具有实木框式结构的效果。

4. 板式结构

板式结构是在人造板生产发展基础上所形成的一种木质家具结构类型。其主要是由木质人造板基材做成的各种板式部件(如刨花板、中密度纤维板、多层板、细木工板、空心板、层积材、框嵌板等)、实木整拼板、集成材采用五金连接件等相应的接合方式所构成的。由于接合方式不同,板式结构具有可拆与不可拆之分,但一般多为拆装式结构。板式家具根据其装饰结构的不同,可分为以下两类。

(1) 平直型板式木质制品:只进行表面贴面和封边或包边等平面装饰的板式产品,通常称为纯板式制品。

(2) 艺术型板式木质制品:表面采用镂铣与雕刻或实木线形镶贴等立体艺术装饰的板式制品,通常称为实木化板式制品或板式制品实木化。

5. 板木结构

板木结构是指产品框架及主要部分采用锯材制作,而其他板件或面板等部分采用饰面人造板制作的一种家具结构类型。它既可以是固装式结构,也可以是拆装式结构。

　　这类木质制品常用的接合方式有榫接合、胶接合、钉接合、连接件接合等，所选用的接合方式是否恰当，对木质制品的外观质量、强度和加工过程都会有直接影响。

6. 折叠式结构

　　折叠式结构是指能折合、叠放或翻转的一类家具的结构类型。折叠部位采用活动连接件连接，常用于椅子、凳子、沙发、桌子、茶几、床以及部分架或柜类家具。其主要特点是使用或存放时可以折叠起来，便于使用、携带、存放和运输，适用于住房面积小或经常变换使用方式的公共场所，如餐厅、会场等。

7. 组合式结构

　　根据组成单元的不同，组合式结构可分为部件组合式和单体组合式两种。部件组合式又称为通用部件式或标准板块式，它是将几种统一规格的通用部件或单体产品，通过一定的装配结构组成不同形式和用途的家具，一般都采用拆装式结构，不仅简化了生产组织与管理工作，而且有利于提高劳动生产效率，实现专业化与自动化生产以及多种功能用途。单体组合式又称为积木式，它是将家具分成若干个单体，其中任何一个单体都可以单独使用，也可以将几个单体在高度、宽度和深度上相互组合而形成新的整体，不仅装配运输方便，使用占地面积小，而且能按需组合，样式灵活，适应性强。

8. 支架式结构

　　支架式结构是指将各种部件固定在金属或木质支架的不同高度上构成的一类家具的结构类型。支架既可以支承，也可以固定在地板上，还可以固定在天花板或墙壁上。其中，固定在天花板或墙壁上的方式称为支架悬挂式结构，它是将标准化板块采用连接件挂靠或安放在墙面上或天花板下，形成固定式或活动式家具。支架悬挂式结构家具能充分利用室内空间，制造、安装、清扫方便，可适应不同的使用要求，但一般用于存放物品，如衣帽架等。

9. 多用式结构

　　多用式结构是指对某些部件的位置或连接形式稍加调整就可能变换用途的木质制品。采用这类结构制成的产品能一物多用、占地面积少、功能效果多，如沙发床既可作为沙发供人坐，也可将其靠背改成可转动的活动结构，并在靠背后方两端增加支撑，作为床供人卧躺等。

10. 曲木式结构

　　曲木式结构是指主体结构采用弯曲零部件制作而成的木质制品。弯曲件可用实木锯制弯曲、实木方材弯曲或薄板胶合弯曲成型等工艺制成，再通过一定接合方法与其他零部件组装就可制成曲木式结构木质制品。根据接合方法的不同，曲木式结构既可做成拆装式结构，也可做成固装式结构，如曲木家具造型别致、轻巧美观。

2.3　木质制品的接合方式

　　木质制品的接合方式是指采用某一种或几种将各零部件接合起来制成成品的方式。木质制品的结构不同，采用的接合方式也不同，木质制品的接合方式有榫接合、钉接合、木螺钉接合、胶接合和连接件接合等。采用的接合方式是否正确，对制品的美观性、强度和加工过程，以及使用或搬运的方便性都有直接影响。现将木质家具常用的接合方式分述如下。

2.3.1　榫接合

　　榫接合是木质制品的一种传统而古老的接合方式，它是由榫头嵌入榫眼的一种接合。接合处通常要施胶，以增加接合强度。榫接合的构成如图 2-9 所示。

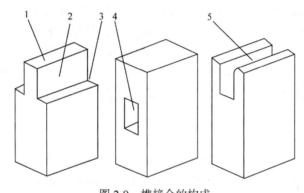

图 2-9　榫接合的构成
1. 榫端；2. 榫颊；3. 榫肩；4. 榫眼；5. 榫槽

　　1. 榫接合的种类

　　(1) 按榫头基本形状可分为直角榫、燕尾榫、指榫、椭圆榫(长圆榫)、圆榫和片榫等，如图 2-10 所示。

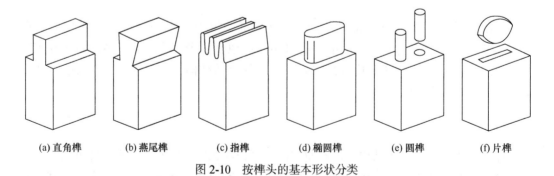

(a) 直角榫　　　(b) 燕尾榫　　　(c) 指榫　　　(d) 椭圆榫　　　(e) 圆榫　　　(f) 片榫

图 2-10　按榫头的基本形状分类

　　(2) 按榫头与工件本身的关系可分为整体榫和插入榫。整体榫是在方材零件上直接加工而成的，如直角榫、椭圆榫、燕尾榫和指榫；而插入榫与零件不是一个整体，单独加工后再装入零件预制的孔或槽中，如圆榫、片榫等。

(3) 按榫头数目可分为单榫、双榫和多榫，如图 2-11 所示。

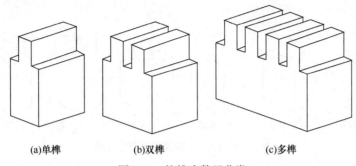

(a)单榫　　　　　　(b)双榫　　　　　　(c)多榫

图 2-11　按榫头数目分类

(4) 按榫眼(孔)深度可分为明榫(贯通榫)和暗榫(不贯通榫)，如图 2-12 所示。

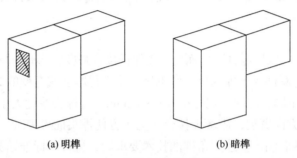

(a) 明榫　　　　　　　　　　(b) 暗榫

图 2-12　按榫眼(孔)深度分类

(5) 按榫眼侧开口程度分为开口贯通榫、半开口(半闭口)贯通榫、半开口(半闭口)不贯通榫、闭口贯通榫和闭口不贯通榫，如图 2-13 所示。

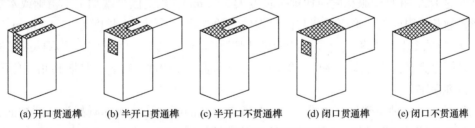

(a) 开口贯通榫　　(b) 半开口贯通榫　　(c) 半开口不贯通榫　　(d) 闭口贯通榫　　(e) 闭口不贯通榫

图 2-13　按榫眼侧开口程度分类

　　贯通榫的榫端暴露在接合部的外面，因此称为明榫，贯通榫的接合强度高，但影响产品外观，现代木质制品中应用不多。非贯通榫榫端藏在接合部的内部，因此称为暗榫，非贯通榫的接合强度稍低，但不影响产品外观，在现代木质制品中应用较多。

　　开口榫是指榫颊、榫头端面暴露在接合部外面，特点是加工方便，对产品的外观有影响，接合强度低，接合处易滑脱，当木材水分发生变化时，榫头的尺寸也会发生变化，造成榫头突出或凹进零件表面，影响连接部位的质量和美观。闭口榫是指榫颊藏在接合部内部，加工相对于开口榫复杂，但美观性好，闭口榫的接合强度较开口榫高。半闭口榫是指榫颊部分暴露在接合部的外面，特点是介于开口榫和闭口榫之间。

(6) 按榫头肩颊切削形式分为单肩榫、双肩榫、三肩榫、四肩榫、夹口榫和斜肩榫等，如图2-14所示。

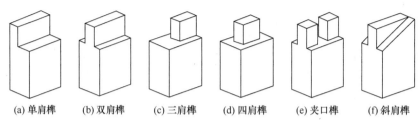

(a) 单肩榫　(b) 双肩榫　(c) 三肩榫　(d) 四肩榫　(e) 夹口榫　(f) 斜肩榫

图 2-14　按榫头肩颊切削形式分类

2. 榫接合的技术要求

木质制品的破坏常出现在接合部位，因此榫接合必须遵循接合的技术要求，以保证其应有的接合强度。

1) 直角榫

(1) 榫头厚度：一般按零件尺寸而定，为保证接合强度，单榫的厚度接近于方材厚度或宽度的2/5～1/2，双榫或多榫的总厚度也接近于方材厚度或宽度的2/5～1/2。榫头厚度应根据材质硬度的不同，比榫眼宽度小0.1～0.2mm，若榫头厚度大于榫眼宽度，则安装时会使榫眼顺木纹方向劈裂，破坏榫接合。为了方便榫头插入榫眼，常将榫端的两面或四面削成30°的斜棱。满足上述直角榫的技术要求后，再考虑标准钻头的使用。

(2) 榫头宽度：一般比榫眼长度大0.5～1.0mm(硬材大0.5mm，软材大1.0mm)。

(3) 榫头长度：根据接合形式决定，采用贯通(明)榫接合时，榫头长度应等于或稍大于榫眼零件的宽度或厚度；采用不贯通(暗)榫接合时，榫头长度应不小于榫眼零件的宽度或厚度的1/2，并且榫眼深度应比榫头长度大2～3mm，以免因榫端加工不精确或木材吸湿膨胀触及榫眼底部，形成榫肩与榫眼零件间的缝隙；一般榫头长度为25～35mm。

(4) 榫头数目：当榫接合零件断面尺寸超过40mm×40mm时，应采用双榫或多榫接合，以便提高榫接合强度。多榫一般用于传统木质制品的框架接合、抽屉转角部位等。

2) 椭圆榫

椭圆榫是一种特殊的直角榫。它与普通直角榫的区别为其两榫侧都为半圆柱面，榫孔两端也相同。这样的榫孔可以用带侧刃的端铣加工，加工简便；榫头加工则需要用椭圆榫专用机床。椭圆榫接合的尺寸和技术要求基本上与直角榫接合相同，只是在以下方面有所区别：

(1) 椭圆榫只可设单榫，无双榫与多榫；

(2) 榫两侧及榫孔两端均为半圆柱面，榫宽通常与榫头零件宽度相同或略小。

3) 圆榫

圆榫接合的技术要求应符合国家标准。

圆榫材种：密度大、无节无朽、纹理通直细密的硬材，如水曲柳、青冈栎、柞木、桦木、色木等。

圆榫含水率：应比被接合的零部件低 2%～3%，通常小于 7%，这是因为圆榫吸收胶液中的水分后会膨胀；备用圆榫应密封包装、保持干燥、防止吸湿。

(1) 圆榫形式：圆榫按表面构造状况的不同主要有光面圆榫、直槽(压纹)圆榫、螺旋槽圆榫、网槽(鱼鳞槽)圆榫四种，按沟槽加工方法的不同有压缩槽纹和铣削槽纹两种，如图 2-15 所示。圆榫表面设沟槽是为了便于装配时带胶插入榫孔，并在装配后很快胀平，利用胶液向整个榫面展开，使接合牢固。在圆榫接合中，有槽纹的圆榫比光面的圆榫好；压缩槽纹比铣削槽纹优越，并且压缩螺旋槽圆榫较好；螺旋槽纹的抗拔力比直槽大，而又不像网槽那样损伤榫面。

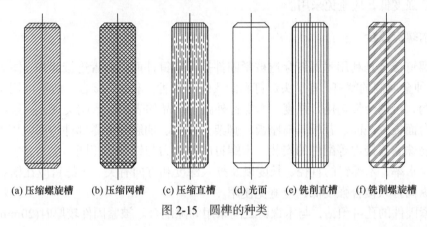

(a) 压缩螺旋槽　(b) 压缩网槽　(c) 压缩直槽　(d) 光面　(e) 铣削直槽　(f) 铣削螺旋槽

图 2-15　圆榫的种类

(2) 圆榫直径：一般要求等于被接合零部件板厚度的 2/5～1/2；常用直径有 4mm、6mm、8mm、10mm、12mm、14mm。

(3) 圆榫长度：一般为圆榫直径的 3～4 倍，榫端与榫孔底部间隙应保持在 0.5～1.5mm。

(4) 圆榫配合：要求圆榫与榫孔配合紧密或圆榫较大。当圆榫用于固定接合(固装式结构)时，采用直槽圆榫的过盈配合，其过盈量为 0.1～0.2mm，并且一般应双端涂胶；当圆榫用于定位接合(拆装式结构)时，采用光面或直槽圆榫的间隙配合，其间隙量为 0.1～0.2mm，并单端涂胶，通常与其他连接件一起使用。

(5) 圆榫施胶：固装式结构采用圆榫接合时，一般应带胶(最好榫、孔同时涂胶)接合。常用胶种按接合强度由高到低为脲醛胶与聚醋酸乙烯酯(PVAc)乳白胶的混合胶(又称两液胶)、脲醛胶、聚醋酸乙烯酯乳白胶、动物胶等。

(6) 圆榫数目：为了提高强度和防止零件转动，通常要至少采用 2 个圆榫进行接合；多个圆榫接合时，圆榫间距应优先采用 32mm 模数(系统)，在较长接合边用多榫连接时，榫间距离一般为 100～150mm。

2.3.2　钉接合

钉子的种类有很多，分为金属钉、竹制钉、木制钉三种，其中常用金属钉。金属钉主要有 T 形圆钉、"门"形扒钉(骑马钉)、鞋钉、泡钉等。圆钉接合容易破坏木材、强度小，因此在木质制品生产中很少单独使用，其仅用于内部接合处和表面不显露的部位，以及外观要求不高的地方，如用于抽屉滑道、胶合板覆面、线脚、包线形等固定。竹制钉和木制钉在我国手工生产中的应用极为悠久和普遍，有些类似于圆榫接合。装饰性的钉常用于软体家具制造。

钉接合一般都是与胶料配合进行的，有时起胶接合的辅助作用；也有单独使用的，如包装箱生产等。

钉接合大多数是不可以多次拆装的。钉接合的握钉力与基材的种类、密度、含水率，钉子的直径、长度以及钉入深度和方向有关。例如，刨花板侧边的钉着力比板面的钉着力低得多，因此刨花板侧边不宜采用钉接合；圆钉应在持钉件的横纹理方向进钉，纵向进钉接合强度低，应避免采用。

2.3.3 木螺钉接合

木螺钉接合是利用木螺钉穿透被紧固件拧入持钉件而将两者连接起来。木螺钉(木螺丝)是一种金属制的螺钉，有平头螺钉和圆头螺钉两种。木螺钉接合一般不可用于多次拆装式结构，否则会影响接合强度。木螺钉外露于产品的表面会影响美观，一般应用于桌面板、台面板、柜面、背板、椅座板、脚架、塞角、抽屉撑等零部件的固定以及拉手、门锁、碰珠、连接件等配件的安装。木螺钉的钉着力与钉接合相同，也与基材的种类、密度、含水率，木螺钉的直径、长度以及拧入深度和方向有关。木螺钉应在横纹理方向拧入，纵向拧入接合强度低，应避免使用。

被紧固件的孔可预钻，与木螺钉之间采用间隙配合。被紧固件较厚时(20mm 以上)，常采用沉孔法以避免木螺钉太长或木螺钉外露。

2.3.4 胶接合

胶接合是指单独用胶黏剂来胶合产品的主要材料或构件而制成零部件或制品的一类接合方式。由于近代新胶种的出现，木质制品结构的新发展，胶接合的应用越来越多，在生产中常见的方材的短料接长、窄料拼宽、薄板层积和板件的覆面胶贴、包贴封边等均完全采用胶接合。胶接合的优点是可以小材大用、劣材优用、节约木材，还可以保证结构稳定、提高产品质量和改善产品外观。

2.3.5 连接件接合

五金连接件是一种特制并可多次拆装的构件，也是现代拆装式木质制品必不可少的一类配件。它可以由金属、塑料、尼龙、有机玻璃、木材等材料制成。目前，常用的五金连接件主要有螺旋式、偏心式和挂钩式等几种。对木质制品连接件的要求是结构牢固可靠、多次拆装方便、松紧能够调节、制造简单价廉、装配效率高、无损功能与外观、保证产品强度等。连接件接合是拆装家具尤其是板式拆装家具中应用最广的一种接合方法，采用连接件接合使拆装式家具的生产能够做到零部件的标准化加工，最后组装或由用户自行组装，这不仅有利于机械化流水线生产，也给包装、运输、贮存带来了方便。

2.4　木质制品的基本构件

凡是由两个或两个以上零件构成独立的可安装部分均称为木质制品的基本构件,无论木质制品的种类、造型和结构多么复杂,它们都是由方材、实木拼板、木框和箱框等构成的。

2.4.1　方材

方材作为实木制品的零件,它是木质制品中最简单、最基本的零件,具有不同的断面形状和尺寸,其断面尺寸宽厚比(宽度与厚度的比值)在 2∶1 左右,长度是断面宽度或厚度的许多倍,方材主要呈现线性材料特征,在结构上可以是整块实木、小块胶合集成材等;在长度方向上形状可以是直线形、曲线形;在断面上可以是方形、圆形、椭圆形、不规则形等。

方材构件是由方材毛料加工而成的,方材毛料的规格尺寸可以与方材构成的规格尺寸一致。实际生产中,选择方材毛料的规格尺寸应是方材构件尺寸的数倍,在配料时经过纵剖或横截,就可获得满足方材构件尺寸规格要求的方材毛料。

随着大尺寸天然材越来越少,生产中方材毛料主要是胶合拼接材。在生产胶拼材时,要求各胶合木材树种的材性相同(或相近)、含水率相近或相同,才能制备出形状稳定的胶合件。

当制备曲线形方材构件时,若直接在锯材上锯制,则制备的曲线形方材构件的强度将大大降低,出材率也大大降低;若采用实木弯曲法制备,虽然省料、强度高,但是适合选用的木材树种较少;现在采用胶合弯曲法制备曲线形方材构件的企业越来越多。

2.4.2　实木拼板

将窄板接合成所需宽度的板件称为拼板。为了尽量减少拼板的收缩和翘曲,宜采用窄板拼宽,且树种和含水率也应一致。图 2-16 为各种板件的拼接方式。

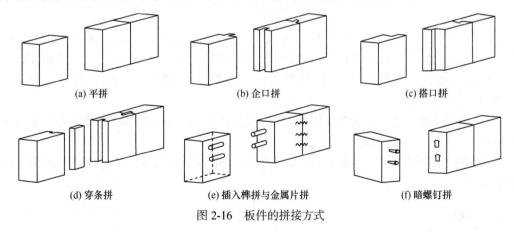

(a) 平拼　　　　　(b) 企口拼　　　　　(c) 搭口拼

(d) 穿条拼　　　　(e) 插入榫拼与金属片拼　　　　(f) 暗螺钉拼

图 2-16　板件的拼接方式

1) 拼板的接合

(1) 平拼:如图 2-16(a)所示,相邻两窄板间涂胶接合应完全紧密,目的是保证拼板的质量和强度。拼缝接合紧密，拼板的强度比木材本身的强度还高，但是若拼缝不严，则强度很低，因此要提高加工精度。该方法在材料利用上较经济、加工简单、应用较广。

(2) 企口拼：如图 2-16(b)所示，相邻窄板面通过涂胶的榫簧与榫槽配合，再胶拼起来。该方法生产的拼板不易发生变形，但材料消耗要比平拼多 6%～8%，且接合强度也比平拼接合低。这种拼板适合气候恶劣的条件下使用，因为拼缝裂开时仍然不露缝隙。企口拼常用于面板、密封包装箱板等。

(3) 搭口拼：如图 2-16(c)所示，此法易胶拼，材料消耗与企口拼接合相同。

(4) 穿条拼：如图 2-16(d)所示，通过木板条(或胶合板条)涂胶，将两个相邻开有凹槽的板面连接起来。穿条拼加工简单，材料消耗与平拼接合相同，强度较好。

(5) 插入榫拼：如图 2-16(e)所示，在窄板的边部钻圆形孔，再用圆榫拼接。这种方法材料消耗与平拼接合类似，我国南方地区常用竹钉代替圆榫进行拼接。

(6) 暗螺钉拼：如图 2-16(f)所示，先在窄板的一侧开出钥匙头形的槽孔，在相拼的另一窄板侧面拧上螺钉，螺钉套入以后，再向下压，使之挤紧，即可获得牢固的接合。该种方法接合比较紧密、隐蔽，也可以作为结构连接，如床等。

(7) 金属片拼：如图 2-16(e)所示，用于拼接的金属片断面有波纹形、S 形等多种，拼接时在拼缝上垂直于板面打入这种金属片即可。此法常用于受力较小或还需要覆面的拼板，对于某些树种零件容易引起劈裂。

2) 减少拼板翘曲的方法

减少拼板翘曲的方法是为了减少拼板的变形，在拼板的背面或端头进行加固的方法，如图 2-17 所示。

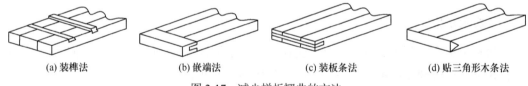

(a) 装榫法　　　　　(b) 嵌端法　　　　　(c) 装板条法　　　　(d) 贴三角形木条法

图 2-17　减少拼板翘曲的方法

(1) 装榫法：在拼板的背面，距拼板端头 150～200mm 处，加工出燕尾形或方形榫槽，然后在榫槽中嵌放相应断面形状的木条，此法常用于工作台的台面、乒乓球台面等。

(2) 嵌端法：将拼板的两端加工成榫簧，与方材相应的榫槽进行配合，此法多用于绘图板或工作台的台面。

(3) 装板条法：将拼板的两端做出榫槽，在榫槽中插入矩形的木条。装矩形木条的端面外观不好看，但能较好防止拼板变形。

(4) 贴三角形木条法：在拼板与木条上切削出相应的斜面，此法外观较好，可用于门端面的接合。

2.4.3　木框

木框通常是由四根及以上方材按一定的接合方式围合而成的构件。按照用途不同，可以有一至几根中档，或是没有中档。为了提高木框的力学强度，一般把横档夹在竖档之间。

1) 木框的角部接合

(1) 直角接合：如图 2-18 所示，主要采用各种直角榫，也可采用燕尾榫、圆棒榫等接合。这种木框牢固大方，工艺简单。

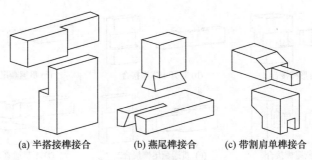

(a) 半搭接榫接合　　　　　(b) 燕尾榫接合　　　　　(c) 带割肩单榫接合

图 2-18　直角接合方式

开口贯通单榫件用于门扇、窗扇角接合处以及覆面板内部框架等，常以木制或竹制销钉作为附加紧固。闭口贯通榫件应用于表面装饰质量要求不高的各种木框角接合处。闭口不贯通榫件应用于柜门的立边与帽头、椅后腿与椅帽头的接合处等。半闭口贯通榫件与不贯通榫件，应用于柜门、旁板框架的角接合以及椅档与椅腿的接合处等。开口贯通双榫件接合牢固，用于较厚的木框角接合处，如门框、窗框等，常以木销钉作附加紧固。半搭接榫接合制作简单，需销钉或螺钉加固。燕尾榫接合比平榫接合牢固，榫头不易滑动，应用于长沙发脚架或覆面板成型框架的角接合处。带割肩单榫应用于框嵌板结构的角接合处，如柜门立边与帽头的接合、门扇和窗扇的角接合处。

(2) 斜角接合：斜角接合就是将相接合的两根方材的端部榫肩切成 45°的斜面，或单肩切成 45°的斜面后再进行接合，以免露出不易涂饰的方材端部，如图 2-19 所示。

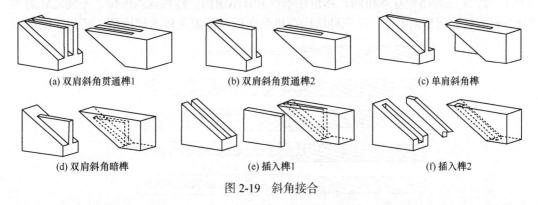

(a) 双肩斜角贯通榫1　　　　　(b) 双肩斜角贯通榫2　　　　　(c) 单肩斜角榫

(d) 双肩斜角暗榫　　　　　(e) 插入榫1　　　　　(f) 插入榫2

图 2-19　斜角接合

斜角接合与直角接合相比，强度较小，加工较复杂，常用于绘图板、镜框及柜门上。双肩斜角贯通单榫或双榫适用于衣柜门、旁板或床屏木框的角部接合。双肩斜角暗榫适用于木框两侧面都需涂饰的部位，如镜框和沙发扶手的角接部位、床屏的角接合处等。插入榫适用于各种斜角接合，要求钻孔准确。单肩斜角榫适用于大镜框以及桌面板镶边等角接合处。插入暗榫与明榫，适用于断面小的斜角接合处，插入板条可用胶合板和其他材料。

2) 木框的中部接合

为了保证防止木框内嵌板变形，提高嵌板的强度，需要在大尺寸木框中加入中档和竖档。中档和竖档的接合方式如图 2-20 所示。

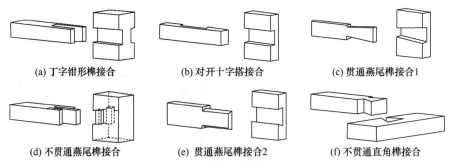

(a) 丁字钳形榫接合　　　　　　(b) 对开十字搭接合　　　　　　(c) 贯通燕尾榫接合1

(d) 不贯通燕尾榫接合　　　　　(e) 贯通燕尾榫接合2　　　　　(f) 不贯通直角榫接合

图 2-20　中档和竖档的接合方式

丁字钳形榫接合强度大，适用于衣柜或写字台等接合处。对开十字搭接合适用于门扇、窗扇中撑以及方格空心板内部衬条的接合处。在贯通、不贯通的直角榫及燕尾榫接合中，直角榫接合的纵向方材易被拉开，燕尾榫接合则可避免，这两种都适用于空心板内框架的中撑接合处。贯通直角榫接合是在榫头的端面加入木楔以保证接合紧密，如门扇中档的接合等。

木框的角部、中部除了采用上述的榫接合，还可采用骑马钉等接合方法。

2.4.4　木框嵌板结构

在实际应用时，常在木框内装入各种板材做成嵌板结构。嵌板的安装方法与图 2-21 中 1、2、3 三种结构基本相同，都是在木框上开出槽沟，然后放入嵌板，不同之处为木框方材所铣断面型面不同，这三种结构在更换嵌板时都需先将木框拆散。结构 3 能在嵌

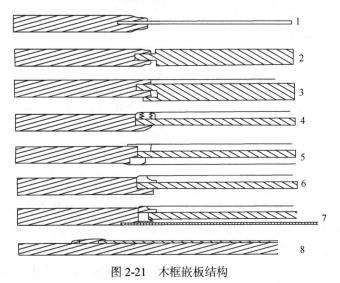

图 2-21　木框嵌板结构

板因含水率变化发生收缩时挡住缝隙。图 2-21 中 4、5、6 三种结构均是在木框上开出铲口，然后用螺钉或圆钉钉上型面木条(线条)，使嵌板固定于木框上，这种结构装配简单、易于更换嵌板。采用木框嵌板结构时，槽沟不应开到横档榫头上，以免破坏接合强度。

图 2-21 结构中，木框上不仅嵌装薄板，有时也需要嵌装玻璃或镜子，如窗户、门框等。木框内嵌装玻璃或镜子时，需利用断面呈各种形状的压条，压在玻璃或镜子的周边，然后用螺钉使其与木框紧固，如图 2-21 中的结构 5。设计时压条与木框表面不应要求齐平，以节省安装工时。但是当镜子装在木框里面时，前面最好用三角形断面的压条使镜子紧紧压在木框上，在木框后面还需用板或板框封住，如图 2-21 中的结构 6、7。当玻璃或镜子不嵌在木框内而是装在板件上时，则需用金属或木制边框、螺钉使之与板件接合，如图 2-21 中的结构 8。

2.4.5 箱框

箱框是由四块以上的板按一定的接合方式构成的。木框的角部接合可采用直角接合或斜角接合。

1) 箱框直角接合

箱框直角接合如图 2-22 所示。

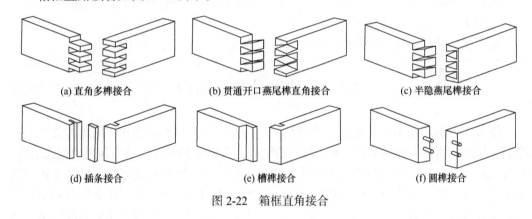

(a) 直角多榫接合　　(b) 贯通开口燕尾榫直角接合　　(c) 半隐燕尾榫接合

(d) 插条接合　　(e) 槽榫接合　　(f) 圆榫接合

图 2-22　箱框直角接合

(1) 直角多榫接合：贯通开口直角多榫接合方法简单，接合强度较大，但当木材含水率改变时，露在外面的榫端会在表面上形成不平，影响美观，一般用于抽屉旁板、抽屉后板以及仪器箱、包装箱等角接合处。

(2) 贯通开口燕尾榫直角接合：适用于各种包装箱的角接合、抽屉、衣箱的后角接合处等。燕尾榫头有劈裂的可能。

(3) 半隐燕尾榫接合：在零件尺寸相同的条件下，接合处胶层面积缩小，因此其接合强度低于贯通开口燕尾榫直角接合。接合后只有一面可见榫端，其主要优点就在于此。虽然加工这样的榫头较为复杂，但是应用仍很广泛，如抽屉的面板与旁板以及衣箱的角接合处等。

(4) 插条接合：其特点是制造简单，有足够的强度，适用于较小、较轻的仪器，仪表箱的接合处。

(5) 槽榫接合：强度较低，可作为抽屉接合以及包脚板的后角接合。

(6) 圆榫接合：这种接合制造简单，有足够的强度。

2) 箱框斜角接合

箱框斜角接合如图 2-23 所示，斜角接合不露端面，外观较好，但是制造复杂，强度不大，用于特殊要求的制品，如包脚板的前角接合等。斜角接合中的插条接合及槽榫接合的特点与图 2-22 基本相同。

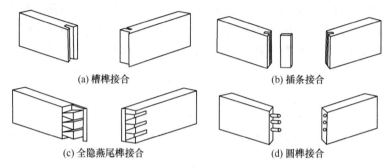

(a) 槽榫接合　　　　　　　　　　　　　　(b) 插条接合

(c) 全隐燕尾榫接合　　　　　　　　　　　(d) 圆榫接合

图 2-23　箱框斜角接合

箱框的中部主要采用燕尾槽榫接合、直角槽榫接合、三角槽榫接合、直角多榫接合、插入圆榫接合、偏心连接件接合及钉接合等。

箱框顶、底的接合主要有直接覆上顶板或底板、嵌板结构等接合形式。

2.5　木质制品基本结构

随着现代加工技术的发展，木质制品的结构也发生了很大的变化，因此本节以木制家具为例分析木质制品的结构。木质制品的结构分为传统的框架式结构和现代板式结构。现代板式家具生产已经将板件的生产作为产品进行生产，因此板式家具的结构也比较简单，主要由旁板、顶板、隔板、背板、底板、门板及抽屉等部分组成。该类家具的结构关键是接合方式，可参阅 2.3 节。本节主要以框架式结构家具为例说明木质制品的基本结构。框架式柜类家具由底座、框架、嵌板、门及抽屉等部分组成，如图 2-24 所示。

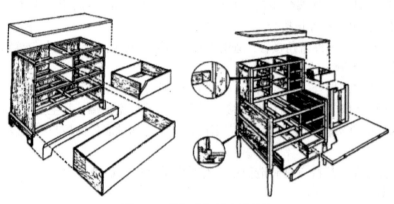

图 2-24　框架式柜类家具结构

(1) 底座：常见的是包脚式底座、框架式底座和装脚式底座，所用材料为实木或人造板等。

包脚式底座：材料为实木、刨花板或细木工板等，其承受载荷巨大，但不利于通风及平稳安放。与板式家具直接落地不同，板式家具的旁板与底座为一体，而框架式结构为分体。包脚式底座连接形式多种多样。

框架式底座：由脚与望板接合而成，通常采用榫接合，如闭口或半闭口直角暗榫，要求接合部位强度较高，以满足使用要求。

装脚式底座：主要是采用木制、金属、塑料等材料制成的脚与柜子的底板连接而成，通常可以设计成拆装式，连接采用木螺钉、圆榫或金属连接件。

(2) 框架：是框架式家具的主体，起支撑作用。

(3) 嵌板：主要起封闭作用，与框架配合具有分割空间的作用。

(4) 门：有平开门、移门、卷门、翻门、折门等形式。

(5) 抽屉：主要由屉面板、屉旁板、屉底板、屉后板组成，连接方式主要有圆榫、连接件、半隐燕尾榫、直角榫等，一般采用实木、细木工板、三层胶合板、多层胶合板等材料制成。

习　题

1. 木质制品生产的基材有哪些？各有何特性？
2. 木材制品常用的饰面材料有哪些？
3. 木质制品五金的主要类型有哪些？
4. 直角榫与圆棒榫接合的主要技术要求是什么？
5. 实木拼板拼接的方式有哪些形式？
6. 如何减小实木拼板的变形？
7. 木框的角部接合与中部接合的方式有哪些？

第3章　木质制品机械加工基础

为了能顺利、科学地完成木质制品零件和部件的生产，实现科学的生产管理，必须要正确理解加工过程中的一些基本概念，如生产过程、工艺过程、加工基准、表面粗糙度和生产标准化等。这些概念的正确理解，对科学研究、提升生产管理、工艺设计、工厂规划都有重要的意义。

3.1　生　产　过　程

生产过程是原辅材料制成产品相关的生产劳动过程总和，即从生产准备开始，到产品生产结束的全部过程。木质制品生产是复杂的系统工程，也是构成因素相互交杂又相互关联的劳动过程。木质制品的生产过程包括木质制品的设计，原辅材料的采购、运输、质量检测和保管，木质制品零件、部件的加工，木质制品的装配与装饰，刀具、工具和能源的供应，加工设备的维修与保养，零件与产品的质量检验和入库保管，生产的组织与管理等。概括起来生产过程由生产准备过程、基本生产过程、辅助生产过程和生产服务过程四个部分组成。

生产准备过程是指产品投入生产前所进行的全部技术准备过程；基本生产过程是指直接将原辅材料、半成品加工为成品而进行的生产活动总和，它是生产过程中最主要的组成部分；辅助生产过程是指为了保证基本生产过程的正常进行所必需的各种辅助生产活动过程；生产服务过程是指为了保证基本生产和辅助生产的正常进行所需要的各项服务活动过程。

3.2　工　艺　过　程

工艺过程是指通过各种加工设备直接改变材料的形状、尺寸或性质，将原材料加工成符合产品技术要求的一系列工作的组合。木质制品的生产工艺过程包括配料、机械加工、胶合与胶压、装配和装饰、产品检验及入库等工作，有时也包括干燥和热处理等。上述内容都是生产过程中的基本组成部分，也是最重要的部分。

3.2.1　工艺过程的构成

木质制品的式样种类繁多，结构特征各异。每一件木质制品通常都是由数量较多、尺寸不同、结构与形状复杂的各种零件组成的。不同的零部件生产工艺过程不同，如图3-1～图3-3所示。同一零件可采用不同的材料进行制作，也可采用不同的加工方法进行制作；不同的企业间生产工艺过程也不同。因此，形成了不同的木质制品生产工艺过程。无论何种零部件, 其通用生产工艺过程构成都如图 3-4 所示。

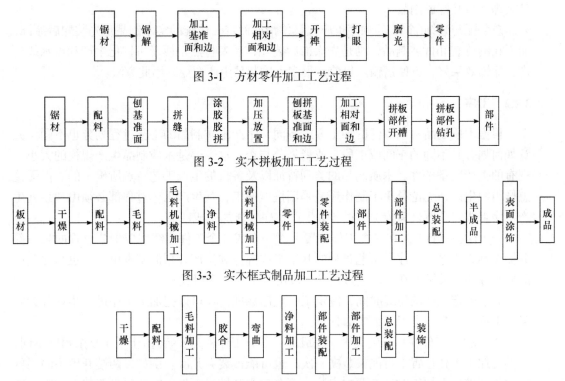

图 3-1　方材零件加工工艺过程

图 3-2　实木拼板加工工艺过程

图 3-3　实木框式制品加工工艺过程

图 3-4　木质制品通用生产工艺过程构成

工艺过程是由工段构成的。根据加工特征或加工目的不同, 木质制品生产过程又分为若干工段, 如配料工段、板材机加工工段、实木机加工工段、油漆工段、包装工段等, 而工段又可分为若干个工序, 工序是生产工艺过程中的常用组成单位。

木质制品生产的主要原料是锯材和各种人造板, 锯材和各种人造板的机械加工通常是从配料开始的。通过配料将锯材锯切成一定尺寸的毛料, 配料工段应力求使原料达到最合理的利用。

当配料工段内容比较简单时, 其工段与工序的内涵范围就会重叠。例如, 在实木制品加工时, 木材干燥与配料工段的先后顺序因制品的结构不同有区别, 先将锯材干燥后配料与先配料后干燥两种工艺均存在。现有的实际生产中先将锯材干燥后配料更普遍一些。先将锯材干燥, 可以避免因毛料干燥出现开裂和变形产出废品的问题。

零件毛料加工是四个表面加工和截去端头, 主要包括基准面(边)加工、相对面(边)加工以及长度尺寸的精截, 使其具有精确的尺寸和几何形状, 必要时还进行胶合、贴面或弯曲等加工, 得到的工件称为净料。净料加工包括开榫、钻孔、打榫眼、铣型、雕刻、砂光等。通过净料加工就可以得到符合设计要求的零件。毛料加工的目的之一是为净料加工提供好定位基准, 因此毛料加工一定在净料加工之前。

木质制品装配工段通常是先将零件装配成部件, 再进行必要的部件加工, 最后完成总装配, 成为白坯产品。木质制品生产工艺过程最后阶段是装饰或装配, 它们的先后顺序也取决于产品的结构形式。因此，可在总装配成制品后进行涂饰；也可以先进行零部件装饰，再装配成制品。

总装配与装饰(涂饰)的顺序也应视具体情况而定，传统的实木制品是先装配后涂饰，而现在的待装和拆装制品，则是先涂饰后装配，后者特点是便于机械化生产和流水线生产，涂饰效果好，方便运输。目前，很多木质制品生产企业采用此方法。

3.2.2　工序

根据木质制品每个零件的加工方式不同，生产木质制品的工艺过程划分也不同。究竟如何划分其不同的车间或工段，或者划分与否，这主要是木质制品生产规模的大小、现有的生产装备条件、木质制品的类别特征以及各自的生产工艺特点所确定的。但无论怎样组织生产，无论是手工制作还是采用机械加工，其生产工艺过程都必须由一系列生产工序组成，即原材料依次通过各种生产工序才能加工成产品。

一个(或一组)工人在一个工作位置上对一个或几个工件连续完成工艺过程的某一部分操作称为工序。工序是工艺过程的基本组成部分和生产计划的基本单元，也是控制产品质量好坏的关键所在。工艺过程各工段由若干个工序组成。

为了确定工序的持续时间，制定工时定额标准，还可以把加工工序进一步划分为安装、工位、工步、走刀等组成部分。

(1) 安装：工件在一次装夹中所完成的一部分工作称为安装。由于工序复杂程度不同，工件在加工工作位置上可能被装夹一次，也可能被装夹几次。例如，两端开榫头的工件在单头开榫机上加工时就有两次安装，而在双头开榫机上加工时，只需要装夹一次就能同时加工出两端的榫头，因此只有一次安装。

(2) 工位：工件处在相对于刀具或机床一定的位置时所完成的一部分工作称为工位。在钻床上钻孔或在打眼机上打榫眼都属于工位式加工。工位式加工工序可以在一次安装一个工位中完成，也可以在一次安装若干个工位或若干次安装若干个工位上完成。在工位式加工工序中，更换安装工位时需要消耗时间，因此安装次数越少，生产效率越高。

(3) 工步：在不改变切削用量(切削速度、进料量等)的情况下，用同一刀具对同一表面所进行的加工操作称为工步。一个工序可以由一个工步或几个工步组成。例如，在平刨上加工基准面和基准边，该工序就由两个工步所组成。

(4) 走刀：在刀具和切削用量均保持不变时，切去一层材料的过程称为走刀。一个工步可以包括一次或几次走刀。例如，工件在平刨上加工基准面，有时需要进行几次切削才能得到符合要求的平整基准面，每一次切削就是一次走刀。在压刨、纵解锯等机床上，工件相对于刀具做连续运动进行的加工称为走刀式加工。在走刀式加工工序中，毛料是向一个方向连续通过机床没有停歇，不耗费毛料和刀具的返回运行时间，因此生产效率较高。

在开榫机上加工榫头为工位走刀式加工。在此工序中，工件在一次安装下具有四个工位，用圆锯片将工件截断，圆柱形铣刀头切削榫头，圆盘铣刀铣削榫肩，切槽铣刀或圆锯片开双榫。但根据零件加工要求不同，也可取 1～3 个工位。例如，加工直角榫时，就只需要使用前两组刀具，此时开榫工序只有两个工位。

将工序划分为安装、工位、工步、走刀等几个组成部分,对制定工艺规程、分析各部分的加工时间、正确确定工时定额、保证加工质量和提高生产效率都是很有必要的。

在工件加工过程中,消耗在切削上的加工时间往往要比在机床工作台上安装、调整、夹紧、移动等所耗用的辅助时间少得多。因此,尽量降低机床的空转时间、减少工件的安装次数及装卸时间、采用多工位的机床进行加工,都可提高机床利用率和劳动生产效率。

3.2.3　工序的分化与集中

(1) 工序分化:工序分化是使每个工序中所包含的工作尽量少,即把复杂的工序分成一系列小而简单的工序,其极限是把工艺过程分成很多仅包含一个简单工步的工序。按照工序分化构成的工艺过程原则,所用机床设备与夹具的结构以及操作和调整工作都比较简单,对操作人员的技术水平要求也比较低,因而便于适应产品的更换,而且还可以根据各个工序的具体情况来选择最合适的切削用量。但是,这样的工艺过程需要的设备数量多,操作人员也多,劳动强度大,生产占用面积也大。

(2) 工序集中:工序集中是使工件尽可能在一次安装后同时进行几个表面的加工,即把工序内容扩大,把一些独立的工序集中为一个较复杂的工序。其极限是把一个零件的全部加工工作集中在一个工序内完成。按照工序集中构成的工艺过程原则,减少工件的安装次数,缩短装卸的时间。当工件尺寸很大,搬运、装卸又很困难,而各个表面的相互位置的精度要求又很高时,适于采用工序集中的方式。实行工序集中,可减少工序数量、简化生产计划和生产组织工作、缩短工艺流程和生产周期、减少生产占用面积、提高劳动生产效率。如果使用高效率的专用机床,还可以减少机床和夹具的数量。但是工序集中后,所用的机床设备和夹具结构比较复杂,调整这些机床和夹具耗用的时间也较多,适应产品的变换比较困难,并且要求操作者具有相当高的技术水平。

在木质制品生产中,工序集中广泛应用于机械加工工段。工序集中有连续式、平行式和平行-连续式三种形式。连续式是工件定位后,通过刀具自动转换机构或采用复杂刀具来完成全部工作。平行式是用联合机组和控制机构来实现加工。平行-连续式是用于方材和拼板的机械加工连续流水线中。

工序的分化或集中关系到工艺过程的分散程度、加工设备的种类和生产周期的长短。因此,实行工序分化或集中,必须根据生产规模、设备情况、产品种类与结构、技术条件以及生产组织等多种因素合理地确定。

3.2.4　工艺规程

工艺规程是规定生产中合理加工工艺和加工方法的技术文件,是对生产工艺过程中的加工工艺顺序、加工方法等做出的合理而科学的技术规定,并将此规定写成的技术文件,这些技术文件即称为工艺规程。工艺规程的主要形式有工艺路线卡、工序卡、检验卡和说明书等。这些文件中规定了产品的工艺路线,所用设备和工具、夹具、模具的种类,产品的技术要求和检验方法,工人的技术水平和工时定额,所用材料的规格和消耗定额,产品的包装、保管和运输方法等。工艺规程是指导工人生产操作、保证产品质量的重要依据。

工艺规程是根据国家标准(或国际标准)、专业标准或地方标准,结合企业具体情况(企业内控标准)编制的,是保证和提高产品质量的具体措施,也是衡量产品质量以及生产过程各环节工作质量的重要依据。工艺规程内容具有权威性,必须严肃执行,严禁擅自违反规定。但工艺规程也并非一成不变,它应及时反映出生产中的改革与创新,应根据新工艺、新技术、新材料的出现,不断加以改进和完善。但是对于规程的修改,要建立严格的管理制度,不能擅自和随意修改。

1) 工艺规程的主要形式

(1) 工艺路线卡:又称工艺过程卡,是按产品的每一种零部件编制的,规定零件在整个加工过程中要经过的路线、工序名称、所使用的设备和工艺装备等,这是工艺规程中比较简单的一种形式。实木锯材拼板的加工工艺路线如表 3-1 所示。

表 3-1　实木锯材拼板的加工工艺路线

序号	工序名称	设备名称
1	板材横截	横截圆锯
2	板材纵解	纵解圆锯
3	基准加工	平刨或立铣
4	拼缝涂胶	涂胶机
5	拼板胶压	螺旋夹紧(胶拼机)
6	板面刨光	压刨
7	拼板定宽	圆锯机
8	拼板定长	圆锯机
9	边缘铣型	立铣
10	砂光	带式磨光机

(2) 工序卡:也称操作卡,是按产品或零件的每道工序而编制的。在工序卡中规定所用设备技术参数、工艺装备、图样以及详细的操作规程和技术要求,是用来指导工人操作的工艺文件。

2) 工艺规程的作用

(1) 工艺规程是指导生产的主要技术文件。合理的工艺规程是在总结实践经验的基础上,依据科学理论和必要的工艺试验而制定的,所以按照工艺规程进行生产,就能保证产品的质量,达到较高的生产效率和较好的经济效果。

(2) 工艺规程是生产组织和管理工作的基本依据。在生产中,原材料的供应,机床负荷的调整,工具、夹具的设计和制造,生产计划的编排,劳动力的组织以及生产成本的核算等,都应以工艺规程作为基本依据。

(3) 工艺规程是新建或扩建工厂设计的基础。在新建或扩建工厂和车间时,需根据工艺规程和生产任务来确定生产所需的机床种类和数量,车间面积,机床的配置,生产工人的工种、等级和人数以及辅助部门的安排等。

制定工艺规程时，应该力求在一定的生产条件下，以最快的速度、最少的劳动力和最低的成本加工出符合质量要求的产品。因此，在制定工艺规程时必须考虑以下几个问题：

(1) 技术上的先进性。制定工艺规程时，应了解国内外木质制品生产的工艺技术，积极采用较先进的工艺和设备。

(2) 经济上的合理性。在一定的生产条件下，可以有多种完成该产品加工的工艺方案，应该通过核算和评比，选择经济上最合理的方案，以保证产品的成本最低。

(3) 使用上的可行性。在制定工艺规程时，必须考虑保证工人有良好的安全操作条件，应注意采用机械化和尽可能自动化的加工方式，以减轻工人的体力劳动。

在制定工艺规程时，应先认真研究产品的技术要求和任务量，了解现场的工艺装备情况，再参照国内外科学技术的发展情况，结合本部门已有的生产经验来进行此项工作。为了使工艺规程更符合生产实际，还需注意调查研究，集中群众智慧，应用先进工艺技术时，应该经过必要的工艺试验和质量检验。

3.3　加　工　基　准

3.3.1　基准

为了获得符合设计图纸上所规定的形状、尺寸和表面质量的零件，需经过多道工序加工，每道工序加工后就形成新的表面，它的形成要求工件和刀具之间具有正确的相对位置。例如，锯切加工一定数量的某种规格长度的零件，要求长度误差为±2mm，每次锯切时以上一次的零件长度为标准，最后得到的所有零件误差范围会超出该误差要求的范围。实际上，每次以第一个零件长度为标准锯切，得到的零件就会在标准范围内。这种确定工件与切削刀具间相对位置的过程称为定位。

为了使零件或部件在机床上相对于刀具或在产品中相对于其他零部件具有正确的位置，需要利用点、线、面来定位，这些用于定位作用的点、线、面称为基准。

根据基准的作用不同，可以分为设计基准和工艺基准两大类。

(1) 设计基准：在设计时用来确定产品中零件与零件之间相对位置的点、线、面，称为设计基准。设计基准可以是零件或部件上的几何点、线、面，如轴心线等，也可以是零件上的实际点、线、面，即实际的一个面或一个边。例如，设计门扇边框时，以边框的对称轴线或门边的内侧边来确定另一门边的位置，这些线或面即设计基准。

(2) 工艺基准：在加工或装配过程中，用来确定零件上各表面间或在产品中与其他零部件相对位置的点、线、面，称为工艺基准。

工艺基准按用途不同，又可分为定位基准、装配基准和测量基准。

定位基准：工件在机床或夹具上定位时，用来确定加工表面与机床、刀具间相对位置的表面称为定位基准。例如，在打眼机上加工榫眼，零件与工作台接触的表面、靠近导尺的表面和顶住挡板的端面都是定位基准，如图 3-5 所示。加工时，用来作为定位基准的工件表面有以下几种情况：①用一个面作为定位基准，加工其相对面；②用一个面作为基准，又对它进行加工；③用一个面作为基准，加工其相邻面；④用两个相邻面作为基准，加工其余两个相邻面；⑤用三个面作为基准，确定零件在机床上相对刀具的位置，进行零件的净加工生产。

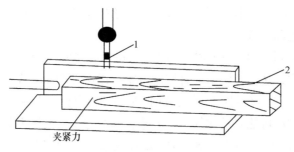

图 3-5　定位基准
1. 刀具；2. 工件

　　在加工过程中，由于工件加工程度不同，定位基准还可以分为粗基准、辅助基准和精基准。以未经过加工且形状正确性较差的表面作为基准，称为粗基准。例如，在纵解圆锯机上锯解毛料时，以板材上的一个面和一个边作为基准，这个面和边即属于粗基准。

　　在加工过程中，只是暂时用来确定工件某个加工位置的基准称为辅助基准。例如，工件在单端开榫机上加工两端榫头时，以其一端作为基准，概略地确定零件的长度，即辅助基准。

　　用已经达到加工要求的光洁表面作为基准，称为精基准。在介绍辅助基准的例子中，当开第二个榫头时，利用已加工好的第一个榫肩作为基准，即精基准。

　　装配基准：在装配时，用来确定零件或部件与产品中其他零件或部件相对位置的表面称为装配基准。装配基准是指装配过程中采用的基准。图 3-6 中的木框用整体平榫装配而成，其榫颊和榫肩以及两端榫肩的间距都将影响木框的尺寸精度和形状。因此，它

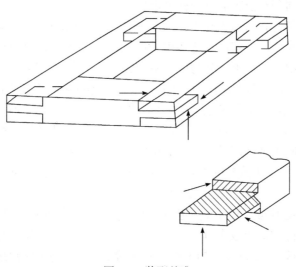

图 3-6　装配基准

们都是装配基准。

测量基准：用来检验已加工表面的尺寸及相对位置是否达到合格标准使用的表面，称为测量基准。工件的尺寸是从测量基准算起的。例如，在方材零件加工中，经过平刨床等设备对基准面、基准边的加工后，其基准面就是基准边的测量基准，再经过压刨床等设备对相对面、相对边进行加工，若要检验其相对面相对于基准面是否平行以及其间距是否达到规定的技术要求，则方材的基准面就是该相对面的测量基准；同样，若要检验其相对边相对于基准边是否平行以及其间距是否达到要求，则方材的基准边就是该相对边的测量基准。

确定基准的一般原则如下：

(1) 在保证加工精度的条件下，尽量减少基准数量。基准面越少，加工时就越方便。同时基准面不能随意变更。当然，不同的工序加工时采用的基准数量是不同的，一般应按照工艺要求确定。

(2) 尽量选择零件的平面作为基准面。

(3) 尽量选择零件较长、较宽的面作为基准，以保证加工时零件的稳定性。

(4) 在选择加工基准时，应尽量使用精基准。粗基准只在方材零件的粗加工中还没有已加工表面时才使用，在以后的加工工序中都应该使用精基准。

(5) 在选择工艺基准时，应按照基准重合的原则，将设计基准作为加工基准时的定位基准，以避免产生基准误差。

(6) 需要多次定位加工的零件，应遵循基准统一的原则，尽量使每道工序采用同一基准，减少加工误差。加工定位基准尽可能与装配基准、测量基准结合起来。定位基准的选择应便于零件的加工和装配，测量基准应与定位基准重合。

3.3.2 工件的定位规则与加工方式

工件在空间具有六个自由度，为了使工件相对于生产设备和刀具准确定位，就必须约束这些自由度，使工件在生产设备或夹具上相对固定，如图 3-7 所示的工件的"六点"定位规则。

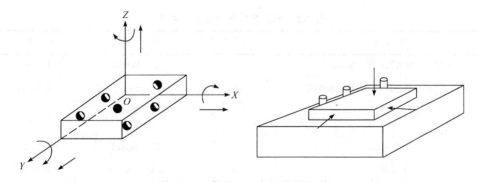

图 3-7 工件的"六点"定位规则

把工件放在 XOY 平面上，这时工件就不能沿 Z 轴移动，也不能绕 X 轴和 Y 轴转动，这样就约束了三个自由度；如果又将工件紧靠在 XOZ 平面上，工件就不能沿 X 轴移动，

即约束了 X 轴的自由度，这样工件的六个自由度就全被约束了，从而使工件能在设备上准确定位和夹紧，这就是"六点"定位规则。

切削时仅约束一个自由度，有时约束两个或几个自由度，这要根据生产工艺和设备的加工方式确定，例如，排钻钻孔时必须约束六个自由度，四面刨加工时约束五个自由度，宽带砂光机砂光时约束五个自由度。

在木质制品加工过程中，定位是指被加工零部件相对于刀具的位置。根据零部件相对工作台的状态，零部件的加工方式有三种可能：① 被加工的零部件不动；② 被加工零部件固定在移动工作台上，按照要求随工作台一起做进给移动；③ 被加工零部件由导向装置固定，并可做一定的进给运动。

上述三种位置安装加工方式又称为定位式加工、定位通过式加工和通过式加工。定位式加工典型例子为六排钻等钻孔加工；定位通过式加工典型例子为开榫机开榫、精密推台锯截断或开槽、锯斜面；通过式加工典型例子为四面刨加工、压刨加工相对面或型面等，定位方式的实现主要是通过夹具、模具和工作台共同完成的。

某零部件钻孔加工主要通过工作台、挡块和夹紧装置共同完成定位，即限制零部件的六个自由度，属于定位式加工。定位式加工生产效率较低，主要原因是零部件的安装及调整比较浪费时间，采用多排钻能提高生产效率，如 32mm 加工系统(钻头中心距离为固定的 32mm)的出现就是例证。定位式加工能保证钻孔的精度，主要原因是零部件与工作台都没有移动，而钻头的钻削移动属于精密机械运动，因此加工精度高。计算机数控(CNC)机床加工也属于定位式加工，其生产效率较高，CNC 机床加工是工序集中的表现，一次定位能够实现多工序加工，从而节约了重复的安装定位、刀具更换和厂内运输时间，因此 CNC 机床加工更适合形状复杂、多工序的加工。

某线条采用四面刨加工是限制五个自由度，只有一个 X 轴移动自由度不受限制，因此采用定位通过式加工。当定位通过式加工采用自动送料时，其生产效率高。若定位通过式加工采用手动送料，则生产效率较低，安全系数低。某零件通过精密推台锯二次开料属于定位通过式加工，其特点是在生产效率与加工精度之间找平衡点。加工方式与自由度的关系如表3-2所示。

表3-2　加工方式与自由度的关系

加工设备	约束自由度	保留自由度	加工方式
开榫机、精密推台锯、双端锯	5	沿 X 轴移动	定位通过式
钻床、CNC 电子开料锯、长圆形开榫机	6	—	定位式
立铣	3	沿 X、Y 轴移动，Z 轴转动	通过式
车床	5	沿 X 轴转动	定位式
平刨机床	4	沿 X、Y 轴移动	通过式
四面刨机床、压刨机床、双端铣床、宽度砂光机	5	沿 X 轴移动	通过式

3.3.3 加工精度与质量

木质制品作为一种工业产品，更应强调制造时的劳动量、材料的加工质量、生产的标准化和通用化，以及在现有生产条件下组织加工、运输和保证合理性等。加工工艺的核心就是加工精度。因此，必须合理制定零部件的生产工艺路线、工艺条件，提高零部件的加工质量。

1) 加工精度

加工精度是指零件或部件在加工之后所得到的尺寸、形状、表面特征等几何参数与图纸上规定零件的几何参数相符合的程度。相符合的程度越高，二者之间的差距越小，就表明加工精度越高；反之，表明加工误差大，加工精度低。因此，研究如何保证甚至提高加工精度的问题，也就是研究限制和降低加工误差的问题。

在零件加工过程中，无论多精密的机器，各种原因导致其尺寸及几何形状往往不可能和图纸上所规定的完全一致，总有一些误差。即使在加工条件相同的情况下，成批制造的零件之间实际参数总存在一定的偏差。同样，在装配时也会产生误差。实际上，从保证产品使用功能考虑，也允许有一定的加工误差，但必须将加工误差控制在一定的范围之内。

零件加工的实际尺寸和图纸上规定尺寸之间的偏差称为尺寸误差，尺寸相符合的程度称为尺寸精度。

零件经过加工后，实际形状与图纸上规定的几何形状不可能完全符合，两者之间产生的偏差称为几何形状误差。规定的几何形状和实际形状相符合的程度称为几何形状精度。在切削加工中，应保证零件各部分的尺寸精度、几何形状精度以及表面位置精度。

2) 加工误差

加工误差是指零部件在加工之后所得到的尺寸、几何形状等参数的实际数值与图纸上规定的尺寸、几何形状等参数的理论数值之间的偏差。任何零部件在其加工制造的过程中，总会出现各种各样的加工误差，因此加工误差的存在是绝对的、不可避免的。零部件的加工误差按其零部件的表面特征可分为下面几种。

(1) 尺寸误差：零件加工的实际尺寸和图纸上规定尺寸之间的偏差称为尺寸误差，用长度单位表示误差大小。零部件加工后，实际尺寸与图纸规定尺寸之间相符合的程度称为加工精度。

(2) 几何形状误差：零件经过加工后，实际形状与图纸上规定的几何形状之间产生的偏差称为几何形状误差。例如，相邻的夹角不成直角或不符合规定的数值，即产生了不垂直度。零件经过加工后，实际形状与图纸中规定的几何形状之间相符合的程度称为几何精度。

(3) 表面位置误差：零件经过加工后，实际表面之间相互位置与规定各表面之间相互位置之间的偏差称为表面位置误差。零件经过加工后，实际表面之间相互位置与规定各表面之间相互位置之间相符合的程度称为表面位置精度。

3) 加工精度与加工误差的关系

(1) 实际数值与理论数值(图纸上规定的数值)相符合程度高，二者之间的差值小，加工精度高，误差小。

(2) 实际数值与理论数值相符合程度低，二者之间的差距就大，加工精度低，误差大。

4) 系统误差和偶然误差

加工精度和加工误差因其性质不同，可分为系统误差和偶然误差。

(1) 系统误差：当依次加工一批零部件时，其加工误差保持不变，或有规律性的变化，这种误差称为系统误差。例如，在压刨机床上加工零部件时，随着时间的延长，产生了刨刀磨损，就会导致被加工零部件的厚度及表面形状误差有一定的规律变化。

(2) 偶然误差：当加工一批零部件时，其误差大小及正负值不固定，或者并不符合某一明显的规律，这种误差称为偶然误差。偶然误差是由一个或若干个偶然因素造成的，这些因素的变化没有规律性，如木材树种和材性的变化、加工余量的不一致等引起的误差，其起因过程是：木材存在各向异性，在三个切面方向上的物理、力学性质不同，因此在切削过程中产生的切削力不一样。不同的切削力必然引起机床、夹具和刀具等工业系统的弹性变形不一致，从而影响被加工的零部件。

系统误差和偶然误差的存在，使加工出的零部件产生了加工误差，为满足加工零部件的质量要求，保证零部件的加工精度，就必须了解影响加工精度的因素，以便采取措施消除或控制加工误差，使零部件获得较高的加工精度。

5) 影响加工精度的因素

木质制品的零件是通过一系列工序加工而成的。在加工过程中，所用机床、刀具、夹具和检测时使用的量具等状况，工件本身的特性以及操作人员的技术水平对加工结果都有直接影响。

(1) 机床结构和几何精度。木工机床本身具有一定的制造精度和几何精度，其中包括：刀轴的径向和轴向跳动距离；床身、导尺、刀架和工作台的平直度；导尺对刀轴轴心线的垂直度或平行度；机床各传动部分的间隙大小等。上述因素将直接影响被加工零件的尺寸精度和形状精度。

此外，机床在使用过程中，各运动部件必然会因磨损逐渐丧失原有的几何精度，从而加工误差增大。因此，必须定期对机床进行检查，加强维修保养工作，保证机床本身具有必要的精度。

(2) 刀具的结构与安装精度及刀具的磨损。刀具的制造精度和刃磨质量直接影响零件的加工精度。保证刀具的制造精度并控制其磨损量，是保证加工精度的重要措施之一。

(3) 夹具的精度及零件在夹具上的安装误差。夹具的制造误差或夹具在使用过程中发生变形，都会引起加工误差。因此，为了减少这种误差，应使夹具的材料合格、结构合理，并达到必要的制造精度，要保证具有足够的刚度，减小变形。

当工件在夹具上安装时，夹紧的着力点及夹紧的方向不恰当，也可能改变工件已确定的位置，影响加工精度。因此，在工件定位和夹紧时，应该考虑这个因素。此外，工件本身可能因夹紧力过大产生变形引起误差，这种情况在精加工时更要注意。

(4) 工艺系统弹性变形。在切削加工过程中，由于外力(切削力、机床旋转部分不平衡在高速旋转时产生的离心力、使工件移动产生的摩擦力和克服摩擦力所需的进给力等)的作用，机床、夹具、刀具、工件所构成的工艺系统会出现弹性变形。同时，工艺系统中各部件间接触处有间隙也会在外力作用下产生位移。弹性变形和位移构成了工艺系统的总位移，因此引起加工误差。

　　在切削过程中，工件材料的类型和硬度、加工余量的大小、刀具钝化的程度、材料内应力的重新分配及工人的技术水平等存在差异，使外力发生变化，从而引起弹性系统总位移的变化，造成零件的加工误差。

　　机床的刚度取决于机床各个部件的刚度。若机床仅具有良好的静态刚度，则仍不能保证必要的加工精度。在加工过程中由于切削力等作用，机床各部件会产生弹性变形，工件与刀具之间发生相对位移，或者产生强烈的振动，并与刀具、零件构成了复杂的振动系统。当切削力的变化频率和工艺系统的自振频率吻合时，就会出现共振现象，使误差急剧增加而严重影响加工精度。为减小振动对尺寸精度的影响，可以利用消振和提高刚度的方法缩小振幅。

　　(5) 量具和测量误差。在加工过程中，要使用量具测量工件。无论量具多么精密，其本身也有制造精度的问题。量具在使用过程中，也会产生磨损。而且在判断测量结果时，测量人员难免会有一定的主观性，这些情况均可能引起零件的测量误差。

　　因此，应当根据设计时要求的加工精度来选择合适的量具和测量方法。在度量时，还应注意测量操作和读数的准确性。

　　(6) 机床调整误差。切削加工时，刀具与工件之间的相互位置如果调整不精确，就会产生机床调整误差。机床调整的精确程度与调整方法、调整时使用的工具、操作人员的技术以及工作条件等因素有关。

　　机床的调整误差会引起工件的加工误差。因此，机床调整应达到最大可能的精确，以保证工件的加工精度。

　　(7) 加工基准的误差。在加工过程中，基准的选择和确定是否正确，对加工精度也有较大的影响，要正确选择和确定基准面必须遵守下列原则：①必须根据不同工序的要求来制定基准。②在保证加工精度的前提下，尽量减少基准的数量，以便于加工。例如，在压刨上进行厚度尺寸加工时，只需取工件下表面作为基准就可以达到加工要求，而在工件上钻孔时，为了保证孔的位置精度，必须取它的三个面作为基准。③尽量选择较长、较宽的面作为基准面，以保证加工时工件的稳定性。④尽可能选用工件上的平表面作为基准面。对于曲线形零件，应选择凹面作为基准。⑤应尽量采用经过精确加工的面作为基准面。只有在锯材配料等工序中才允许使用粗糙表面作为基准。⑥工艺基准的选择应遵循"基准重合"的原则。例如，将设计基准作为加工时的定位基准，这样可以避免产生基准误差。⑦需要多次定位加工的工件，应遵照"基准统一"的原则。⑧尽量采用对各道工序均适用的同一基准，以减小加工误差。⑨若在工序中需变换基准，应建立新旧基准之间的联系。⑩定位基准的选择，应便于工件的安装和加工。

　　(8) 材料的性质。在切削加工之前，锯材必须经过干燥，达到一定的干燥质量。其断面上的含水率分布应均匀，内应力足够小，以防止锯材在加工过程中产生翘曲变形。此外，木材是各向异性的材料，其弦向、径向上的物理、力学性质是不同的；又有多节、斜纹等天然缺陷；不同树种木材的硬度不同，加工余量大小不一。这些都将导致加工过程中切削力的变化，从而引起机床、夹具、刀具和工件这一工艺系统弹性变形的波动，造成工件的加工误差。

综上所述,在加工过程中有多种因素影响着零件的加工精度。尽管生产条件各不相同,但是保证加工精度是必须经常注意的问题。在机械化、自动化加工过程中,保证零件加工精度尤为重要。在以上讨论的各种因素中,机床精度固然对加工精度有直接影响,但它不是唯一的因素。高精度的机床并不意味着一定能够加工出高精度的零件。在现有的设备条件下,应当分析和掌握引起加工误差的各种因素,根据具体情况采取相应的措施,消除和减小这些因素的影响,使加工误差控制在允许范围之内,以保证必需的加工精度。

3.3.4　加工精度与互换性

1) 互换性

互换性是指某一产品(包括零件、部件、构件)与另一产品在尺寸、功能上能够彼此相互替换的性能。按照互换性原理进行木质制品生产,同一用途的零部件就具有相同的尺寸、形状和表面质量特征,不需要挑选和补充加工,从中任意取出这样的零部件,就能装配成完全符合设计和使用的质量要求并具有长期可靠性的木质制品。在保证零部件互换性的条件下,就可以组织不需要预装配的木质制品生产,能以拆装的形式直接提供给用户。这样就能缩短生产周期,提高劳动生产效率,降低运输和包装成本,给企业带来明显的经济效益。因此,互换性是现代化生产正常运行的重要条件,是现代化工艺生产、专业化协作的需要,也是实现零部件标准化、系列化、规格化和通用化的需要,互换性在木质制品生产中具有重要的意义。

2) 实现互换性的条件

为实现木质制品的互换性生产,首先必须按公差与配合制度中规定的精度来加工制造零部件。在设计木质制品时,应当考虑产品的使用和设计要求、生产条件和材料的性质,按照标准规定其公差与配合,并在图纸上加以标注。

木材具有吸湿性,为了实现木质制品的互换性生产,不仅要求严格保证干燥质量,使毛料达到规定的含水率,而且还必须控制它在加工过程中的含水率变化。研究表明:在生产条件下,当毛料含水率在高于平衡含水率 1.5%和低于平衡含水率 3%的范围波动时,对其形状和尺寸没有明显的影响。因此,在车间内加工的整个过程中,应将毛料含水率的变化控制在上述范围内。如果在制造零件的过程中,需要进行加热或浸湿等处理,从而导致其含水率发生显著变化时,就应采取相应的措施。

加工精度和互换性是密切相关的。零件的加工精度在很大程度上取决于所用机床的精度。低精度的机床设备难以保证所加工零部件的互换性。当然,使用过高精度的机床设备也是不经济的。机床的工艺精度不仅取决于它本身的几何精度,而且还受到切削刀具与工件的相互位置精度以及零件加工时工艺系统的刚度等因素的影响。因此,选用机床的工艺精度应与零件尺寸不同等级的公差与配合要求相适应,以保证达到规定的加工精度要求。

在机床的工艺精度能满足加工要求的条件下,若调整精度不够,则仍有可能出现和规定的加工参数不相符的情况,因此调整机床要力求使所得的加工尺寸分布中心和公差分布中心吻合。但实际上，零件的有效平均尺寸与调整值之间常有差异，而且每次调整时的误差也不相同，机床在指定尺寸下多次调整时将产生调整误差。因此，机床的调整精度应当使所有加工零件参数的实际精度和指定的精度相符合，它们之间的偏差应控制在公差范围以内。

工件的实际尺寸参数是否符合互换性要求，需要经过检测来确定。必须按照正确的检验方法，使用可靠的量具进行检测工作。

3) 实现互换性的依据

(1) 设计方面：设计图纸中标出的技术要求与生产中可能达到的要求一致。

(2) 生产方面：设备、刀具、夹具、模具等精度要一致；检验方法要合理；检验工具要一致；生产的工艺路线和工艺水平要先进合理。

3.4　表面粗糙度

3.4.1　表面粗糙度概念

1) 表面粗糙度

经切削加工或压力加工后的木材及人造板，由于在加工过程中受加工机床的状态、切削刀具的几何精度，加压时施加的压力、温度以及木材树种、含水率等各种因素的影响，表面上会具有各种不平度。这些不平度大致可归纳为以下几种：

(1) 破坏性不平度。木材表面上成束的木纤维被剥落或撕开形成破坏性不平度，切削用量不当时，这种不平度就会更明显，这种不平度常出现在铣削或旋切后的木材表面上。

(2) 弹性恢复不平度。由于木材的不匀质性，即材料各部分的密度和硬度的差异，切削加工时，刀具在木材上挤压，形成弹性变形量的差异，解除压力后，由于木材弹性恢复量的不同形成表面不平，在沿年轮层方向切削的针叶材表面最为明显。

(3) 木毛或毛刺。木毛是指单根纤维的一端仍与木材表面相连，而另一端竖起或黏附在表面上。毛刺是指成束或成片的木纤维还没有与木材表面完全分开。木毛和毛刺的形成和木材的纤维构造及加工条件有关。通常在评定表面粗糙度时，都不包括木毛，因为还没有适当的仪器和方法对其进行确切的评定。而在表面粗糙度的技术要求中，只指明是否允许木毛存在。

上述不平度都具有较小的间距和峰谷。木材表面粗糙度就是指木材加工表面上具有的、一般是由所用的加工方法或其他因素形成的较小间距和峰谷组成的微观不平度。

此外，木材表面还存在结构不平度，这是由木材本身多孔结构形成的。在切削加工表面上，被切开的木材细胞呈现出沟槽或凹坑状，其大小和形态取决于木材细胞的大小和它们与切削表面的相互位置。对于由碎料制成的木质材料或木质零件，则由其表层的碎料形状、大小及其配置情况构成结构不平度。这两种结构不平度以及木材表面可能存在的虫眼、裂缝等与加工方法无关，因此通常不包括在木材表面粗糙度这一概念范围内。

木材表面粗糙度是评定木质制品表面质量的重要指标。它直接影响木材的胶贴质量和装饰质量，影响胶料与涂料的耗用量。此外，对木材表面粗糙度的要求，关系到加工工艺的安排和加工余量的确定，因此对原材料的消耗和劳动生产效率也有影响。

2) 表面粗糙度的类型

刀具痕迹：常呈梳状或条状，其形状、大小和方向取决于刀刃的几何形状和切削运动的特征。例如，用圆锯机锯解的木材表面留有弧形的锯痕。

波纹：一种形状和大小相近的、有规律的波状起伏，这是切削刀具在加工表面上留下的痕迹或是机床-刀具-工件工艺系统振动的结果。例如，铣削加工后的表面上留有刀刃轨迹形成的表面波纹。

3) 表面粗糙度的产生

在铣削和刨削加工时，工件表面的不平度主要是由于刀具做圆周运动，在切削工件表面形成的波纹，如图 3-8 所示。

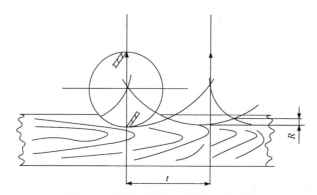

图 3-8　工件被切削时表面形成的波纹

波纹间距是相邻波峰之间的距离，如式(3-1)所示：

$$t = \frac{U}{nN} \times 100 \tag{3-1}$$

式中，t 为波纹间距，mm；U 为进料速度，m/s；N 为刀片数量，片；n 为刀轴转速，r/min。

当 N 和 n 增加而 U 减小时，工件表面的粗糙度低。

波纹深度 R 的计算公式如下：

$$R = r - \sqrt{r^2 - \frac{t^2}{4}} \tag{3-2}$$

式中，R 为波纹深度，mm；r 为切削圆半径，mm。

波纹深度 R 也可以如下近似计算：

$$R = \frac{t^2}{8r} \tag{3-3}$$

3.4.2　影响木材表面粗糙度的因素

木材表面粗糙度是在木材切削过程中由以下因素共同作用的结果。

(1) 切削用量：包括切削速度、进料速度及吃刀量(切削层厚度)。

(2) 切削刀具：刀具的几何参数、刀具制造精度、刀具工作面的光洁度以及刀具的刃磨和磨损情况等。

(3) 机床-刀具-工件工艺系统的刚度和稳定性。

(4) 木材物理力学性质：包括硬度、密度、弹性、含水率等。

(5) 切削方向：横向切削或纵向切削。

(6) 除尘系统的除尘效果是否理想，是否有加工的锯屑或刨花残留在工件的表面。

(7) 其他偶然因素的影响，如刀具松动等。

此外，加工方法的不同、加工余量的变化往往也对表面粗糙度有很大的影响。

总之，必须从机床的类型及精度、刀具、切削用量等多方面来寻求降低表面粗糙度的有效措施。同时还应根据不同的质量要求，设计时应合理规定其表面粗糙度的范围，正确解决降低表面粗糙度与提高劳动生产效率之间可能存在的矛盾。

3.4.3　表面粗糙度的评定

评定木材表面粗糙度是一个相当复杂的问题，目前广泛采用轮廓最大高度、微观不平度十点高度和轮廓算术平均偏差、轮廓微观不平度平均间距、单位长度内单个微观不平度的总高度等表征参数来评定。

1) 表面粗糙度评定中的有关术语

(1) 表面轮廓：平面与表面相交所得的轮廓线。平面与实际表面相交所得的轮廓线为实际轮廓；平面与几何表面相交所得的轮廓线为几何轮廓。表面轮廓如图 3-9 所示。

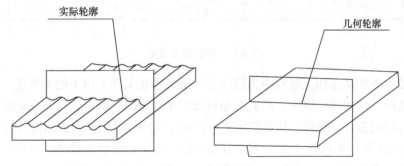

图 3-9　表面轮廓

(2) 基准线：用以评定表面粗糙度所给定的线。

(3) 取样长度 L：用以判别和测量表面粗糙度特征时所规定的一段基准线长度。规定和选择这段长度是为了限制和减弱表面波纹度对表面粗糙度测量结果的影响，取样长度在轮廓总走向上量取。

(4) 中线制：以中线为基准线评定的计算制。轮廓算术平均中线是具有几何轮廓形状的在取样长度内与轮廓走向一致的基准线。在取样长度内，由该线划分轮廓，使上下两边的面积相等。轮廓算术平均中线图如图 3-10 所示。

(5) 轮廓偏距 Y：在测量方向，轮廓线上的点与基准线之间的垂直距离。

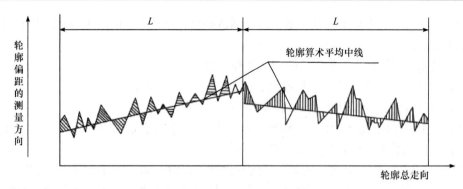

图 3-10　轮廓算术平均中线图

2) 木制件表面粗糙度评定参数

(1) 轮廓最大高度 R_y：在取样长度内，轮廓峰顶线与轮廓谷底线之间的距离，如图 3-11 所示。

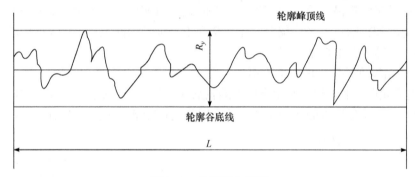

图 3-11　轮廓最大高度

　　轮廓最大高度是在加工过程中为消除上一道工序在工件上留下的不平度，应该从加工表面切去的一层材料的厚度，因此它是组成工序余量的一部分，这对规定锯材表面粗糙度要求时特别重要。此外，该参数还关系到贴面零件表面的凹陷值和胶合强度。

　　(2) 微观不平度十点高度 R_z：在取样长度内，五个最大轮廓峰高的平均值与五个最大轮廓谷深的平均值之和，如图 3-12 所示。R_z 可用式(3-4)进行计算。

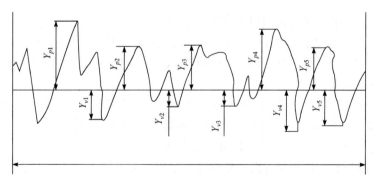

图 3-12　微观不平度十点高度

$$R_z = \frac{1}{5}\left(\sum_{i=1}^{5} Y_{pi} + \sum_{i=1}^{5} Y_{vi}\right) \tag{3-4}$$

式中，Y_{pi} 为第 i 个最大轮廓峰高；Y_{vi} 为第 i 个最大轮廓谷深。

微观不平度十点高度 R_z 比轮廓最大高度 R_y 有更广泛的代表性，因为它是取样长度范围内的五个轮廓最大高度的平均值。该参数适用于不平度较小、粗糙度分布比较均匀的表面。对于用薄膜贴面或涂饰的木材及人造板表面，宜用 R_z 作为评定表面粗糙度的表征参数。

(3) 轮廓算术平均偏差 R_a：它是在取样长度 L 内，轮廓偏距绝对值的算术平均值，如图 3-13 所示。R_a 适用于不平度距离较小、粗糙度封边均匀的表面，也适用于结构比较均匀的材料，如纤维板及多层结构刨花板砂光表面粗糙度的评定。在评定时，可以用轮廓仪测量和记录。

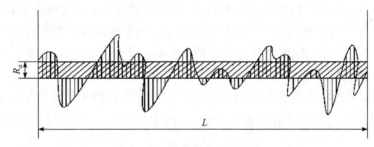

图 3-13　轮廓算术平均偏差

轮廓算术平均偏差 R_a 可以用包含在轮廓线与中线之间的面积求得，如式(3-5)所示：

$$R_a = \frac{1}{L}\int_0^L |Y| \mathrm{d}x \tag{3-5}$$

轮廓算术平均偏差 R_a 也可近似计算，即沿纵坐标测量一系列轮廓偏距 Y 值，取其绝对值的平均值，如式(3-6)所示：

$$R_a = \frac{1}{n}\sum_{i=1}^{n} |Y_i| \tag{3-6}$$

式中，n 为测量数。

此参数可以采用轮廓仪进行自动测量，当触针沿加工表面移动时，仪器能自动测量、计算、显示或记录下被测表面的轮廓算术平均偏差 R_a，这样可以避免烦琐的计算，缩短检测的时间。

(4) 轮廓微观不平度平均间距 S_m：它是在取样长度 L 内，轮廓微观不平度间距的平均值，如图 3-14 所示。S_m 用式(3-7)进行计算：

$$S_m = \sum_{i=1}^{n} S_{mi} \tag{3-7}$$

轮廓微观不平度平均间距适用于评定铣削后的表面粗糙度，即使两个铣削后的表面

测得的 R_z 相同，也并不能说明两者粗糙程度是相同的，因为轮廓微观不平度平均间距不同，反映出的粗糙度特性就会有很大的差别。

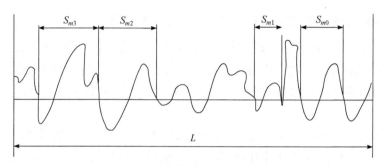

图 3-14　轮廓微观不平度间距

S_m 不仅反映了不平度间距的特征，也可用于确定不平度间距与不平度高度之间的比例关系。胶贴零件因基材不平度的影响，贴面层凹陷的大小不仅取决于不平度的高度，而且也取决于不平度间距与高度之间的比例关系。为了保证胶贴表面的质量要求，利用 S_m 作为规定基材表面粗糙度的补充参数是必要的。此参数也适用于薄膜贴面或涂饰的刨花板表面粗糙度的评定。

(5) 单位长度内单个微观不平度的总高度 R_{pv}：它是在给定测量长度 L 内，各单个微观不平度的高度 h_i 之和除以给定测量长度，如图 3-15 所示，可按式(3-8)计算：

$$R_{pv} = \frac{1}{L} \sum_{i=1}^{n} h_i \tag{3-8}$$

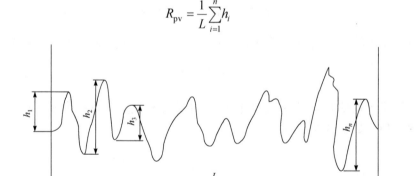

图 3-15　单位长度内单个微观不平度

对于具有粗管孔的硬阔叶材表面，导管被剖切等所形成的结构不平度，对经切削加工后表面粗糙度的测定带来不同程度的干扰，采用 R_{pv} 参数相对地能削弱其影响程度，较真实地反映出表面粗糙状态，同时也能比较正确地判定出用不同砂带粒度的砂带(砂纸)砂磨表面后的粗糙度。因此，R_{pv} 主要作为检测此类表面粗糙度所使用的参数。

以上各参数是从不同的方面分别反映表面粗糙轮廓特征的，实际运用时，可以根据不同的加工方式和表面质量要求，选用其中 1 个或同时用 2～3 个参数来评定。例如，锯材表面可以用 R_y，刨削和铣削表面可以用 R_z 和 S_m，胶贴及涂饰表面可以用 R_a (或 R_z)及

S_m 分别确定其表面粗糙度。

3) 木制件表面粗糙度参数的数值

在《产品几何量技术规范(GPS) 表面结构 轮廓法 木制件表面粗糙度参数及其数值》(GB/T 12472—2003)中，规定采用中线制评定木制件的表面粗糙度，其表面粗糙度参数从轮廓算术平均偏差 R_a、微观不平度十点高度 R_z 和轮廓最大高度 R_y 中选取，另外根据表面状况又增加了轮廓微观不平度平均间距 S_m 和单位长度内单个微观不平度的总高度 R_{pv} 两个补充参数。取样长度规定 0.8mm、2.5mm、8mm 和 25mm 四个系列。

R_a、R_z 和 R_y 规定值如表 3-3 所示。测量 R_a、R_z 和 R_y 时，对应选用的取样长度如表 3-4 所示。S_m 和 R_{pv} 规定值分别如表 3-5 和表 3-6 所示。

表 3-3　R_a、R_z 和 R_y 规定值

参数	规定值/μm							
R_z、R_y	3.2	6.3	12.5	25	50	100	200	400
R_a	0.8	1.6	3.2	6.3	12.5	25	50	100

表 3-4　不同参数所选用的取样长度

参数	规定值/μm	取样长度/mm
R_z、R_y	3.2、6.3、12.5	0.8
	25、50	2.5
	100、200	8
	400	25
R_a	0.8、1.6、3.2	0.8
	6.3、12.5	2.5
	25、50	8
	100	25

表 3-5　轮廓微观不平度平均间距 S_m 规定值

参数	规定值/μm					
S_m	0.4	0.8	1.6	3.2	6.3	12.5

表 3-6　单位长度内单个微观不平度的总高度 R_{pv} 规定值

参数	规定值/(μm/mm)				
R_{pv}	6.3	12.5	25	50	100

在测量参数 R_{pv} 时，测量长度 L 规定为 20~200mm，一般情况下选用 200mm，若被

测定粗糙度的表面幅面较小或者微观不平度较均匀，则可以选用20mm。

在木质制品生产中，应根据不同的加工类型、加工方法和表面质量，对木制件的表面粗糙度提出相应的要求，在图纸上标出规定的表面粗糙度参数和数值。用 R_a、R_z 和 R_y 参数评定粗糙度时，一般应避开导管被剖切开较集中的表面部位，若无法避开，则在评定时应除去剖切开导管所形成的轮廓凹坑。对于表面上具有裂纹、节子、纤维撕裂、表面碰伤和木刺等缺陷的部位，应进行单独限制和规定。

3.4.4　表面粗糙度的测量

表面粗糙度一般是用测量表面轮廓的方法来评定，为了使测量轮廓尽可能与实际表面轮廓一致，并具有充分的代表性，应要求仪器对被测表面没有或仅有极小的测量应力。

常用于测定木材表面粗糙度的方法有以下几种。

(1) 光断面法：此法的主要优点是对被测表面没有测量应力，能反映出木材表面的微观不平度，但测量和计算较费时。这类仪器主要由光源镜筒和观察镜筒两大部分组成。这两个镜筒的光线互相垂直，均与水平面呈45°，而且在同一垂直平面内，从光源镜筒中发出光，经过聚光镜、狭缝和物镜形成狭长的汇聚光带，该光带照射到被测表面后，反射到观察镜筒中，如图 3-16 所示。表面的凹凸不平使照射在表面上的光带相应地曲折，因此从观察目镜中看到的光带形状，即放大了的表面轮廓，利用显微读数目镜测出峰与谷之间的距离，并计算出表面粗糙度的参数。

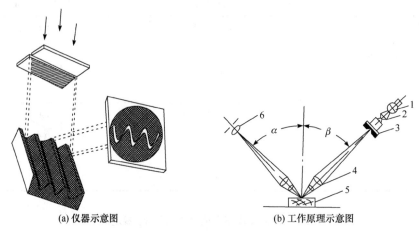

(a) 仪器示意图　　　　　　　　　　(b) 工作原理示意图

图 3-16　光断面法仪器示意图

1. 光源；2. 聚光镜；3. 狭缝；4. 物镜；5. 工件；6. 显微读数目镜

此种表面粗糙度测量仪器视野较小，因此它只适用于测量粗糙度较小的木材表面，同时由于木材的反光性能较差，在测量粗糙表面时，光带的分界线往往不易分辨清楚。

(2) 阴影断面法：其原理与上述光断面法基本相同，但在被测表面上放有刃口非常平直的刀片，从光源镜筒射出的平行光束照射到刀片上，投在木材表面上的刀片阴影轮廓就相应地反映出被测量木材表面的不平度，如图 3-17 所示。为使阴影边缘清晰，在这种仪器中宜采用单色平行光束，此法也同样可以用显微读数目镜来观测木材表面的粗糙度。

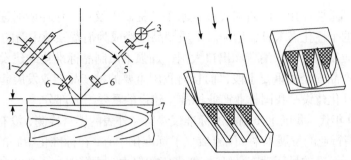

图 3-17　阴影断面法仪器示意图
1. 分划板；2. 目镜；3. 光源；4. 聚光镜；5. 小孔光栏；6. 物镜；7. 被测工件

(3) 轮廓仪法：其是根据表面测定的轮廓参数评定表面粗糙度的方法。此法可用接触式仪器或非接触式仪器进行测量。图 3-18 为一种轮廓顺序转换的触针(接触)式轮廓仪，它是利用触针沿被测表面上机械移动的过程中，通过轮廓信息顺序转换的方法来测量表面粗糙度的。这种轮廓仪由轮廓计和轮廓记录仪组合而成，属于实验室条件下使用的高灵敏度仪器。触针式轮廓仪包括立柱，用于以稳定的速度来移动传感器的传动电机、电源部分，传感器、测量部分，计算部分和记录部分等几个主要部分。这种轮廓仪可以测量表面轮廓的 R_z、R_y、R_a 等参数。工作时，它的触针在被测表面上滑移，被测表面的不平度引起触针的垂直位移，传感器将这种位移转换成电信号，经过放大和处理之后，轮廓计将测量的粗糙度参数平均结果以数字显示出来，轮廓记录仪则以轮廓曲线的形式记录在纸带上。轮廓记录仪的垂直放大倍数可达 10^5，水平放大倍数为 $2×10^3$。因此，触针式轮廓仪能将很细微的不平度测量并直接显示出来。

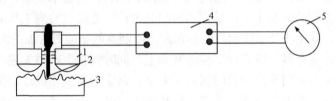

图 3-18　触针式轮廓仪
1. 传感器；2. 测量部分(触针)；3. 工件；4. 放大器；5. 显示记录部分

在生产条件下，简便起见，也可以借助样板来检验表面粗糙度，样板的尺寸应不小于 200mm×300mm，预先在实验室利用仪器测定其粗糙度，再将被测表面与之进行观察对比，按照两者是否相符对被检测表面做出总体评价。

3.5　生产标准化

3.5.1　标准化发展现状

木质制品行业是我国国民经济中重要的民生产业和具有显著国际竞争力的产业，在满足消费需求、提升生活品质、促进国际贸易、充分吸纳就业、推动区域经济、构建和谐社会等方面起到重要作用。随着居民收入水平的提高以及对居住环境的逐步重视，消费者对家居用品的个性化需求日益增加。木质制品已经成为消费领域中新的快速增长点。

我国是木质制品生产、消费和出口大国，加强木质制品标准化的建设，不仅是维护我国木质制品产品安全的重要手段，而且对我国重要的林产品产业发展起保护作用，因此木质制品标准化建设是我国林业产业标准化建设的重要组成部分。

20 世纪 80 年代，我国木质制品的标准仅停留在外表的感官检测，没有工艺、结构等规定，为了提高行业的发展水平，国家成立了标准化中心，在标准化中心的组织下，积极了解和跟踪国际标准的最新动态，经过 30 多年的努力，相继颁布了 200 多项标准，标准涉及理化性能、力学性能、安全性能、阻燃性能、有害物污染限量等，弥补了以往标准的不足。这些标准的实施提高了木质制品的质量，保障了广大消费者的人身健康和安全，有力维护了木质制品的生产者、销售者和消费者的合法权益。我国木质制品标准的特点是在照顾到本国国情的同时，要与国际标准接轨。

现代木质制品的发展趋势是企业集团化、材料多元化、生产工业化、产品多元化和个性化、管理现代化、市场国际化。走集团化、专业化的道路是加速木质制品工业生产标准化进程的有效途径。木质制品生产标准化首先是企业内实现生产标准化，再逐步实现行业内区域的标准化，最后实现全国木质制品生产的标准化。做好标准化对合理利用资源、节约原材料、提高产品质量、降低生产成本、提高劳动效率等都具有显著的作用。

3.5.2　标准化的内容与原则

木质制品标准化是指木质制品生产的标准化和木质制品检测的标准化。木质制品生产的标准化主要是产品的分类、产品的尺寸范围、原材料的技术要求、生产中的技术要求等。木质制品检测的标准化主要是指木质制品的检测方法、检测工具的使用和检验规则等。木质制品标准化涉及木质制品的标识和木质制品的包装等方面的内容。

标准化必须建立在科学研究和试验的基础上，同时吸收生产中先进的经验，实行标准化要充分考虑试验部门及消费者的利益和要求；制定木质制品设计、生产等有关标准和规定及资料指标，要求木质制品生产不仅技术上先进，而且经济上合理，要考虑今后木质制品工业生产的可能性和经济指标，力求同国际接轨。

3.5.3　标准化的作用

标准是改进产品质量、提高竞争力的技术保证。实践证明，标准化有力推动了木质制品生产的高速发展，标准化的重要意义和作用也越来越为人们认识。标准化必将对木质制品的现代化起巨大的作用，其优点有以下几方面：

(1) 推动木质制品设计和生产的发展，有利于促进木质制品的工业化进程。

(2) 节约木材，充分合理利用原材料。

(3) 促进木质制品零部件规格化和生产专业化，促进企业技术创新。

(4) 有利于木质制品企业推动机械化进程，可降低劳动强度，提高生产效率。

(5) 可简化生产管理和设计工作，有助于建立协调一致的生产秩序，有利于新产品的开发。

(6) 便于有关管理部门相互协调，消除以往产品规格混乱的现象。

(7) 为国内产品与先进的国外同类产品比较提供依据。

(8) 有助于消除贸易壁垒，促进国际技术交流和贸易发展，提高产品在国际市场上的竞争力。

(9) 有助于保护消费者的权利，保障人民的生命和财产安全。

习　题

1. 走刀、走刀量与加工精度及木材损耗有何关系？提高平整度的措施有哪些？
2. 基准面及其相对面的加工可在哪些木工机床上完成？各有何优缺点？
3. 简述影响表面粗糙度的因素。

第4章　实木零部件加工工艺

实木零部件主要是指以实木锯材为原材料加工而成的零部件。现在的木质制品加工企业一般都不设有制材生产工段，而是直接购买实木锯材。生产工艺一般由干燥、配料加工、毛料加工、胶合(胶拼)、弯曲成型、净料加工、装饰(贴面和涂饰等)、装配等过程组成。现代实木制品的生产在工艺和设备上与传统的工艺相比发生了很大变化，实木制品的生产工艺比板式木质制品的生产工艺复杂很多，因此在实际生产中应根据产品的特点，科学确定生产工艺和工艺参数，合理选择加工设备。

4.1　配料工艺

配料是按照零件尺寸规格和质量要求，将锯材锯切成各种规格和形状毛料的过程。配料加工是实木制品的第一道生产工序，它的工作水平将直接影响产品的质量、材料的利用率和劳动生产效率，是企业利润的重要来源之一。因此，配料的任务是提高原材料的出材率和利用率，减少材料浪费，降低生产成本。

配料的对象是锯材，锯材的厚度和宽度规格多，一般企业选用的长度规格有 2m、4m。锯材配料生产的主要内容是合理选料、控制木材含水率、确定加工余量和配料工艺。

4.1.1　选料原则

配料是整个木质制品生产中的开始阶段。锯材是经制材加工得到的工业产品，配料包括对锯材的选料和锯制加工两大工序。配料工艺从配料操作的角度来看并不复杂，从木质制品生产制作的整体工艺来考虑，却是非常重要的环节。在我国锯材的标准中，将锯材按厚度分为薄板、中厚板和厚板，按缺陷质量等级分为一等、二等和三等，如果按锯切的方向，锯材还可分为径切板和弦切板。不同技术要求的实木产品以及同一产品中不同部位的零部件，对材料的要求往往是不完全相同的。有些产品对锯材的年轮夹角有要求，如乐器音板；有些产品对材料的要求不同，如桌子面板与背板、实木弯曲椅腿与普通实木椅腿。哪根木料适合做榫头，哪根木料适合做腿，木料上的缺陷是否能设法截断，这些都是配料中需要解决的问题，必须认真考虑对每块木料的选配。因此，合理配料直接影响整个木质制品的质量、木材的利用率和劳动生产效率。

选料工序要进行细致的选择与搭配，一些对原材料要求高的企业提出了订制材(规格材)的要求。订制材是在厚度、宽度或者其中的某一项(或某几项)符合规格尺寸、材质、含水率、加工余量等方面要求的板方材，进厂后只需要进行简单的锯截配料。订制材的特点是减少配料工段的工作量，便于专业化生产。现在有不少企业通常选购符合木质制品质量要求的树种、材质、等级、规格、含水率、纹理和色泽等锯材，合理搭配用材，材尽其用。

多数企业使用的锯材是普通锯材，因此配料工序不能省去。配料所选用的锯材主要是毛边板或整边板，采用毛边板可以充分利用木材。

零件毛料要进行合理的横截与纵解，即在进行配料时，应根据产品质量要求合理选料，根据锯材含水率，合理确定加工余量，选择正确的方式配料，尽量提高毛料出材率，这些是配料工艺的关键环节。

合理选料的原则或依据如下：

(1) 必须着重考虑木材的树种、等级、含水率、纹理、色泽和缺陷等因素，在保证产品质量和符合技术要求的前提下，节约使用优质材料，合理使用低质材料，做到物尽其用，提高毛料的出材率和劳动生产效率，降低产品成本，达到优质、高产、低耗和高效的经济效果。

(2) 根据产品的质量要求，高端木质制品的零部件甚至整个产品往往需要用同一树种的木材来配料，而且木材都为高档树种；对于普通家具产品，通常要将软材和硬材分开，将质地近似、颜色和纹理大致相似的树种混合搭配，以达到节约代用和充分利用贵重树种木材的目的。

(3) 应该根据零部件在产品用料中的部位和功能，同时考虑颜色、纹理及木材的硬度进行选料。按零部件在产品中所在部位的不同可分为外表用料、内部用料和暗处用料三种。用于面板、台板、盖板、门框、腿、座架、旁板及抽屉面板等产品的外表用料，一般材质较好，纹理和色泽一致或能相搭配；用于搁板、底板、中旁板、抽屉旁板、背板及衬板等产品的内部用料，材质可稍差一些，树种可不限，节子、虫眼、裂纹在不影响外观的情况下允许修补，允许存在不超过规定的腐朽、斜纹及钝棱；用于不可见部分，如暗抽屉、双包镶内衬框(格)条等暗处用料的材质要求可比内部用料更宽一些。

(4) 应考虑零部件的受力状况、结构强度以及涂饰和某些特殊要求进行配料。例如，带有榫头的毛料接合部位就不允许有节子、腐朽、裂纹等缺陷。产品要求涂饰并保持木材本色的透明漆时，其表面涂饰部位木材的材质、树种、纹理和材色等要求很严格。

(5) 根据木材胶合要求，对于胶合或胶拼零部件，胶拼处不允许有节子，纹理要合理搭配，以防翘曲变形；同一胶拼构件上的材质应一致或相近，针叶材与阔叶材不得混合使用。

(6) 各种产品都应符合有关质量标准所规定的材料要求，例如，在国家标准《木家具通用技术条件》(GB/T 3324—2017)中，对各级木质家具所使用的木材树种和材质的要求以及允许的缺陷等做了相应的规定。

(7) 要获得表面平整、光洁又符合尺寸要求的零部件，必须根据加工余量合理选用锯材规格，使得选用的锯材规格尽量与零部件或毛料的规格相衔接。若锯材和毛料的尺寸规格不衔接，则加工时锯口数量和废料增多，影响材料的充分利用和生产效率。锯材规格和毛料规格配制有以下几种情况：①锯材断面尺寸和毛料断面尺寸相符合；②锯材宽度和毛料宽度相符合，而锯材厚度是毛料厚度的倍数或大于毛料厚度；③锯材厚度和毛料厚度相符合，而锯材宽度是毛料宽度的倍数或大于毛料宽度；④锯材的宽度、厚度都大于毛料的断面尺寸或是其倍数；⑤锯材长度上要注意长短毛料的搭配，以便使木材得到合理利用, 减少损失。

4.1.2　含水率控制

木材含水率是否符合产品的技术要求, 直接关系产品的质量、强度和可靠性以及整个加工过程的周期长短和劳动生产效率的提高。因此, 必须控制木材的含水率, 其原则或依据为:

(1) 配料前所用的木材应预先进行干燥, 使其含水率符合要求, 并且内外含水率均匀一致, 以消除内应力, 防止在加工和使用过程中产生翘曲、变形和开裂等现象, 保证产品的质量。

(2) 木质制品的种类及用途不同时, 对锯材含水率要求有很大的差异, 因此应根据产品的技术要求、使用条件以及不同用途来确定锯材的含水率。国家标准《锯材干燥质量》(GB/T 6491—2012)中, 规定了不同用途干燥锯材的含水率。例如, 家具胶拼部件的木材含水率为 6%～11%(平均为 8%); 用于其他部件的木材含水率为 8%～14%(平均为 10%); 室内采暖木质制品用料的含水率为 5%～10%(平均为 7%); 室内装饰和工艺制造用材的含水率为 6%～12%(平均为 8%)。

(3) 实木产品使用地区的不同, 锯材的含水率也有很大的差异, 即使同一种产品, 使用地区不同, 含水率要求也不一样。因此, 除了根据产品的技术要求、使用条件、质量要求, 还应该结合使用当地的平衡含水率, 合理确定对锯材的含水率要求, 只有符合含水率要求, 才能保证产品质量。气候湿润的南方与气候干燥的北方要求材料的含水率要控制在不同的范围内, 北方要求含水率低一些, 否则木质制品的榫头会与榫眼脱开。南方应该含水率高一点, 否则容易使零件变形或破坏家具结构。一般要求配料时的木材含水率应比其使用地区或场所的平衡含水率低 2%～3%。

(4) 干燥后的锯材在加工之前应妥善保存, 在保存期间不应使其含水率发生变化, 即干材仓库气候条件应稳定, 应有调节空气湿度和温度的设施, 使库内空气状态能与干锯材的终含水率相适应。干燥锯材(或毛料)在进行机械加工过程中, 车间内空气状态也不应使木材的含水率发生变化, 以保证公差配合精度的要求。木质制品毛料、零部件或成品, 在加工、存放、运输过程中, 最好能严密包装或有温度、湿度调节设施, 以保证其含水率不发生变化。

4.1.3　加工余量确定

加工余量是指将毛料加工成形状、尺寸和表面质量等方面符合设计要求的零件时所切去的一部分材料的尺寸大小。简单地说, 加工余量就是毛料尺寸与零件尺寸之差。若采用湿材配料, 则加工余量中还应包括湿毛料的干缩量。

1. 加工余量的作用

加工余量的大小直接影响加工质量、零件的正品率、木材利用率和生产效率等。加工余量过小, 虽然消耗在切削加工上的木材损失较小, 但绝大多数零件达不到要求的尺寸和表面质量, 废品增多而使总的木材损失增加; 相反, 加工余量过大, 虽然废品率可以显著降低，表面质量也能保证，但木材损失将因切屑过多增大，如图 4-1 所示。实践证明，加工余量和加工精度是紧密联系的，若加工余量过大，则在一次切削时切削的厚度也大，将使刀具的刚度降低，切削力增加，使得工艺系统的弹性变形加大，加工精度和表面质量下降。多次切削又会降低生产效率，增加动力消耗，同时难以实现连续化、自动化生产。若加工余量过小，为了保证加工质量，则必须提高准备工序的质量、延长机床调整的时间，生产效率也将会降低。

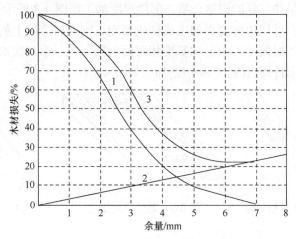

图 4-1　加工余量对木材损失的影响
1. 废品损失；2. 余量损失；3. 总损失

因此，唯有合理地确定加工余量，才能提高木材利用率，实现合理利用木材，节省加工时间和动力消耗，充分利用设备能力，保证零件的加工精度、表面粗糙度和产品质量，并有利于实现连续化和自动化生产。

2. 加工余量的组成

加工余量一般可分为工序余量和总加工余量。

工序余量是为了消除上道工序所留下的形状或尺寸误差而从工件表面切去的一部分木材。因此，工序余量为相邻两工序的工件尺寸之差。

总加工余量是为了获得形状、尺寸和表面质量都符合技术要求的零部件，从毛料表面切去的那部分木材。配料时控制的是总加工余量，总加工余量等于各工序余量之和。

$$Z = \sum_{i=1}^{n} Z_i \tag{4-1}$$

式中，Z 为总加工余量；Z_i 为工序余量；n 为工序数。

从零部件加工角度来看，总加工余量包括零件加工余量与部件加工余量两部分。凡是零件装配成部件后不再进行部件加工的，总加工余量就等于零件加工余量；若零件装配成部件后还需再进行加工，则总加工余量应为零件加工余量和部件加工余量之和。零件加工余量或部件加工余量又是加工时各工序余量总和。

不需要进行部件加工的零件，在厚度或宽度上只考虑基准面和相对面的第一次加工余量及最后的修整加工余量。此时，其厚度或宽度上的总加工余量分别为以上三道工序余量之和，如图4-2所示。

装配成部件后，厚度上有需要进行加工的部件，厚度上的加工余量包括毛料加工成零件的加工余量和部件加工余量。因此，配料时毛料厚度上所留的总加工余量应为基准面第一次、第二次加工时的加工余量与基准相对面第一次、第二次加工时的加工余量以及表面修整余量之和。其中，第一次加工余量主要指零件的加工余量，第二次加工余量主要指部件加工余量和部件的修整余量，部件厚度加工如图4-3所示。

若组成部件后，外周边需要再加工或铣成型面，则毛料宽度上的总加工余量应包括基准面的第一次加工时的加工余量和基准相对面的第一次、第二次加工时的加工余量以及表面修整余量，部件周边(宽度和厚度)加工如图4-4所示。

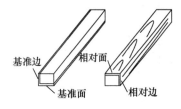 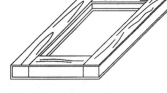 

图 4-2　零部件基准面与相对面　　　图 4-3　部件厚度加工　　　图 4-4　部件周边(宽度和厚度)加工

要确定零件或部件的总余量，首先应该确定组成总余量的各工序余量，工序余量的确定可以用两种方法：计算分析法和试验统计法。计算分析法就是根据零部件加工工艺过程的特点进行余量分析计算，各工序加工形式不同，工序余量中包含的误差也不同。

加工余量是受尺寸误差、形状误差、表面粗糙度及安装误差影响的，而构成余量的误差之间，又是相互作用和相互补偿的。往往在带有最大翘曲度的毛料中不一定都具有最大尺寸误差，在最小尺寸误差的毛料中却有可能出现最大翘曲度，因此在这些误差的相互作用下，有时会相互积累使余量增加，有时又能相互抵消而使余量减小。若在计算余量时，将这些误差全部相加，则必然会使总余量过大。因此，计算分析法就是考虑到这种相互作用，这些误差总和是以系统性误差和偶然性误差分别考虑进行计算的，确定出各工序适当的余量，避免产生过多的余量损耗，在保证零部件加工质量的前提下，达到降低加工余量的目的。

图4-5为利用计算分析法确定加工余量示意图，由图可看到余量包括毛料翘曲度f、最大不平度R_{max}和最小材料层厚度S_{min}，这些均为系统性误差，毛料尺寸公差、表面粗糙度、翘曲度公差等均为偶然性误差，因此加工余量可由式(4-2)确定：

$$Z = f + R_{max} + S_{min} + \sqrt{k_1\left(\frac{\delta_1}{2}\right)^2 + k_2\frac{\Delta R_{max}}{2} + k_3\frac{\Delta f}{2} + k_4\sum\frac{y}{2}} \qquad (4\text{-}2)$$

式中，f为毛料翘曲度；R_{max}为最大不平度；S_{min}为最小材料层厚度，锯解加工时不小于1.5mm，铣削加工时为0.6mm，刨削加工时为0.1mm；k_1、k_2、k_3、k_4为偶然性值分布规律系数，正常分布时，$k_1 = k_2 = k_3 = k_4 = 1$；$\delta_1$为毛料尺寸公差；$\Delta R_{max}$为表面粗糙度公差；$\Delta f$ 为毛料翘曲度公差；$\sum y$ 为安装误差。

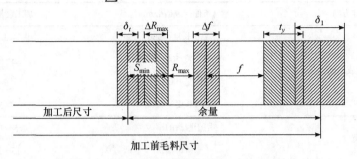

图 4-5　利用计算分析法确定加工余量示意图

安装误差 $\sum y$ 实际上可由毛料尺寸公差和形状误差来补偿，因此计算余量时可以不考虑。所确定的工序余量是否正确，可以用材料利用系数 K 来评估：

$$K = \frac{g_2}{g_1} \tag{4-3}$$

式中，g_1 为加工前的毛料量；g_2 为在该工序加工时，剔除不合格零件后的毛料量。

试验统计法是根据不同的加工工艺过程，在合理的加工条件下，对各种树种、不同尺寸的毛料及部件进行多次加工试验，对切下的每层材料厚度进行统计而定出各工序的加工余量。

还应指出，若用湿成材来配料，然后进行毛料干燥，则在配料时需考虑干缩余量。一般考虑毛料宽度和厚度方向的干缩余量，长度方向干缩余量很小，可忽略不计。湿毛料的尺寸由零件设计尺寸、加工余量和干缩余量相加而得到。

毛料的干缩余量可由式(4-4)计算：

$$\gamma = \frac{N(W_c - W_z)k}{100} \tag{4-4}$$

式中，γ 为干缩余量，mm；N 为毛料厚度或宽度上的公称尺寸，mm；W_c 为毛料产生干缩的最初含水率(%)，若毛料为湿材则 $W_c = 30\%$，若毛料为半干材则 W_c 为纤维饱和点以下的毛料含水率；W_z 为毛料最终含水率，%；k 为木材含水率从 0%增大到 30%时每变化 1%的干缩系数。

目前，不少企业在木质制品生产中采用的加工余量为经验值，具体如下所述。

1) 干毛料的加工余量取值

(1) 无榫头两边宽度或厚度上的加工余量：在这两个方向上主要是刨削加工，单面刨光为 2~3mm，两面刨光为 3~5mm。在长度上，1m 以下的短料取 3mm；1m 以上的长料取 5mm；2m 以上的特长料或弯曲、扭曲的毛料则可放宽一些，取 5~8mm。

(2) 有榫头长度上的加工余量：普通端头带榫头的毛料取 5~10mm；不贯通榫的毛料相对带榫头的毛料可减少 1~2mm；用于整拼板或胶拼的毛料取 15~20mm。为了方便，将干毛料加工余量经验值汇总于表 4-1。

表 4-1　干毛料加工余量经验值

尺寸方向	条件与规格/mm	加工余量/mm
宽度或厚度	毛料长度＜500	3
	毛料长度 500～1000	3～4
	毛料长度 1000～1200	5
	毛料长度＞1200	＞5
宽度	用于胶拼的窄板	5～10
	平拼榫槽拼	15～20
长度	端头有榫头的工件	5～10
	端头无榫头的工件	10
	榫眼结构框架的立梃	—
	一般立梃	—
	房间门立梃	30～60
	车库大门立梃	60～100
	各种覆面材料和覆面板	100～200
长度或宽度	各种覆面材料与覆面板	5～20

2) 湿毛料的加工余量取值

若用湿材或半干材来配料，然后对毛料干燥，则在加工余量中还应该包括湿毛料的干缩量。不同的树种、不同的纹理方向其干缩余量也是不同的，配料时应视具体情况而定。木材纵向(顺纹)干缩率极小，为原尺寸的 0.1%左右，因此一般不计算长度方向的干缩余量；而沿年轮方向的弦向干缩率最大，为原尺寸的 6%～12%；沿半径方向的径向干缩率比弦向干缩率要小，为原尺寸的 3%～6%。因此，一般使用湿材配料时，一定要考虑宽度和厚度方向的干缩余量。一般是根据该树种的收缩率和板材的尺寸计算出干缩余量。湿毛料的干缩量和尺寸可由式(4-5)和式(4-6)计算：

$$Y = (D + S)(W_c - W_z)k/100 \tag{4-5}$$

$$B = (D + S)[1 + (W_c - W_z)k/100] \tag{4-6}$$

式中，Y 为含水率由 W_c 降至 W_z 后木材的干缩量，mm；B 为湿毛料宽度或厚度上的尺寸，mm；D 为零件宽度或厚度上的公称尺寸，mm；S 为干毛料宽度或厚度上的刨削加工余量，mm；W_c 为木材最初含水率(%)，若 W_c 大于 30%，则仍以 30%计算；W_z 为木材最终含水率，%；k 为木材含水率在 0%～30%每变化 1%时的干缩系数，可从木材干燥或木材学等教材或参考书中查得。

3) 倍数毛料的加工余量取值

若所需毛料的长度较短或断面尺寸较小，为了使小规格零件容易加工，则可以考虑在长度方向、宽度方向或厚度方向上采用倍数毛料进行配料。配制倍数毛料时，最好只在一个方向上是倍数，倍数毛料在宽度和厚度上都是毛料的倍数是不可取的，因为两者的规格尺寸不衔接, 锯口和废料将增多, 影响锯材的充分利用和生产效率。

在确定倍数毛料的加工余量时, 除了考虑上述各种加工余量, 还应加上锯路损耗。锯路总损耗量为锯口加工损耗(或锯路宽度, 一般为 3~4mm)与锯路数量(或倍数毛料数量−1)的乘积。

在确定毛料加工余量时, 阔叶树材毛料的加工余量应比针叶树材毛料的加工余量取得大些; 圆形零件应以方形尺寸计算; 大小头零件应以大头尺寸计算。

3. 影响加工余量的因素

(1) 尺寸误差: 指在配料过程中, 毛料尺寸上发生的偏差。例如, 当配料时所选用的锯材规格和毛料尺寸不相衔接以及锯解时锯口位置发生偏移, 都会产生尺寸误差, 这部分误差应该在加工基准面的相对面时去掉, 使零件获得正确的尺寸。另外部件(拼板、木框、箱框)在胶拼和装配以后, 由于零件本身的形状和尺寸误差以及接合部位加工不精确, 将形成凹凸不平和尺寸上的误差, 这部分误差称为装配误差, 必须包含在基准面的相对面第二次加工余量中并予以消除。尺寸误差主要取决于加工设备的类型及状态、切削刀具的精度及磨损程度、毛料物理力学性质等, 并受加工精度等因素的影响。

(2) 形状误差: 主要表现为零件上相对面的不平行度、相邻面的不垂直度或零件表面是凹面、凸面及扭曲等。工件形状最大误差主要发生在干燥和配料过程中, 它是配料时木材锯弯和含水率变化以及板材或毛料干燥过程中由干燥内应力产生的翘曲变形等所引起的。形状误差应该包含在基准面及相对面的第一次加工余量中并予以消除。

(3) 表面粗糙度: 配料以后, 在毛料锯解面上往往留有锯痕、撕裂等加工痕迹, 同时零件通过刨削、铣削加工也会在表面留下旋转刀头所形成的波纹以及磨光以后留下的磨料痕迹, 这就造成了较大表面粗糙度。其一般可以用零件表面微观不平度来确定。锯解表面的微观不平度对加工余量影响最大, 随着加工过程的进行, 后续工序的微观不平度逐渐减小, 工序余量也逐渐缩小。若配料时采用刨削锯片锯解, 则表面微观不平度可以明显降低, 同时也有利于以后刨削、铣削和磨光工序余量的缩小。

(4) 安装误差: 是工件在加工和定位时, 相对于刀具的位置发生偏移而造成的。具体原因为模具和夹具的结构、精度、刚性及安装基准的选择不当等。因此, 在加工中正确选择安装基准、提高夹具的制造精度、改进夹具的结构等可以减小安装误差, 从而缩减加工余量。

(5) 被加工材料的性质与干燥质量: 有的树种如南方的木荷, 容易产生翘曲变形, 而且变形很大, 因此其加工余量需要适当地放大。干燥质量差、翘曲变形大、具有内应力、锯解后不平直的材料都需适当加大余量。因此, 为使加工余量尽量减少, 应保证材料的干燥质量, 消除干燥内应力和翘曲变形。若用湿成材来配料, 然后进行毛料干燥, 则在配料时需要考虑干缩余量。

(6) 加工表面质量要求: 要确定零件或部件的总加工余量, 首先应该确定组成总余量的各工序余量。工序余量的确定一般可以根据实际工艺特点、具体设备条件、产品结构特点等因素进行试验统计, 凭经验反复进行修正。对于加工质量和表面光洁度要求较高的木质制品零部件, 需要采用多次切削加工, 应增大加工余量。

4.1.4 配料工艺确定

1. 配料方式

在我国木质家具企业中，由于受到生产规模、设备条件、技术水平、加工工艺及加工习惯等多种因素的影响，其配料方式是多种多样的。但总的看来，大致可归纳为单一配料法和综合配料法两大类。

(1) 单一配料法：是指将单一产品中某一种规格零部件的毛料配齐后，再逐一配备其他零部件的毛料。这种配料法的优点是技术简单、生产效率较高。但最大缺点是木材利用率较低，不能量材下锯和合理使用木材，材料浪费大；其次是裁配后的板边、截头等小规格料需要重复配料加工，增加往返运输，降低了生产效率。因此，该方法适用于产品单一、原料整齐的家具生产企业的配料。

(2) 综合配料法：是指将一种或几种产品中各零部件的规格尺寸分类，按分类情况统一考虑用材，一次综合配齐多种规格零部件的毛料。这种配料法的优点是能够长短搭配下锯，合理使用木材，木材利用率高，保证配料质量。但要求操作者对产品用料知识、材料质量标准掌握准确，操作技术熟练。因此，适用于多品种生产企业的配料。

2. 配料工艺

根据锯材的类型、树种和规格尺寸以及零部件的规格尺寸，锯材配制成毛料的方式有以下几种情况：①由锯材直接锯解成符合规格要求的毛料；②由锯材配制宽度符合规格要求而厚度是倍数的毛料；③由锯材配制厚度符合规格要求而宽度是倍数的毛料；④由锯材配制宽度和厚度都符合规格要求而长度是倍数的毛料。

(1) 先横截后纵解的配料工艺：如图 4-6 所示，先将板材按照零件的长度尺寸及质量要求横截成短板，同时截去不符合技术要求的缺陷部分，如开裂、腐朽、死节等，再用单锯片或多锯片纵解圆锯机或用小带锯将短板纵解成毛料。由于先将长材截成短板，这种工艺的优点是：方便于车间内运输；采用毛边板配料，可充分利用木材尖削度，提高出材率；可长短毛料搭配锯截，充分利用原料长度，做到长材不短用。但缺点是在截去缺陷部分时，往往同时截去一部分有用的锯材。

(2) 先纵解后横截的配料工艺：如图 4-7 所示，先将板材按照零件的宽度或厚度尺寸纵向锯解成板条，再根据零件的长度尺寸截成毛料，同时截去缺陷部分。这种工艺适用于配制同一宽度或厚度规格的大批量毛料，可在机械进料的单锯片或多锯片纵解圆锯机上进行加工。这种工艺的优点是生产效率高，在截去缺陷部分时，有用木材锯去较少，但长材在车间占地面积大，运输也不太方便。

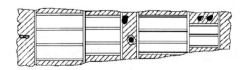

图 4-6　先横截后纵解的配料工艺

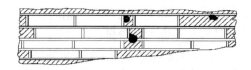

图 4-7　先纵解后横截的配料工艺

(3) 先划线后锯解的配料工艺：如图 4-8 所示，根据零件的规格、形状和质量要求，先在板面上按套裁法划线，然后按线再锯解为毛料。采用套裁法划线下锯可以用相同数量的板材生产出最大数量的毛料。生产实践证明，该种方法可以使木材出材率提高 9%，尤其是曲线形零件，预先划线既保证了质量，又提高了出材率和生产效率，但是需要增加划线工序和场地。

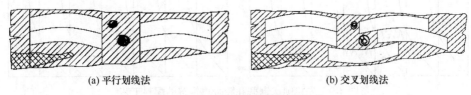

(a) 平行划线法　　　　　　　　　　　　　　　　(b) 交叉划线法

图 4-8　先划线后锯解的配料工艺

划线配料在操作上有平行划线法和交叉划线法两种。

平行划线法是先将板材按毛料的长度截成短板，同时除去缺陷部分，然后用样板(根据零件的形状、尺寸要求再留有加工余量所制成的模板)进行平行划线。此法加工方便、生产效率高，但出材率稍低，适用于较大批量的机械加工配料，如图 4-8(a)所示。

交叉划线法是考虑在除去缺陷的同时，充分利用板材的有用部分锯出更多的毛料，因此出材率高。但毛料在材面上排列不规则，较难下锯，生产效率较低，不适用于机械加工及大批量配料，如图 4-8(b)所示。

(4) 先粗刨后锯解的配料工艺：先将板材经单面或双面压刨刨削加工，再进行横截或纵解成毛料。板面先经粗刨，因此板面上的缺陷、纹理及材色等能较清晰地显露出来，操作者可以准确地看材下锯，按缺陷分布情况、纹理形状和材色程度等合理选材和配料，并及时剔除不适用的部分。另外，由于板面先经刨削，对于一些加工要求不高(如内框等)的零件，在配制成毛料后，对毛料加工时，就只需要加工其余两个面，减少了后期刨削加工工序；若配料时采用"刨削锯片"进行"以锯代刨"锯解加工，则可以得到四面光洁的净料，以后就不需要再进行任何刨削加工，这样毛料出材率和劳动生产效率都将显著地提高。但是，在刨削未经锯截的板材时，长板材在车间内运输不便，占地面积也大。此外，板材虽经压刨粗刨一遍，但往往不能使板面上的锯痕和翘曲度全部去除，因此并不能代替基准面的加工，对于尺寸精度要求较高的零件，特别是配制长毛料时，仍需要先通过平刨进行基准面加工和压刨进行规格尺寸的加工，才能获得正确的尺寸和形状。

(5) 先粗刨、锯截和胶合再锯解的配料工艺：如图 4-9 所示，将板材经刨削、锯截剔除缺陷后，利用指形榫和平拼，分别在长度、宽度和厚度方向进行接长、拼宽、胶厚，然后锯解成毛料。这种工艺能充分利用材料、有效提高毛料出材率和保证零件质量。但缺点是增加了刨削、锯解、铣齿形榫和胶接等工序，生产效率较低。此种方法特别适用于长度较大、形状弯曲或材面较宽、断面较大、强度要求较高的毛料(如椅类的后腿、靠背、扶手等)的配制，当然也可以采用集成材成品直接进行配料。

了解了以上几种配料工艺的优缺点以后，可以根据零件的要求，并考虑尽量提高出材率、劳动生产效率和产品质量等因素，进行组合选用，综合确定配料方案。无论采用何种配料方案，都应先配大料后配小料、先配表面用料后配内部用料、先配弯料后配直料等。

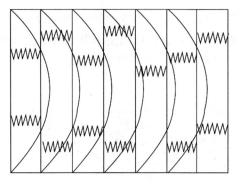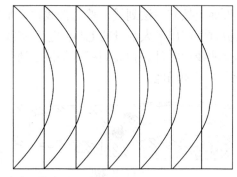

图 4-9　先粗刨、锯截和胶合再锯解的配料工艺

3. 配料设备

根据配料工序和生产规模的不同,配料时所用的设备也不一样。目前,我国实木制品生产中的配料设备主要有以下几类。

(1) 横截设备:横截锯用于实木锯材的横向截断,以获得长度规格的毛料。其类型较多,常用的有吊截锯(刀架弧形移动)、万能木工圆锯机、悬臂式万能圆锯机、简易推台锯、精密推台锯、气动横截锯、自动横截锯、自动优选横截锯等。

(2) 纵解设备:纵解锯用于实木锯材的纵向剖分,以获得宽度或厚度规格要求的毛料。其常用的有手工进料圆锯机(普通台式圆锯机)、精密推台锯、机械(或履带)进料单锯片圆锯机、进料多锯片圆锯机、小带锯等。

(3) 锯弯设备:用于实木锯材的曲线锯解,以获得曲线形规格的毛料,也可以使用样模划线后再锯解。其主要有细木工带锯和曲线锯。

(4) 粗刨设备:用于对实木锯材表面粗刨,以合理实施锯材锯截和获得高质量的毛料。其常用的粗刨方式有单面压刨、双面刨(平压刨)、四面刨等。

(5) 指接与胶拼设备:用于板方材在长度、宽度、厚度方向上通过指形榫和平拼而进行接长、拼宽、胶厚的设备,以节约用材和锯制获得长度较大、形状弯曲或材面较宽、断面较大、强度较高的毛料。其主要有指形榫铣齿机、接长机(接木机)、拼板机等。

4. 提高毛料出材率

配料时木材的利用程度可用毛料出材率来表示。毛料出材率(P)是指毛料材积($V_{毛}$)与锯成毛料所耗用锯材(或成材)材积($V_{成}$)之比的百分率。

$$P = \frac{V_{毛}}{V_{成}} \times 100\% \tag{4-7}$$

影响毛料出材率的因素有很多,如加工零件要求的尺寸和质量、配料方式与加工方法、所用锯材的规格与等级、锯材尺寸与毛料尺寸的匹配程度、操作人员的技术水平、采用设备和刀具的性能等。如何提高毛料出材率,做到优材不劣用、大材不小用、长材不短用,降低木材耗用量,是配料时必须重视的问题。

为了尽量提高毛料出材率,在实际配料生产中可考虑采取以下措施:

(1) 认真实行零部件尺寸规格化,使零部件尺寸规格与锯材尺寸规格相衔接,以充分利用板材幅面,锯解出更多的毛料。

(2) 操作人员应熟悉各种产品零部件的技术要求,在保证产品质量和要求的前提下,凡是用料要求所允许的缺陷,如缺棱、节子、裂纹、斜纹等,不要过分地剔除,要尽量合理使用。

(3) 操作人员应根据板材质量和规格,将各种规格的毛料集中配料、合理搭配和套裁下锯;可以将不用的边角料集中管理,供配制小毛料时使用,做到材料充分利用。

(4) 在不影响强度、外观及质量的条件下,对于材面上的死节、树脂囊、裂纹、虫眼等缺陷,可用挖补、镶嵌的方法进行修补,以免整块材料被截去。

(5) 对于一些短小零件,如线条、拉手等,为了便于后期加工和操作,应先配成倍数毛料,经加工成净料后再截断或锯开,既可提高生产效率和加工质量,又可减少每个毛料的加工余量。

(6) 合理确定工艺路线,减少重复加工余量,除了需要胶拼、端头开榫等零部件,在配料时应尽量做到一次精截,不再留二次加工余量。

(7) 在满足设计要求下,尽量选用边角短料或加工剩余物、小规格材配制成小零部件毛料,做到小材升级利用,根据实践经验可节约木材 10%左右。

(8) 应积极选用薄锯片、小径锯片,尽量使用刨削锯片或"以锯代刨"工艺,缩小锯路损失,一次锯口可节约木材 30%～50%。

(9) 应尽量采用套裁法划线及先粗刨后配料的下料方法。生产实践证明,可提高木材利用率 9%～12%(若采用交叉划线法,则效果会更好)。

(10) 对于规格尺寸较大的零部件,根据技术要求可以采用短料接长、窄料拼宽、薄料胶厚等小料胶拼的方法代替整块木材,用于暗框料、芯条料、弯曲料、长料、宽料、大断面料等,既可提高木材利用率,做到劣材优用、小材大用,又能保证产品质量、提高强度、减少变形和保证形状尺寸稳定。

在实际生产中计算毛料出材率时,常加工出一批产品后综合计算出材率,其中不仅包括直接加工成毛料所耗用的材积,也包括锯出毛料后剩余材料再利用的材积,因此毛料出材率实际上就是木材利用率。毛料出材率根据生产条件、技术水平和综合利用程度的不同,有很大差异。一般来说,从原木制成锯材的出材率为 60%～70%,从锯材配成毛料的出材率也为 60%～70%,从毛料加工成净料(或零部件)的出材率为 80%～90%。因此,净料(或零部件)的出材率一般只有原木的 40%～50%或板方材的 50%～70%。

4.2　毛　料　加　工

经过配料,将锯材按零件的规格尺寸和技术要求锯成毛料,但有时毛料上可能因为干燥不善而带有翘弯、扭曲等各种变形,再加上配料加工时都是使用粗基准,毛料的形状和尺寸总会有误差,表面也是粗糙不平的。为了保证后续工序的加工质量,以获得准确的尺寸、形状和光洁的表面,必须先在毛料上加工出正确的基准面,作为后续规格尺寸加工时的精基准。因此,毛料的加工通常是从基准面加工开始的。毛料加工是将配料后的毛料经基准面加工和相对面加工而成为符合规格尺寸要求的净料加工过程。

4.2.1 基准面加工

基准面包括平面(大面)、侧面(小面)和端面三个面。对于各种不同的零件,按照加工要求的不同,不一定都需要三个基准面,有的只需将其中的一个或两个面精确加工后作为后续工序加工时的定位基准;有的零件加工精度要求不高,也可以在加工基准面的同时加工其他表面。直线形毛料是将平面加工成基准面;曲线形毛料可利用平面或曲面作为基准面。

平面和侧面的基准面可以采用铣削方式加工,常在平刨床或铣床上完成;端面的基准面一般用推台圆锯机、悬臂式万能圆锯机或双头截断锯(双端锯)等横截锯加工。

1. 平刨床加工基准面

在平刨床上加工基准面是目前实木制品生产中仍普遍采用的一种方法,如图 4-10 所示。它可以消除毛料的形状误差,为获得光洁平整的表面,应将平刨床的后工作台平面调整为与柱形刀头切削圆在同一切线上,前、后工作台须平行,两台面的高度差即切削层的厚度,是一次走刀的切削量。在平刨床上加工侧基准面(基准边)时,应使其与基准面(平面)具有规定的角度,这可以通过调整导尺与工作台平面的夹角实现,如图 4-11 所示。平刨床加工基准面时,一次刨削的最佳切削层厚度为 1.5～2.5mm,若超过 3mm,则工件会出现崩裂和引起振动,因此当被加工表面的不平度或刨削厚度较大时,必须通过几次刨削加工(多次走刀)以获得精基准面。

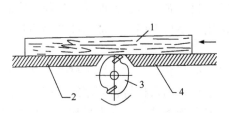

图 4-10　平刨床加工基准面
1. 工件；2. 后工作台；3. 刀辊；4. 前工件

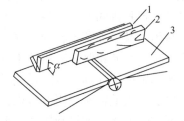

图 4-11　平刨床加工侧基准面
1. 导尺；2. 工件；3. 工作台

目前在生产中使用的平刨床大多数是手工进给,虽然能够得到正确的基准面,但其劳动强度大、生产效率低,而且操作很不安全。机械进料的平刨床虽然可以避免这些问题,但是为了保证加工表面符合作为基准面的要求,平刨床上的机械进料装置应当既能保证毛料可以沿平刨床工作台平稳地移动,又必须保证毛料不产生变形。目前,在平刨床上采用的机械进料方式主要有弹簧销、弹簧爪及履带进料装置等,其原理是对毛料表面施加一定的压力后产生摩擦力实现毛料的进给,对于翘弯不平、长而薄的毛料,在垂直压力的作用下很容易暂时被压平,经过加工和压力解除后,毛料仍会恢复原有的翘弯状态,因此不能得到精确的平面,此时被加工的表面不宜作为基准面。

对于平刨床手工进料操作,一般是将被加工毛料的表面先粗定为基准,此时是粗基准，经过切削后，及时将压持力转移到后工作台，此时基准面变为刚被加工的表面，且是精基准。将粗基准转换成精基准的关键是及时将压持力从前工作台转移到后工作台，其主要目的是尽可能地提高加工精度。

2. 铣床加工基准面

用下轴铣床加工基准面、基准边及曲面，是将毛料靠住导尺进行加工。这种方法特别适合宽而薄或宽而长的板材侧边加工，操作安全；对于短料，需要用相应的夹具。加工曲面需要用夹具、模具，夹具样模的边缘必须与所要求加工的形状相同，且具有精确的形状和平整度，毛料固定在夹具上，样模边缘紧靠挡环移动就可以加工出所需的基准面，如图 4-12 所示。侧基准面的加工也可以在铣床完成，如果要求它与基准面之间成一定角度，就必须通过使用具有倾斜刃口的铣刀，或通过刀轴、工作台面倾斜来实现。

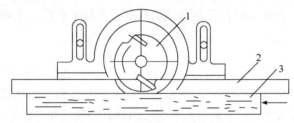

图 4-12　铣床加工基准面
1. 刀具；2. 导尺；3. 工件

3. 横截锯加工基准面

有些实木零件需要钻孔及打眼等加工时，往往要以端面作为基准，而在配料时，所用截断锯的精度较低及毛料的边部不规整等都会影响端面的加工精度，因此毛料经过刨削以后，一般还需要再截断(精截)，即进行端基准面的加工，使其和其他表面具有规定的相对位置与角度，使零件具有精确的长度。

端基准面通常是在简易推台圆锯机、精密推台圆锯机和悬臂式万能圆锯机上加工(图 4-13、图 4-14)，双端锯(双端铣)机也可以很精确地加工两个端面，此时端面与侧边是垂直的，双端铣机多数是自动履带进料或用移动工作台进料，适用于两端面平行度要求较高的宽毛料。斜端面的加工可以用悬臂式万能圆锯机、精密推台圆锯机，双端锯机不适合斜端面的加工。

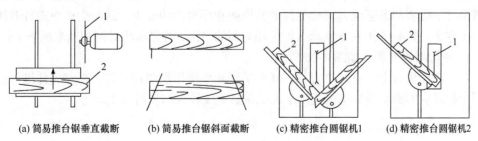

(a) 简易推台锯垂直截断　(b) 简易推台锯斜面截断　(c) 精密推台圆锯机1　(d) 精密推台圆锯机2

图 4-13　推台圆锯机截断
1. 锯片；2. 工件

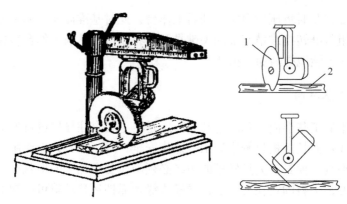

图 4-14　悬臂式万能圆锯机截断
1. 锯片；2. 工件

　　宽毛料截断时，为使锯口位置与两端面具有要求的平行度，毛料应该用同一个边紧靠导尺定位。

4.2.2　相对面加工

　　为了满足零件规格尺寸和形状的要求，在加工出基准面之后还需要对毛料的其余表面进行加工，使所有表面光洁，并与基准面之间具有正确的相对位置和准确的端面尺寸，以成为规格净料。这就是基准相对面的加工，也称为规格尺寸加工，一般可以在压刨床、四面压刨床、铣床、多片锯等设备上完成。

　　1. 压刨加工相对面

　　在压刨床上加工相对面，可以得到精确的规格尺寸和较高的表面质量。用分段式进料辊进料，既能防止毛料由厚度不一致造成切削时的振动，又可以充分利用压刨工作台的宽度，提高生产效率。加工时可用直刃刨刀或螺旋刨刀，直刃刨刀结构简单、刃磨方便，因此使用广泛。使用直刃刨刀切削时，一开始刀片就接触毛料的整个宽度，瞬间切削力很大，引起整个工艺系统强烈的振动，影响加工精度，而且噪声也很大；使用螺旋刨刀加工时，是不间断的切削，增加了切削的平稳性，使切削功率大大减小，降低了振动和噪声，提高了加工质量。但螺旋刨刀的制造、刃磨和安装技术都较复杂。

　　压刨床有单面压刨和双面压刨(平压刨)两种形式。单面压刨需要先加工基准面，而双面压刨不需要。常用的是单面压刨，单面压刨只有一个上刀轴，一次只能刨光一个面，一般情况下需要与平刨配合完成工件的基准面和相对面的加工，这是生产中最普遍使用的加工方法。图 4-15 为在压刨床上加工相对面的情况，若要求相对面和基准面不平行(斜对面)，则应增添夹具，如图 4-16 所示。

　　双面压刨床有上、下两个刀轴，具有平刨和单面压刨两种机构，可对工件进行上、下两个相对应的面刨削加工，适用于大批量且宽度较大的板材加工。

　　2. 四面刨加工相对面

　　随着加工设备自动化程度的提高和对生产效率的要求越来越高，平刨床加工出基准面后，可以再采用四面刨加工相对面，以提高加工精度。被加工零件的其他面与其基准面之间具有正确的相对位置，从而能准确加工出所规定的端面尺寸及形状，而且表面光洁度、平整度都能满足零件要求。四面刨加工斜对面如图 4-17 所示。

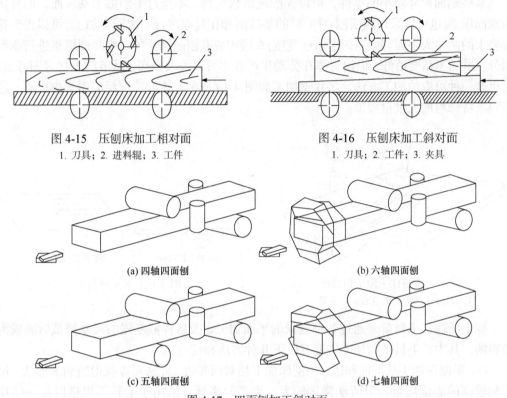

图 4-15　压刨床加工相对面　　　　　　　　图 4-16　压刨床加工斜对面
1. 刀具；2. 进料辊；3. 工件　　　　　　　1. 刀具；2. 工件；3. 夹具

(a) 四轴四面刨　　　　　　　　　　　(b) 六轴四面刨

(c) 五轴四面刨　　　　　　　　　　　(d) 七轴四面刨

图 4-17　四面刨加工斜对面

对于加工精度要求不太高的零件，可在基准面加工以后，直接通过四面刨加工其他表面，这样能达到较高的生产效率。而对于某些次要的和精度要求不高的零件，还可以不经过平刨加工基准面，直接通过四面刨一次加工出来，达到零件表面的面和型要求，只是加工精度稍差，对材料自身的质量要求也高，作为粗基准的表面不仅应该相对平整，而且材料不容易变形。若毛料本身比较直且不容易变形，则经过四面刨加工之后，可以得到符合要求的零件；若毛料本身弯曲变形，则经过四面刨加工之后仍然弯曲，这主要是进料时进料辊施加压力的结果。

四面刨常用的刀轴数为 4~8 个，特殊需要的可达 10 个或更多，这些刀轴分别布置在被加工工件的上、下、左、右四面，每个面上分别有 1 个或多个刨刀，有的还有万能刨刀。

3. 铣床加工相对面

用铣床也可以加工相对面，如图 4-18 所示。在铣床上加工相对面时，应根据零件的尺寸，调整样模和导尺之间的距离或采用夹具加工，此法安放稳固、操作安全，很适合宽毛料侧面的加工。与基准面成一定角度的相对面也可以在铣床上采用夹具进行加工，但由于是手工进料，生产效率和加工质量均比压刨床低。

4. 多片锯加工相对面

　　某些端面尺寸较小的零件，可以先配成倍数毛料，不经过平刨加工基准面，而直接用双面压刨(也可以采用四面刨)对毛料的基准面和相对面进行一次同步加工，可以得到符合要求的两个大表面。然后按厚度(或宽度)直接用装有刨削锯片的多锯片圆锯机进行纵解剖分，虽加工精度稍低，但出材率和劳动生产效率可以大大提高，从节约木材方面考虑，这也是一种可取的加工方法。多片锯加工如图 4-19 所示，该方法广泛应用于内框料、芯条料或特殊料的大批量加工。

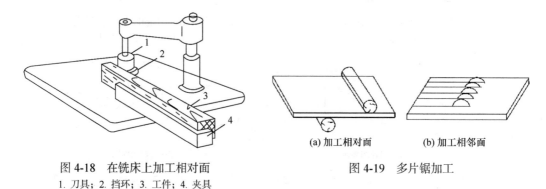

图 4-18　在铣床上加工相对面　　　　　　(a) 加工相对面　　(b) 加工相邻面
1. 刀具；2. 挡环；3. 工件；4. 夹具　　　　　　　　图 4-19　多片锯加工

　　综上所述，毛料就是通过各种刨床的平面加工以及各种截断锯的尺寸精截后而成为净料的。其中，毛料平面加工主要有以下几种方法和特点：

　　(1) 平刨床加工基准面和边，压刨床加工相对面和边。此法可以获得精确的形状、尺寸和较高的表面质量，但劳动强度较大、生产效率低，适用于毛料不规格以及一些规模较小的生产。

　　(2) 平刨床加工一个或两个基准面(边)，四面刨加工其他几个面。此法加工精度稍低，表面较粗糙，但生产效率比较高，适用于毛料不规格以及一些中小型规模的生产。

　　(3) 双面刨或四面刨一次加工两个相对面，多片锯加工其他面(纵解剖分)。此法加工精度稍低，但生产效率和木材出材率较高，适用于毛料规格以及规模较大的生产。

　　(4) 四面刨一次加工四个面。此法要求毛料比较直且不易变形，由于没有预先加工出基准面，加工精度较差，但生产效率和木材出材率高，适用于毛料规格以及规模较大的连续化生产。

　　(5) 压刨或双面刨分几次调整加工毛料的四个面。此法加工精度较差，生产效率较低，比较浪费材料，但操作较简单，一般只适用于加工精度要求不高、批量不大的内部用料的生产。

　　(6) 平刨床加工基准面和边，铣床(下轴立铣)加工相对面和边。此法生产效率较低，劳动强度大，一般只适用于折面、曲平面以及宽毛料的侧边加工。

　　(7) 压刨或铣床(下轴立铣)采用模具或夹具配合，可加工与基准面不平行的平面。

　　(8) 四面刨或压刨、铣床(下轴立铣)、木线机等配有相应形状的刀具，可在相对面上加工线形。除了四面刨,其余设备一般需完成基准面(边)的加工。

在实际生产中,应该根据零件的质量要求及产量,合理选择加工设备和加工方法。毛料经基准面、相对面和精截加工以后,一般按所得到净料的尺寸、形状精度和表面粗糙度来评定其加工质量,确定其是否满足互换性的要求。净料的尺寸和形状精度由所采用的设备和选用的加工方法来保证,表面加工质量则取决于刨削加工的工艺规程。

4.3　净料加工

毛料经过刨削和锯截加工成为表面光洁平整和尺寸精确的净料以后,还需要进行净料加工。净料加工是指按设计要求,将净料进一步加工出各种接合用的榫头、榫眼、连接孔或铣出各种线形、型面、曲面、槽簧,进行表面砂光、修整加工等,使零件成为符合设计要求的加工过程。

4.3.1　榫头加工

榫接合是实木框架结构产品的一种基本接合方式。采用榫接合的部位,其相应零件就必须开出榫头和榫眼。榫头加工是方材净料加工的主要工序,榫头加工质量的好坏直接影响产品的接合强度和使用质量,榫头加工后就形成了新的定位基准和装配基准,因此其对后续加工和装配的精度有直接影响。

1. 榫头加工工艺

榫头加工时应采用基孔制原则,即先加工出与榫头相配合的榫眼,然后以榫眼的尺寸为依据调整开榫的刀具,使榫头与榫眼之间具有规定的公差与配合,获得具有互换性的零件。榫眼是用固定尺寸的刀具加工的,同一规格的新刀具和使用后磨损的刀具尺寸之间常有误差,如果不按已加工的榫眼尺寸调节榫头尺寸,就必然会产生因榫头过大或过小出现接合过松或太紧的现象。若采用基轴制原则先加工出榫头,然后根据榫头尺寸选配加工榫眼的钻头,则不仅费工费时,而且也很难保证得到精确而紧密的配合。但在圆榫接合中,圆榫一般都是标准件,因此可以采用基轴制原则。

榫头加工时,应严格控制两榫肩之间的距离和榫颊与榫肩之间的角度,以便于与相接合的零部件尺寸相适应,保证接合后的部件尺寸正确和接合紧密。

榫头的加工精度除了受加工机床本身状态及刀具调整精度的影响,还取决于工件精截的精度和开榫时工件在机床上定基准的状况。两端开榫头时,应采用同一表面作为基准;安放工件时,工件之间以及工件与基准面之间不能有锯末、刨花等杂物,而且要做到加工平稳、进料速度均匀。

另外,榫头与榫眼的加工也受加工环境和湿度的影响,两者之间的加工时间间隔不能太长,否则会因木材的湿胀和干缩而配合较差,影响接合强度。

2. 榫头加工设备

榫头加工时,应根据榫头的形式、形状、数量、长度以及在零件上的位置选择加工方法和加工设备。传统接合主要采用直角榫、燕尾榫或梯形榫、指形榫，目前采用比较多的是长圆榫(椭圆榫)、圆榫等接合。

(1) 直角榫、燕尾榫或梯形榫、指形榫：一般为整体榫，常见的直角榫、燕尾榫或梯形榫、指形榫的榫头形式及其加工方法如图 4-20 所示。Ⅰ 类采用单头或双头开榫机加工，Ⅱ 类采用下轴铣床加工，Ⅲ 类采用上轴铣床加工(镂铣机)。

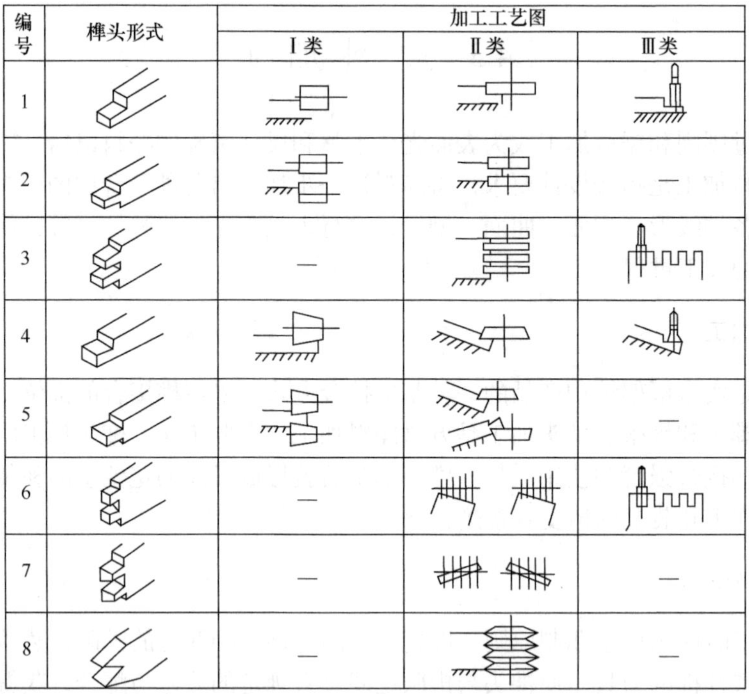

编号	榫头形式	加工工艺图		
		Ⅰ 类	Ⅱ 类	Ⅲ 类
1				
2				—
3		—		
4				
5				
6				
7		—		
8		—		—

图 4-20　常见的直角榫、燕尾榫或梯形榫、指形榫的榫头形式及其加工方法

在图 4-20 中，1、2、4、5 号榫头可以在单头或双头开榫机上采用带割刀的铣刀、切槽铣刀及圆盘铣刀等进行加工；不太大的榫头也可以在铣床上加工，单头开榫机加工榫头如图 4-21 所示，卧式铣床加工榫头如图 4-22 所示。图 4-20 中 3、8 号直角多榫和指形榫可以在铣床或直角箱榫机上采用切槽铣刀组成的组合刀具进行加工，如图 4-23 所示；

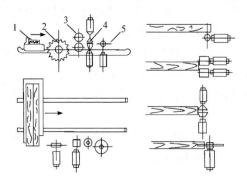

图 4-21　单头开榫机加工榫头

1. 工件；2. 截断圆锯；3. 水平铣刀；
4. 立式铣刀；5. 水平圆锯

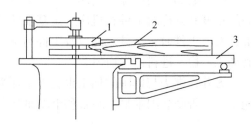

图 4-22　卧式铣床加工榫头

1. 铣刀；2. 工件；3. 移动工作台

直角多榫也可以在单轴或多轴燕尾榫开榫机上用圆柱形端铣刀加工。图 4-20 中 6、7 号燕尾形多榫和梯形多榫可以在专用的燕尾榫开榫机上加工，也可以在铣床上完成，如图 4-24 所示。燕尾形多榫在铣床加工时，以工件的一边为基准，加工一次后将其翻转 180°，仍以原来基准边作为基准再次加工，采用不同直径的切槽铣刀来加工；梯形多榫在铣床上加工时，工件的两侧需用楔形垫板夹住，所垫楔形垫板的角度与所要加工梯形榫的角度相等，当第二次定位时，需要将楔形垫板翻转 180°，使工件以同样角度向相反方向倾斜，同时在工件下面增加一块垫板，采用的刀具是切槽铣刀或开榫锯片。

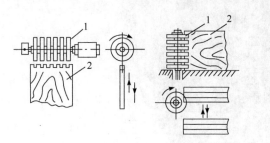

图 4-23　直角箱榫机加工榫头
1. 多头铣刀；2. 工件

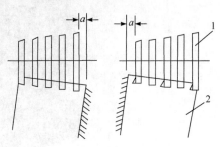

图 4-24　铣床加工燕尾榫头
1. 多头铣刀；2. 工件

(2) 长圆榫(椭圆榫)、圆榫：为整体榫，近年来，长圆榫(椭圆榫)和圆榫已被广泛应用在现代实木质家具生产中，如图 4-25 所示。各种自动开榫机的大量使用，使长圆榫和圆榫的加工十分容易。

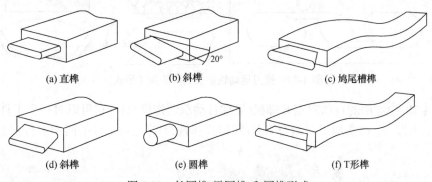

(a) 直榫　　　　　(b) 斜榫　　　　　(c) 鸠尾槽榫

(d) 斜榫　　　　　(e) 圆榫　　　　　(f) T 形榫

图 4-25　长圆榫(椭圆榫)和圆榫形式

图 4-26 为常用的自动双台开榫机(又称自动双台作榫机或长圆榫开榫机等)，其铣刀运动轨迹及其榫头加工形式如图 4-27 所示。该机床使用由圆锯片和铣刀组成的组合刀具，锯片用于精截榫端，铣刀用于加工榫头的榫肩和榫颊。将方材安放在工作台上利用气缸进行压紧，当转动着的刀轴按预定轨迹与工作台做相对移动时，即可加工出相应端面形状的长圆榫或圆榫，这种榫配合精度高、互换性好，若将工作台面调到规定角度，则可在方材端部加工各种角度的斜榫。自动双台开榫机一般具有两个工作台，可以交替加工。

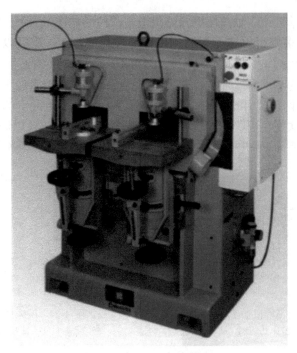

图 4-26　自动双台开榫机

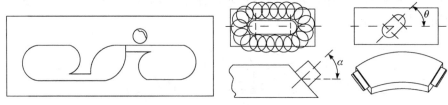

图 4-27　铣刀运动轨迹及其榫头加工形式

图 4-28 为常用的自动双端开榫机(又称自动双端作榫机)，它可以对一个工件的两端同时加工出榫头，榫头加工时组合刀具(圆锯片和铣刀)首先对工件的两端进行精截，然后

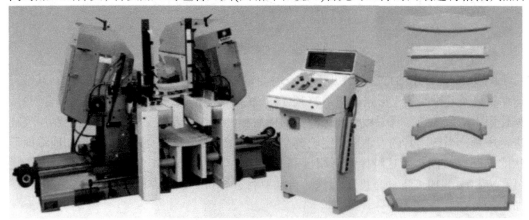

图 4-28　自动双端开榫机

完成工件两端的榫头加工。铣刀的运动轨迹与榫头的外轮廓相似，通过调节设备，也可在工件两端加工各种角度的斜榫。自动双端开榫机一般为连续式自动进料，适用于大批量双端有榫零件的加工。

(3) 圆榫：为插入榫，常见的圆榫多为标准件。其加工工艺流程为：板材经横截、刨光、纵解成方条，再经圆榫机加工、圆榫截断机截断而成为圆榫。图 4-29 为圆榫机和圆榫截断机实物图。在圆榫机上加工时，方条毛料通过空心主轴由高速旋转的刀片(2～4 把)进行切削，并由三个滚槽轮压紧已旋好的圆榫，滚压出螺旋槽，同时产生轴向力将旋制好的、带螺纹槽的圆榫送出。在圆榫截断机上加工时，常将旋制和压纹后的圆榫插入圆榫截断机进料圆盘的各圆孔内，随着进料圆盘的回转，圆榫靠自重逐一落入导向管，并由组合刀头(圆锯片和铣刀)做进给切削运动而完成截断和倒角作业，如此循环反复，可将圆榫截成所需的长度，并同时在端部倒成一定角度的圆榫。圆榫截断机常与圆榫机配套使用，圆榫机完成旋制和压纹工序；圆榫截断机完成截断和倒角工序。

图 4-29　圆榫机和圆榫截断机实物图

4.3.2　榫眼和圆孔加工

榫眼和圆孔大多是用于木质制品中零部件的接合部位，圆孔的位置精度及其尺寸精度对整个制品的接合强度及质量都有很大的影响，因此榫眼和圆孔的加工也是整个加工工艺过程中一个很重要的工序。

现代木零部件上常见的榫眼和圆孔按其形状可分为直角榫眼(长方形榫眼)、椭圆榫眼(长圆榫眼)、圆孔、沉头孔(未贯穿孔)、矩形孔等，其形式及其加工方法示意图如图 4-30 所示。

1. 直角榫眼加工工艺与设备

在木质制品生产中，直角榫眼又称长方形榫眼(图 4-30 中 1 号)，是应用最广的传统榫眼。直角榫眼最好是在打眼机(图 4-31)上采用方形中心钻套和麻花钻芯配合来进行加工，此法加工精度高，能保证配合紧密。

对于尺寸较大的直角榫眼，可采用链式榫槽机(图 4-32)加工，其生产效率高，但尺寸精度较低，加工出的榫眼底部呈弧形，榫眼孔壁较粗糙。

对于较狭长的直角榫眼，可以在铣床或圆锯机上采用整体小直径的铣刀或锯片来加工。但此法加工的榫眼底部也呈弧形，需补充加工将底部两端加深，以满足工艺要求。

编号	榫眼与圆孔的形式	加工工艺图		
		I 类	II 类	III 类
1				
2			—	—
3				
4			—	—

图 4-30　榫眼与圆孔的形式及其加工方法示意图

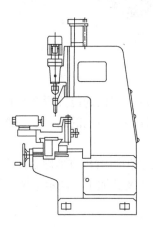

图 4-31　立式单轴打眼机

图 4-32　链式榫槽机及其加工工件形式

2. 椭圆榫眼加工工艺与设备

椭圆榫眼又称长圆榫眼(图 4-30 中 2 号),可以在各种钻床(立式或卧式、单轴或多轴钻床)及立式上轴铣床(镂铣机)上用钻头或端铣刀加工。

椭圆榫眼的宽度和深度较小时,可以采用立式引轴钻床(图 4-33)进行加工,为适应工艺的需要,工作台具有水平方向和垂直方向的移动,能水平引转且倾斜一定角度。但在加工时应注意工作台与工件的移动速度不应太快,以免折断钻头。

椭圆榫眼的零部件生产批量较小时，可以适当采用立式上轴铣床(镂铣机)进行加工，但在加工时应根据工件的加工部位等，确定使用立式上轴铣床的靠尺或模具加定位销，以保证加工时的精度。

椭圆榫眼的零部件生产批量较大时，常采用专用的椭圆榫眼机加工。图 4-34 为自动单头双台椭圆榫眼机(单轴椭圆榫槽机)及其加工榫眼的形式，该机器可以加工各类实木零部件上的椭圆榫眼。工作台可以倾斜一定角度，因此加工的榫眼可以是水平的，也可以具有一定的角度，而且可以确保较高的加工精度。

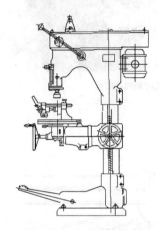  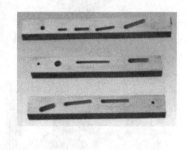

图 4-33　立式引轴钻床　　　　图 4-34　自动单头双台椭圆榫眼机及其加工榫眼的形式

图 4-35 为自动多轴双台椭圆榫眼机(多轴椭圆榫槽机)及其加工榫眼的形式，零部件中榫眼的数量、深度和斜度等可以通过计算机控制完成，保证工件加工精度以及相同零部件之间的互换性，是一种连续化生产设备。

 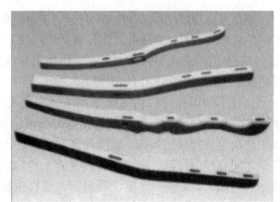

图 4-35　自动多轴双台椭圆榫眼机及其加工榫眼的形式

在实木百叶门和百叶窗等结构中，通常使用多椭圆榫接合。图 4-36 为百叶椭圆榫眼机(又称自动百叶榫槽机或自动百叶铣槽机)，下轴卧式百叶椭圆榫眼机含有两个刀轴和下轴，如图 4-36(a)所示；上轴立式百叶椭圆榫眼机如图 4-36(b)所示，可以对两个工件同时进行铣槽加工。图 4-37 为百叶椭圆榫倒角机(又称自动百叶片倒角机)及其加工过程示意图。

(a) 下轴卧式百叶椭圆榫眼机　　　　　　　　　(b) 上轴立式百叶椭圆榫眼机

图 4-36　百叶椭圆榫眼机

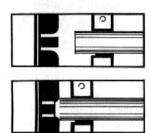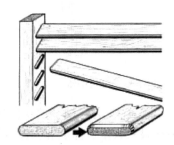

图 4-37　百叶椭圆榫倒角机及其加工过程示意图

3. 圆孔加工工艺与设备

圆孔又称圆眼(图 4-30 中 3 号)，加工时应根据孔径的大小、零件厚度、孔深来选择不同的机床和刀具。圆孔可以在各种钻床(立式或卧式、单轴或多轴钻床)及立式上轴铣床(镂铣机)上用钻头或端铣刀加工。上述加工椭圆榫眼的立式单轴钻床、立式上轴铣床(镂铣机)以及椭圆榫眼机均可加工圆孔。

直径小的圆孔可以在钻床上加工，在立式单轴钻床上钻圆孔可以按划线或依靠挡块、夹具和钻模来进行。划线钻孔有时会因钻头轴线和孔中心不一致，产生加工误差，如果使用定位挡块定基准，就能保证一批工件上圆孔的位置精度。若配置在一条线上有几个相同直径的圆孔，则可用样模夹具来定位。对于不是配置在一条直线上的孔，宜用钻床进行加工，工件一次定位后只需改变样模相对于钻头的位置，即可依次加工出所有的孔。

在工件上需要加工的圆孔数目较多而且孔的位置精度要求较高时，宜用多头钻座(动力头)(图 4-38)或多轴钻床，以提高生产效率，特别是能提高孔间距的精度，有利于提高装配的精度和效率。

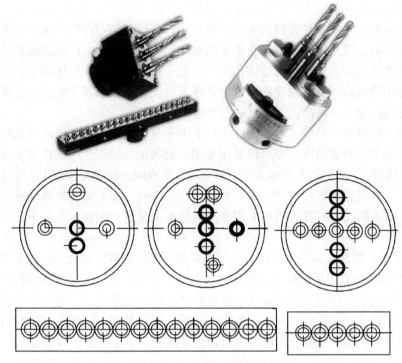

图 4-38 多头钻座(动力头)

对于实木椅凳、实木餐桌、实木沙发等批量较大的零部件上的圆孔，常采用专用单轴或多轴钻床加工，既可采用单钻头钻孔，也可采用多钻头钻孔。钻孔间距可以通过钻头的安装位置调整，也可以通过工件在工作台的位置调整。

零件端部或直线、弯曲边缘进行水平、垂直或倾斜一定角度的孔槽加工时，可以采用水平单轴钻床、水平垂直万能单轴钻床(图 4-39)、双端水平单轴钻床(图 4-40)、万能双轴钻床、双端水平垂直双轴钻床、双端切断钻孔机(图 4-41)。

图 4-39 水平垂直　　　　图 4-40 双端水平单轴钻床　　　　图 4-41 双端切断钻孔机
万能单轴钻床

钻床主要用于一些较长实木零部件的侧面多孔位的钻孔加工，如立梃或框料等。每个钻座是由电机通过皮带或由电机直接带动的，每个钻座可以安装单个或多个钻头。孔间距可以通过设备的钻座或电机位置调整。

　　一些较宽或较长的实木拼板或实木集成材零部件采用正面多孔位的钻孔加工，如餐桌、茶几等台面可采用各种类型的垂直多轴钻床；在较宽的零部件两端同时进行端部与正面多孔加工时，可采用双端垂直水平多轴钻床；在较宽的零部件端部或直线、弯曲边缘，可采用水平或倾斜一定角度的钻孔加工，也可采用单排万能钻床加工。这类钻床的钻座一般是由电机通过皮带带动的，每个钻座可以安装单个或多个钻头。孔间距可以通过钻座的安装位置或工件在工作台上的安装位置来调整。

　　对桌椅、沙发等产品的实木零部件进行上下垂直和水平任意方向的多孔位钻孔加工时，可以采用多头万能钻床，也可以采用专用多轴钻床。椅类专用钻床主要适用于实木椅的椅面、椅背以及车(旋)木等零部件上垂直、水平或倾斜的多孔位加工。采用这些椅类专用钻床，主要是因为定位方便、加工孔间距比较准确、加工斜孔的角度也比较灵活。在生产中，有些斜面的打孔也可以采用专用模具或夹具进行配合定位加工，只是定位稍差一点。

　　图 4-42 为单端锯铣钻三用组合机，其既可在零部件的端部钻孔，也可在零部件的侧面钻孔。图 4-43 为双端锯铣钻三用组合机及其加工工艺，该机器只在零部件双端部实施加工。双端锯铣钻三用组合机将锯切、铣型和钻孔的加工集中在一道工序完成，以确保零部件的加工精度。这类机床中有一些进口设备，除了具有钻孔功能，还具有孔眼涂胶、圆榫打入的功能，多轴钻孔、圆榫打入组合机及其加工工艺如图 4-44 所示。

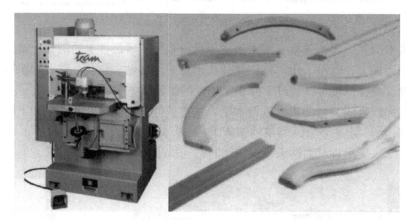

图 4-42　单端锯铣钻三用组合机

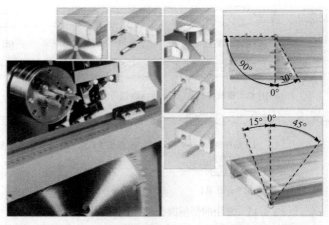

图 4-43　双端锯铣钻三用组合机及其加工工艺

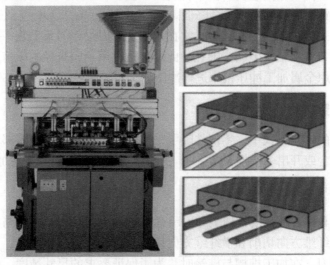

图 4-44　多轴钻孔、圆榫打入组合机及其加工工艺

　　生产中木质制品的种类较多、结构较复杂，零部件接合形式变化较大，钻削的方向、直径、深度不同，木纤维方向存在差异，随着钻削加工精度的提高和对生产效率的要求，需要有各种形式的钻头来满足需求。目前，常用的钻削圆孔的钻头种类及其形式如图 4-45 所示。其中，匙形钻、蜗形螺旋钻和锥刃螺旋钻主要用于顺纤维钻孔；中心钻和切刃螺旋钻(麻花钻)主要用于横纤维钻孔；螺旋钻和蜗杆钻主要用于钻探孔；各种扩孔钻(或锪孔钻)主要用于钻光净的孔或沉头孔，扩孔(或锪孔)用钻头有固定式和可卸式两种。

　　钻阶梯孔有整体阶梯钻头钻孔、可卸式钻头钻孔和不同直径钻头分两道工序钻孔等三种形式，三种形式都有各自特点。整体阶梯钻头钻孔加工精度高，定位准确；可卸式钻头钻孔比较灵活，样式较多；不同直径钻头分两道工序钻孔加工精度较差，定位不准。若要钻盲孔，则应该选用有中心钻尖与割刀的钻头；若要钻通孔，则应该用 V 形刀钻头。

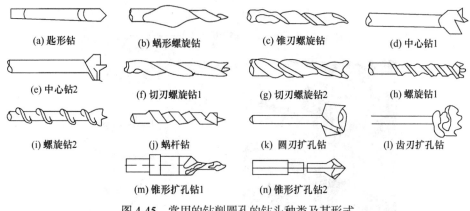

(a) 匙形钻　　(b) 蜗形螺旋钻　　(c) 锥刃螺旋钻　　(d) 中心钻1

(e) 中心钻2　　(f) 切刃螺旋钻1　　(g) 切刃螺旋钻2　　(h) 螺旋钻1

(i) 螺旋钻2　　(j) 蜗杆钻　　(k) 圆刃扩孔钻　　(l) 齿刃扩孔钻

(m) 锥形扩孔钻1　　(n) 锥形扩孔钻2

图 4-45　常用的钻削圆孔的钻头种类及其形式

在钻床上加工孔的切削速度取决于材料的硬度、孔径的大小和孔的深度,随着孔深和孔径的增大,钻头定心的精度也会降低。

在薄板上加工直径较大的圆孔时,常在刀轴上装刀梁,刀梁上装一把或两把切刀,刀轴旋转时,切刀就在工件上切出圆孔。此外,可以用不同直径的圆筒形锯片加工较大的圆孔,也可以用金属加工冲压机床进行冲压加工。

4.3.3　榫槽与榫簧加工

在木质制品的接合方式中,零部件除了采用端部榫接合,有些零部件还需要沿宽度方向实现横向接合或开出一些槽簧(企口),这时就需要进行榫槽和榫簧加工。

1. 榫槽与榫簧加工工艺

常见的榫槽与榫簧形式及其加工方法示意图如图 4-46 所示。榫槽与榫簧加工按切割纤维方向分为顺纤维方向切削和横纤维方向切削。顺纤维方向切削时,刀头上不需要装有切断纤维的割刀。在加工榫槽与榫簧时,为了保证要求的尺寸精度,应正确选择基准面和采用的刀具,并使导尺、刀具及工作台面之间保持正确的相对位置。

2. 榫槽与榫簧加工设备

榫槽与榫簧加工的主要设备有刨床类、铣床类、锯机类和专用起槽机等。

(1) 刨床类:可采用平刨、压刨及四面刨进行榫槽或榫簧加工(图 4-46 中 1～6 号)。目前,在实际生产中,一般常采用四面刨加工。其加工方法是根据工件上榫槽或榫簧的位置与形状,将四面刨所在位置的水平铣刀更换为不同形状的成型铣刀,即可达到加工要求,一般适用于零件长度方向上的加工。刨床类可根据榫槽的宽度来选用刀具,加工宽度较大的零件应采用上下水平刀头,加工宽度较小的零件应采用垂直立刀头。

(2) 铣床类:下轴铣床(立铣)、上轴铣床(镂铣)、数控镂铣和双端铣等都可以加工榫槽和榫簧。根据榫槽或榫簧的宽度、深度等不同,可选用不同类型的铣床。榫槽宽度较大时,可采用带水平刀具的设备,如立铣等;榫槽宽度较小时,可采用带立式刀具的设备,如镂铣等。图 4-46 中 1～6 号几种形式的榫槽与榫簧,也可在铣床上加工。

但若要在铣床上完成图 4-46 中 2、9 号榫槽形式的加工，则应将刀轴或工作台面倾斜一定角度。图 4-46 中 7 号榫槽形式是在零件长度上开出较长的槽，这也可在铣床上加工，切削深度取决于刀具对导尺表面的突出量，切削长度用限位挡块控制，这种方法是顺纤维方向切削，因此加工表面质量高，但缺点是加工后两端产生圆角，必须有补充工序来加以修正。图 4-46 中 8～10 号榫槽形式较深的槽口也可在上轴铣床(镂铣机)上采用端铣刀加工。

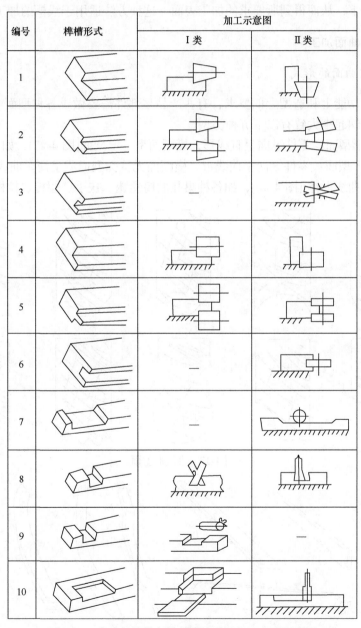

编号	榫槽形式	加工示意图	
		Ⅰ类	Ⅱ类
1			
2			
3		—	
4			
5			
6		—	
7		—	
8			
9			—
10			

图 4-46　常见的榫槽与榫簧形式及其加工方法示意图

（3）锯机类：圆锯机也可以加工榫槽，主要是采用铣刀头、多锯片或两锯片中夹有钩形铣刀等多种刀具进行加工。加工燕尾形槽口可将不同直径的圆锯片叠在一起或采用镶刀片的铣刀头构成锥形组合刀具分两次加工，加工时将刀轴倾斜一定的角度，以获得要求的燕尾形状。图 4-46 中 8、9 号两种榫槽是在悬臂式万能圆锯机上加工的。

（4）专用起槽机：图 4-46 中 10 号合页槽，可以在专用的起槽机上进行加工，由两把刀具组成，一把门形刀具做上下垂直运动将纤维切断，一把水平切刀做水平往复运动将切断的木材铲下，从而得到所要求的加工表面。这种方法适用于浅槽的加工。

4.3.4　型面与曲面加工

1. 型面与曲面的形式

为了满足功能上和造型上的要求，有些产品零部件需要做成各种型面或曲面。这些型面和曲面归纳起来大致有以下五种类型。

（1）直线形型面：零件纵向呈直线形，横断面呈一定型面(图 4-47)，如各种线条。

（2）曲线形型面：零件纵向呈曲线形，横断面无特殊型面或呈简单曲线形(由平面与曲面构成简单曲线形体)(图 4-48)，如各种桌几的椅凳腿、扶手、望板、拉档等。

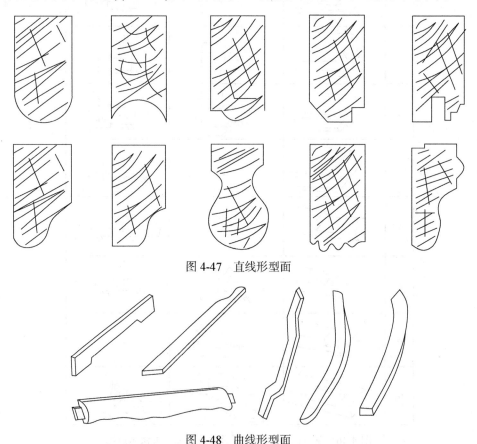

图 4-47　直线形型面

图 4-48　曲线形型面

(3) 复杂外形型面：零件纵断面和横断面均呈复杂的曲线形(由曲线与曲面构成的复杂曲线形体)(图 4-49)，如鹅冠脚、老虎脚、象鼻脚等。

(4) 回转体型面：将方、圆、多棱、球等几种几何体组合在一起，曲折多变，其基本特征是零件的横断面呈圆形或圆形开槽(图 4-50)，如各种车削或旋制的腿、脚以及柱台形、回转体零件。

(5) 宽面及板件型面：较宽零部件以及板件的边缘或表面铣削成各种线形，以达到美观的效果(图 4-51)，如镜框、镶板、果盘以及柜类的顶板、面板、旁板、门板和桌几的台面板等。

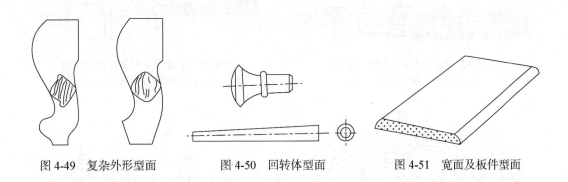

图 4-49　复杂外形型面　　　　图 4-50　回转体型面　　　　图 4-51　宽面及板件型面

2. 型面与曲面的加工工艺和设备

上述各种型面与曲面的加工，通常是在各种铣床上进行的，按照线形和型面的要求，采用不同的成型铣刀或者借助夹具、模具等来完成。根据各种零件的型面和曲面的形式不同，也可采用四面刨、仿型铣床、木工车床、普通镂铣机或数控镂铣机等进行所要求的型面与曲面的加工，现分述如下。

1) 直线形型面零件的加工及设备

(1) 四面刨或线条机：直线形型面零件主要是在四面刨或线条机上采用相应的成型铣刀进行加工的。若零件宽面上要加工型面，为保证安全并使零件放置稳固，则应在压刨或四面刨的水平刀头上安装相应的成型铣刀来加工，如图 4-52 所示。

(2) 下轴铣床(立铣)：直线形型面零件的铣型、裁门、开槽、起线等加工，也可在下轴铣床(立铣)上根据零件断面型面的形状，选择相应的成型铣刀，并调整好刀头的伸出量(刀刃相对于导尺的伸出量为需要加工型面的深度)，使工件(或夹持工件的专用夹具)沿导尺移动进行切削加工，如图 4-53 所示。

2) 曲线形型面零件的加工及设备

(1) 下轴铣床(立铣)：曲线形型面零件通常是在下轴铣床上按照线形和型面的要求，采用不同的成型铣刀或者借助于夹具、模具等来完成加工的，如图 4-54 所示。这种加工方式一般是手工进料，加工这类零件必须使用样模夹具，样模的边缘做成零件所需要的形状，此时不需要安装导尺，以方便样模自由移动。工件夹紧在样模上，使样模沿刀轴上的挡环进行铣削，即可加工出与样模边缘相同的曲线零件。挡环可以安装在刀头的上方或下方，如图 4-55 所示。当铣削尺寸较大的工件周边时，挡环最好安装在刀头上方，以保证加工质量和操作安全；当加工一般曲线形零件时，为使工件在加工时具有足够的稳定性，可以将挡环安装在刀头下方。所用挡环的半径必须小于零件要求加工曲线中最小的曲率半径，以保证挡环与样模的曲线边缘充分接触，得到要求的曲线形状。此外，加工时应尽可能地顺纹理铣削，以保证较高的加工质量；当曲率半径较小的部位或逆纹理铣削时，应适当减小进料速度，以防止产生切削劈裂。

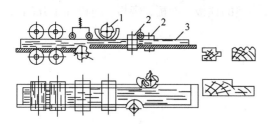

图 4-52　四面刨加工直线形型面
1. 上刨刀；2. 侧刨刀；3. 工件

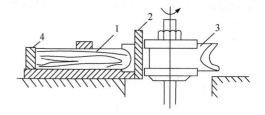

图 4-53　下轴铣床加工直线形型面
1. 工件；2. 靠模；3. 立铣刀；4. 夹具

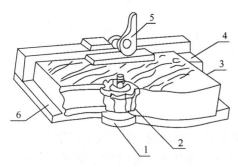

图 4-54　下轴铣床加工曲线形型面
1. 挡环；2. 成型铣刀；3. 工件；4. 挡块；
5. 夹紧装置；6. 样模

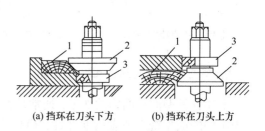

(a) 挡环在刀头下方　　(b) 挡环在刀头上方

图 4-55　下轴铣床挡环的安装
1. 工件；2. 成型铣刀；3. 挡环

　　(2) 双头下轴铣床(双立铣)：曲线形型面零件也可在双头下轴铣床(双立铣)上进行加工，双立铣是由两个转动方向相反的刀轴组成的，常用机床的两刀轴间距是固定不变的，切削加工时，将工件固定在样模上，并使样模边缘紧靠挡环移动来完成铣削，一般是手工进料。若铣削过程中出现逆纹理切削，则应立即改用双头下轴铣床的另一个转向刀头进行加工，从而实现顺纹切削，以保证较高的加工表面质量。由此可知，采用具有转动方向相反的、两个刀轴的下轴铣床，能使操作者在不用换夹具或换机床的情况下，迅速根据工件纤维方向选择顺纤维方向切削，因此切削所得的加工表面平滑，不会引起纤维劈裂，加工精度也较高，同时由于避免了再次装夹的工序，减少了装夹误差。双立铣的工作台表面带有滑槽，如果在其上面安装导尺，就能起到单头下轴铣床的作用。

　　(3) 压刨：对于整个长度上厚度一致的曲线形型面零件，在下轴铣床上加工时，既不安全，生产效率又低。因此，在加工批量较大时，可先用曲线锯锯出粗坯，然后在压刨机上采用相应的夹具加工两个弧面，如图 4-56 所示。零件的幅面可以较宽，弧线也可以较长。被加工零件的厚度要一致且弯曲度要小，并有模具配合才行。

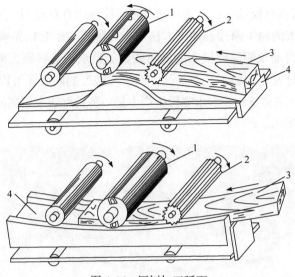

图 4-56　压刨加工弧面
1. 刀具；2. 进料辊；3. 工件；4. 样模夹具

(4) 卧式自动双轴靠模铣床：卧式自动双轴靠模铣床是生产实木桌椅、沙发和画框的专用设备，含有两个可以装配成型铣刀的刀轴(两刀轴间距可自动变化)，加工时只需将工件放在相应的模具上，一起放入两个铣刀之间，工件与样模由两个水平橡胶进料辊(可调节高度)压紧和驱动，铣刀便可依照样模形状在工件两侧同时进行铣型，加工工艺图如图 4-57 所示。该铣床主要采用样模加工，样模的形状与加工零件具有同样的线形，样模帮助成型铣刀铣削侧型面，辅助模具是为了适应弧形零件的弧度，采用辅助模具后，刀轴能始终处于弧面的法线位置，这与采用下轴铣床加工的结果完全不同，下轴铣床加工不可能使刀轴始终处于弧面的法线位置，因此铣出的边形很可能会移位。在加工时，一般先用细木工带锯配制出具有一定加工余量的弯曲形毛料，然后在压刨上利用模具加工成弯曲零件，若零件较厚，则也可采用下轴铣床加工其两个弧面，最后用该类铣床加工两个侧型面，对于采用实木弯曲或薄板胶合弯曲合成的弧形零件，也可利用该类铣床加工其两侧型面。

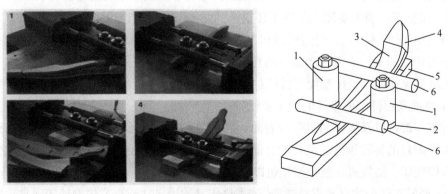

图 4-57　卧式自动双轴靠模铣床加工工艺图
1. 刀具；2. 挡环；3. 工件；4. 样模；5. 辅助模具；6. 进料辊

(5) 立式自动双侧靠模铣床：立式自动双侧靠模铣床有双轴型、四轴型、六轴型以及八轴型等，该类铣床的加工原理和加工方法与上述卧式自动双轴靠模铣床基本相同，只是各种类型的立式自动双侧靠模铣床的进料装置不是水平进料辊，而是立式(或直进式)进料架，它可以同时安装和加工几个工件，而且在铣型的同时还可以安装工件，能实现连续性铣型。目前，该类铣床在实木零件生产中是一种铣型效率较高的设备，其加工的零部件形式如图 4-58 所示。

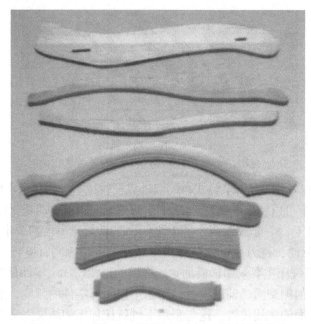

图 4-58　立式自动双侧靠模铣床加工的零部件形式

(6) 回转工作台式自动靠模铣床：对于批量较大的曲线形型面实木零件，可以采用回转工作台式自动靠模铣床进行型面铣削加工。该类铣床的加工原理和加工方法是利用工件随回转工作台(或转盘)做圆周运动，通过铣刀轴上的挡环靠紧工件下的模具完成加工的。其具体加工原理和工艺可参见宽面及板件型面零件的加工及设备部分。

(7) 镂铣机：当需要加工曲率半径很小的曲线形零件时，也可以在镂铣机(立式上轴铣床)上采用成型铣刀，并通过模具和工作台面上突出的仿型定位销(又称导向销)的导向移动进行切削加工，一般每次走刀的切削量较小，多次走刀才能完成。其具体加工原理和工艺可参见宽面及板件型面零件的加工及设备部分。

3) 宽面及板件型面零件的加工及设备

较宽零部件以及板件的边缘或表面如需铣削出各种线形和型面，如镜框、画框、镶板、柜类家具的各种板件、桌几的台面板以及椅凳的坐靠板等，一般可在回转工作台式自动靠模铣床、镂铣机、数控镂铣机以及双端铣床上加工。

(1) 回转工作台式自动靠模铣床：该类铣床又称为自动圆盘式仿型铣床或自动圆盘式仿型刨边机，属于上轴铣床，通常有 1～2 个铣刀轴。其一般主要用于实木零部件及板材的边部或外边缘铣削加工。铣削量主要由挡环半径与刀具回转半径之差决定，铣削形状由所配的刀头形状决定。回转工作台式自动靠模铣床加工曲线形零件如图 4-59 所示。在水平回转工作台上固定样模，零件安装在样模上之后，由压紧装置将它们压紧，挡环位于刀轴的下部，在气动或弹簧等压紧装置的压紧力作用下，样模的边缘紧靠挡环，随着工作台的转动，铣刀就能沿样模的曲线形状对工件进行加工。样模应随零件曲线形状的改变而更换，工件的装卸和加工可同时进行，而且一个样模上一次可安装多个零件，因此生产效率高，适用于大批量生产。

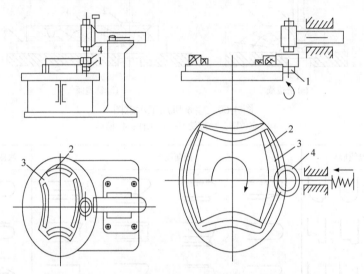

图 4-59　回转工作台式自动靠模铣床加工曲线形零件
1. 挡环；2. 工件；3. 样模；4. 刀具

　　回转工作台式自动内径靠模铣床又称自动圆盘式内径仿型铣床或自动圆盘式内径仿型刨边机，有轻型和重型两种。该类铣床属于下轴铣床，其铣削加工方法与回转工作台式自动靠模铣床基本相似，适用于实木零部件以及板材内径的铣削，如镜框、画框以及内弯零部件的加工等。

　　(2) 镂铣机：对于实木或实木拼板，其边部和中间部分的图案及线条是由上轴铣床(镂铣机)利用成型铣刀铣削而成的。镂铣机主要用于零件外形曲线、内部仿型铣削、花纹雕刻、浮雕等加工。其原理是将被加工零件与样模固定在一起，在可升降工作台面上有凸出的仿型定位销(又称导向销，一般伸出高度为 6mm)，导向销的轴线与铣刀的轴线应在同一条直线上，因此当样模边缘紧靠导向销移动时，即可加工出所需的曲线形零件。若在样模的背面(靠近导向销的一面)预先加工出符合设计要求的仿型曲线凹槽(该仿型曲线能反映被加工图案的轮廓)，使仿型曲线凹槽依靠在可升降工作台面上凸出的仿型定位销上，根据花纹的断面形状来选择端铣刀，加工时样模内边缘沿导向销移动，则可加工出多种纹样或式样的图案。镂铣机加工示意图如图 4-60 所示。图 4-61 为镂铣机加工的各种零部件。图 4-62 为镂铣机加工各种零部件时导向销的安装方法。

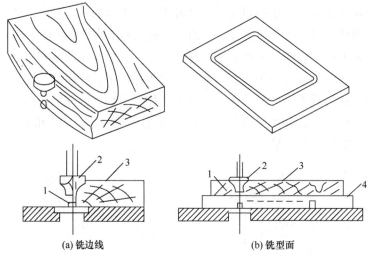

(a) 铣边线　　　　　　　　　　　(b) 铣型面

图 4-60　镂铣机加工示意图

1. 定位销；2. 端铣刀；3. 工件；4. 模具

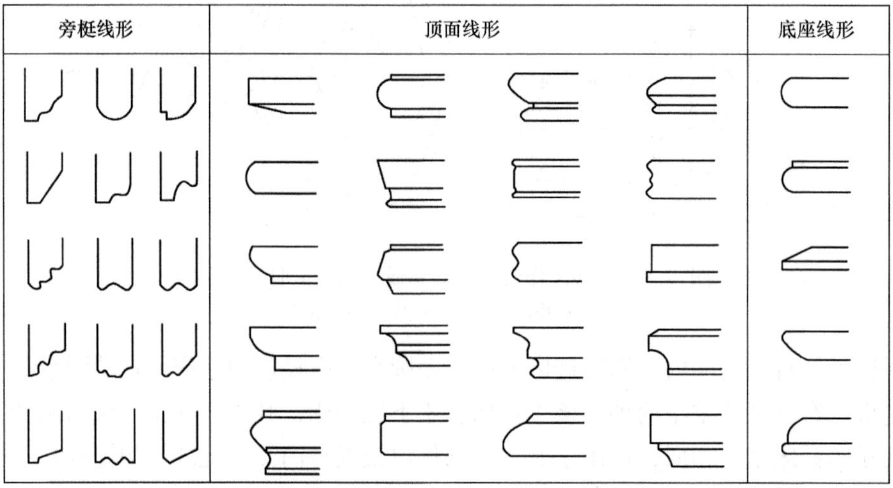

旁梃线形	顶面线形				底座线形

图 4-61　镂铣机加工的各种零部件

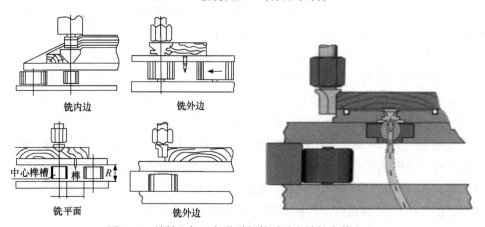

铣内边　　　　　　　　铣外边

铣平面　　　　　　　　铣外边

图 4-62　镂铣机加工各种零部件时导向销的安装方法

(3) 数控镂铣机：随着木材加工工业和科学技术的发展以及数控技术和计算机技术的应用，镂铣机在木工机械中最早采用了数控技术。镂铣机在实现数控技术后，其自动化程度、加工精度、操作性能、生产效率等都得到了进一步提高。近几年来，木质制品生产加工已开始使用多轴上轴铣床(数控镂铣机)，可以通过刀架(一般有 2～8 个刀头)的水平或垂直方向的移动、工作台的多向移动以及刀头的转动等，根据拟定的程序进行自动操作，在板件表面上加工出不同的图案与形状，既能降低工人的劳动强度，又能保证较高的加工质量。

计算机数字控制的多轴上轴铣床，即数控(NC)机床和计算机数控(CNC)机床等数控加工中心，在木质制品生产中得到了较为广泛的应用，其原因是 NC 机床或 CNC 机床数控加工中心调节速度快、辅助工作时间短、加工精度和自动化程度高，可进行铣、钻、锯、封边、砂光等全套加工，实现三维立体化生产，一机多能。NC 机床能按照工件的加工需求和人们给定的程序，自动完成立体复杂零件加工的全部工作。因此，一台 NC 机床或 CNC 机床数控木材加工中心能满足现代木质制品企业对产品多方面的加工需求，并能迅速适应设计和工艺变化的需要，如产品造型上的复杂多变、产品的快速更新、高效和高精度的加工以及小批量多品种的生产。

标准数控木材加工中心具有三个数字控制的坐标轴，它们相互正交，并可按编好的程序同步运行。数控加工中心三个直线坐标的 Z 轴为传递切削动力的主轴，X 轴为水平轴并与工件装夹面平行，Y 轴可根据 X、Z 轴的运动按右手笛卡儿坐标系加以确定。设备的总体结构受坐标运动分配不同的影响。坐标运动分配是指把数控加工中心所需要的坐标运动分配到刀具系统和工件系统中；数控木材加工中心一般可实现刀架水平 Z 轴或垂直 Y 轴方向的移动、工作台的多向移动以及刀头的转动等，也可以实现工件的装夹、进给和切削加工等。

数控机床或数控加工中心的结构主要有单臂式和龙门式等。其刀轴的排列方式通常有下面两种形式。

① 多轴平行排列(无自动换刀功能)：各铣刀轴间距固定排列，不带自动换刀功能，更换不同的刀具靠换铣刀轴来完成。其通常选用 2～12 根铣刀轴，多轴平行排列的数控加工中心如图 4-63 所示。

② 单轴或双轴刀具库排列(带自动换刀功能)：这是目前木材加工企业常用的数控加工中心，其刀具库有转塔式(常用的有单转塔型和多转塔型，每个转塔配有 4～8 个刀具，并均匀分布在其周边)、盘式(8～12 把刀具垂直均布在一圆盘周边)和链式(刀具固定在特殊链的周边)，由计算机进行自动控制和选择换刀，单轴或双轴刀具库排列的数控加工中心如图 4-64 所示。

常用的数控木材加工中心都有 2～8 个刀头，可通过计算机自动控制工件的运动、刀头的选择和自动换刀以及 CAD 程序的自动操作等，完成更为复杂的木质制品的雕刻装饰或铣型部件的加工，为雕刻和铣型工艺自动化创造了良好的条件。被加工工件通过工作台内的真空吸附作用或工作台上的夹紧装置作用，使其稳固在工作台面上，从而保证工件被正确地铣削加工。该类设备可安装锯片、铣刀、钻头、刨刀、砂轮等刀具，以便实现锯断、起槽、铣槽、雕刻、倒角、刨削、钻孔、砂光等多用途加工，图 4-65 为加工中

图 4-63　多轴平行排列的数控加工中心　　　　图 4-64　单轴或双轴刀具库排列的数控加工中心

图 4-65　加工中心实现的各种加工形式示意图

心实现的各种加工形式示意图。

(4) 双端铣床：是一种多功能的生产设备，其每侧配有多个水平或垂直刀轴，可以安装锯片、铣刀、钻头、砂光头等，进行截头、裁边、斜截、倒棱、铣型。其一般用于实木零部件的端部锯切和端部铣型等加工，使用成型铣刀(或成型砂光头)可在实木零部件的边部铣削型面或曲面，如图 4-66 所示。双端铣床也可广泛应用于地板的榫簧企口、实木门的齐边铣型、木质人造板的精截铣边等加工。

图 4-66　双端铣(砂)削型面或曲面

4) 复杂外形型面零件的加工及设备

对于纵断面和横断面均呈复杂外形型面或复杂曲线形体的零件，如鹅冠脚、老虎脚、象鼻脚、弯脚等，可在仿型铣床上进行加工。仿型铣床是铣削复杂型面木制零件的一种专用铣床，它是利用靠模或样模，通过铣刀与工件间所形成的复合相对运动来实现仿型加工的，因此又称为靠模铣床(或靠模机)。根据铣刀形状的种类、铣削加工的方向和铣削零件的形状，仿型铣床可分为以下几种。

(1) 杯形铣刀仿型铣床：采用杯形铣刀(或碗形铣刀)对工件外表面或内表面进行立体仿型铣削加工，如脚型、弯腿、鞋楦、假肢等，如图 4-67 所示。其工作原理是：按零件形状尺寸要求先做一个样模(可以是金属、木质或其他材料，要求有一定的强度和刚度，不易变形)，将仿型辊轮紧靠样模，样模和工件都绕自身轴线做同步回转运动，而安装在仿型刀架上的杯形铣刀，除了主切削运动(铣刀回转运动轴线与工件回转运动轴线平行)，仿型刀架还随仿型辊轮(沿旋转样模接触点形状的变化)一起同步摆动，使铣刀沿工件的纵向(轴线方向)和横向(半径方向)做同步进给运动，仿型辊轮滚过样模的过程即铣刀同步铣削的过程，从而将工件加工成与样模形状、尺寸都完全相同的复制品。

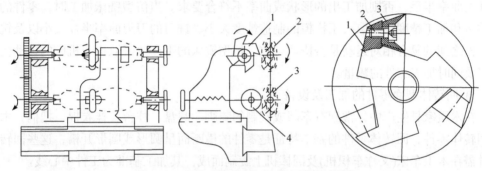

图 4-67　在仿型铣床上加工复杂形状的零件
1. 杯形铣刀；2. 工件；3. 样模；4. 仿型辊轮

有些杯形铣刀仿型铣床还带有砂光装置，在铣刀铣削成型后可对型面进行砂光处理。根据被铣削工件的排列形式不同，杯形铣刀仿型铣床有立式和卧式两种。其刀架上一般装有 2 个以上(立式多为 3～6 个，卧式多为 4～16 个)铣刀头(直径为 100～250mm)，每个铣刀头上都安装 3 个杯形铣刀(刀刃圆弧直径为 26mm 或 40mm)，一次可同时铣削多个零件(加工直径通常为 75～250mm，加工长度通常为 130～800mm)。

(2) 柱形铣刀仿型铣床：利用各种圆柱形雕刻铣刀(端铣刀)，既可对工件外表面进行立体仿型铣削加工，也可根据样模形状在板状工件的表面上铣削出各种不同花纹图案或比较复杂的型面(表面仿型铣削)等，通常又称为仿型雕花机。

柱形铣刀仿型铣床与杯形铣刀仿型铣床的区别是柱形铣刀仿型铣床采用柱形铣刀和仿型销针代替杯形铣刀和仿型辊轮，柱形铣刀仿型铣床的铣刀回转运动轴线与工件回转运动轴线垂直，除此之外，其工作原理与杯形铣刀仿型铣床基本相同。仿型雕花机有手动铣削和自动铣削加工两种类型，手动仿型雕花机可以安装 3～16 个铣刀同时进行加工(图 4-68)，自动仿型雕花机最多可同时加工 36 个工件。

仿型铣床的操作方法是调整好样模及工件之间的相互回转位置，并用顶尖或卡轴顶紧、固定，以保证样模和工件同步回转，实现正常回转铣削。加工完毕后，应先进行铣

图 4-68　手动仿型雕花机表面及其立体加工

刀复位，然后退回顶尖或卡轴，最后卸取工件。

仿型铣床所能加工零件的形状受仿型辊轮(或仿型销针)曲率半径的影响，同时也受加工时杯形铣刀(或柱形铣刀)的刀刃曲率半径影响，换言之，被加工曲线的曲率半径要大于仿型辊轮(或仿型销针)的曲率半径，杯形铣刀(或柱形铣刀)的刀刃曲率半径要小于被加工曲线的曲率半径，否则加工出的形状或曲率不符合要求。当仿型铣床加工时，零件的加工质量和加工精度主要取决于样模的制造精度大小、铣刀的刀刃曲率半径大小以及铣刀与工件之间的复合相对运动是否协调一致。仿型铣床的生产效率取决于机床的自动化程度以及同时加工工件的数量。

5) 回转体型面零件的加工及设备

在木质家具生产中，常配有车削或旋制的腿脚、圆盘、柱台、挂衣棍、把柄、木珠等回转体零件，回转体零件的基本特征是零件的横断面呈圆形或圆形开槽，这些回转体零件需在木工车床(又称车枳机)及圆棒机上旋制而成，其加工基准为工件中心线。

在木工车床上车削时，工件(断面为方形或圆形的毛料)做旋转运动，刀具做进给运动，加工而成的零件可以是各种形状(等断面、变断面或表面有槽纹)的回转体；在圆棒机上车削时，则是将断面为方形的毛料连续不断地通过高速旋转的空心刀头，毛料(工件)做进给运动，刀具做旋转运动，加工而成的零件只能是单纯的等断面圆棒。

(1) 木工车床：用途广泛，类型较多，结构上的复杂程度差异较大。其按用途不同可分为普通车床、仿型车床、花盘车床、专用车床等四个类型。

① 普通车床：又称中心式车床，如图 4-69(a)和(b)所示，它是具有托架以及手动(或机械)纵向进给的中心车床。

② 仿型车床：又称靠模车床，如图 4-69(c)所示，刀架沿靠模(模板)的外形在丝杆机构推动下做平行于工件轴线的纵向进给运动，同时在弹簧力的作用下使仿型辊轮紧靠模板曲线，实现车刀的横向进给运动，从而车出与模板轮廓相同的零件，因此也称为半自动仿型车床。

③ 花盘车床：有三种形式，第一种是具有凹槽花盘并带有手动(或机械)纵向进给刀架或托架的车床，如图 4-69(d)所示；第二种是在普通车床端部装有花盘和单独手动刀架的车床，如图 4-69(e)所示；第三种是具有机械纵向和横向进给刀架的重型车床，适用于车削加工大型零件，如图 4-69(f)所示。

④ 专用车床：可分为半自动或自动车床，配有各种成型车刀专用刀架，由手动或机械进给以及专用的装料机构和凸轮控制机构完成工件进料，适用于大批量生产。其有三

种形式，第一种是具有成型单刀专用刀架的车床，如图 4-69(g)所示；第二种是具有组合成型车刀专用刀架的车床，通常称为背刀式车床，如图 4-69(h)所示；第三种是具有多成型车刀专用刀架的车床，如图 4-69(i)所示。

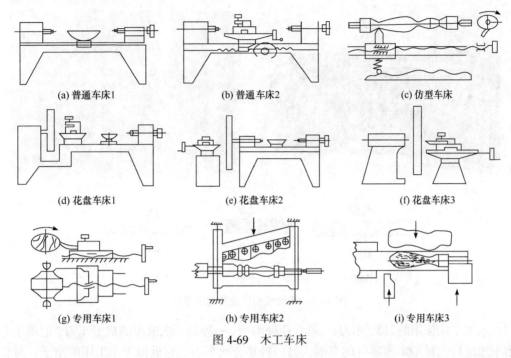

(a) 普通车床1　　　　　　　　(b) 普通车床2　　　　　　　　(c) 仿型车床

(d) 花盘车床1　　　　　　　　(e) 花盘车床2　　　　　　　　(f) 花盘车床3

(g) 专用车床1　　　　　　　　(h) 专用车床2　　　　　　　　(i) 专用车床3

图 4-69　木工车床

普通车床可以加工回转体零件，但很有可能加工出的产品外形与设计有一定的误差，批量生产时在形状上不容易做到完全一致，这是因为形状及加工精度主要取决于操作者的水平及熟练程度。

采用背刀式车床、仿型车床以及现代数控车床可以非常准确地加工出与设计相同的零件，批量生产也能做到完全一致。背刀式车床的加工精度高，主要是因为仿型刀架上的触针沿靠模(模板)曲线移动比较灵敏，能完成复杂外形零件的精确车削，其第一步是粗车，第二步是利用精车刀精车(得到预定的形状与尺寸)，可根据形状的不同自动调节进料速度。背刀式车床的背刀刀架上装有组合式车刀，能在最后精细修整零件表面，从而得到最理想的表面粗糙度，图 4-70 为自动背刀式车床及其车削零件。

图 4-70　自动背刀式车床及其车削零件

在车削回转体零件时，为了提高回转体零件表面的装饰效果，需要在其表面上车削出直线或螺纹状等各种槽纹，一般常采用槽纹(直线及螺纹)成型机(又称打沟机或打槽机)，槽纹成型机及其加工零件如图 4-71 所示。

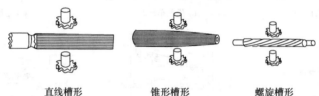

直线槽形　　　　　　锥形槽形　　　　　　螺旋槽形

图 4-71　槽纹成型机及其加工零件

木工车床使用的刀具(车刀)一般有两种类型，一种是一次成型的成型车刀，适用于专用车床进行大批量定型零件的车削，另一种是普通车刀，它近似于木工用的凿子，身长柄短。为了能够在工件上加工出各种线形，普通车刀的种类较多，规格不一，一般以楔形体为基本切削刃，图 4-72 为几种常见的普通木工车刀，图 4-73 为车刀使用示意图。

下面介绍不同车刀的用途。

① 圆刀：又称粗削刀，粗车用。

② 方刀：又称平口刀，车制方槽或凹进的平直部分及直角。

③ 分割刀：割削已经车削完毕的工件或细车工件上的深凹及槽沟部分。

④ 斜刀：又称切刀，细车用。

⑤ 圆头刀：又称圆角刀，车削大小圆槽。

⑥ 尖头刀：又称菱形刀，车削工件两边倾斜的凹槽或在工件表面上起线。

⑦ 右撇刀：车削工件左边的斜面和内圆。

⑧ 左撇刀：车削工件右边的斜面和内圆。

车削有两种基本方法，即割削和刮削。割削刀具包括圆头刀、斜刀、分割刀、左撇刀、右撇刀，刮削刀具包括圆刀、方刀、尖头刀。各种割削刀具也可作为刮削刀具。割削时，木材外部被割成刨片而脱落，刀具呈某种角度，比刮削速度快，材面较为光滑，但需要较熟练的技术；刮削时，刀具切入木材中，木材被刮成碎片而脱落，刀具近于水平，操作简单，但材面较为粗糙，需要大量砂磨。木工车床的基本操作方法如下。

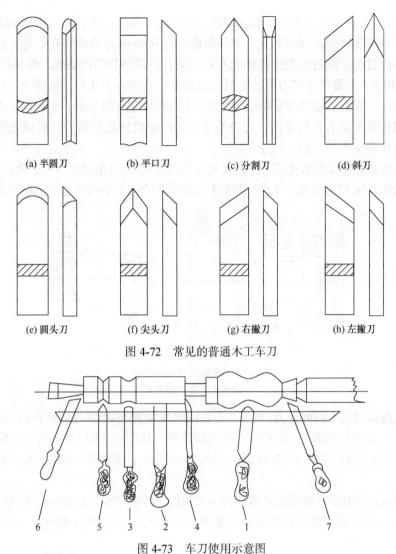

图 4-72　常见的普通木工车刀

(a) 半圆刀　(b) 平口刀　(c) 分割刀　(d) 斜刀

(e) 圆头刀　(f) 尖头刀　(g) 右撇刀　(h) 左撇刀

图 4-73　车刀使用示意图

1. 圆刀；2. 方刀；3. 圆头刀；4. 斜刀；5. 尖头刀；6. 右撇刀；7. 左撇刀

① 做好工件定位：将毛料的棱角切掉，使之具有粗略的相似形状，然后将工件装夹在车床上，使工件的轴线与水平方向平行，并保证工件稳固于顶尖之间。

② 调整刀架位置：工件定位后，要根据工件的大小调整刀架的位置，刀架平行于工件。工件与刀架的间距应在不妨碍工件旋转的前提下，尽量小些为宜(一般为 3～5mm)。使用车刀要以工件的大小和刀架的高低随时调整，一般工件直径小于 50mm 时，车刀在刀架上的高度应与工件中心轴线呈水平；工件直径较大时，车刀高度应高于工件的中心轴线。车刀位置过低将会阻碍工件回转，甚至造成工件从车床飞出。

③ 工件成型车削：正确握持车刀或刀架，根据车削情况，随时调整车刀的切削角度、切削压力和移动速度。粗车时，一次吃刀量不宜过大，凹度较大时应分多次车削，每次吃刀量为 2～5mm；细车时，每次吃刀量不大于 0.8mm。

④ 工件表面砂光：当工件车削成型后，为了使工件表面光洁，常用 0#或旧砂纸(布)进行磨光。车削零件表面如需砂光，则一般应留有 0.3mm 左右的砂光余量。砂光时使用砂纸压力不应过大，同时应沿工件轴向左右移动，以得到均匀的砂光，保证质量。

(2) 圆棒机：主要用于将方形的毛料通过高速回转空心刀头的中间圆孔，加工成圆柱形表面的零件。所加工的圆棒零件在长度方向上既可以是直线形的，也可以是曲线形的。

圆棒机按其进给方式的不同，可分为手工进给和机械进给两类，机械进给圆棒机比手工进给圆棒机生产效率高、安全性好。

圆棒机按其旋转刀头结构的不同，又可分为固定式刀头(在固定刀头上装有 1～4 把刀片)圆棒机(图 4-74)和可调式刀头(可根据加工圆棒直径的大小调节刀片的位置)圆棒机。

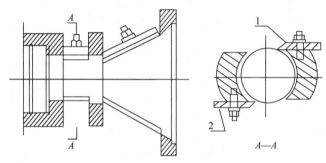

图 4-74　固定式刀头圆棒机
1. 旋转刀 1；2. 旋转刀 2

圆棒机按其用途不同可分为：加工一定直径的直线(圆柱)形零件的圆棒机，如图 4-75(a)所示；加工一定直径的曲线(弯曲)形零件的圆棒机，如图 4-75(b)和(c)所示；将零件端部加工成锥形的圆棒机，如图 4-75(d)所示；将零件端部加工成半圆形的圆棒机，如图 4-75(e)所示。

加工圆弧(弯曲)形零件的圆棒机多为手工进给，装有切削刀头的空心主轴内腔按照工艺要求制成一定曲率半径，内腔各点为非圆心，如图 4-75(b)和(c)所示，工作时，毛料

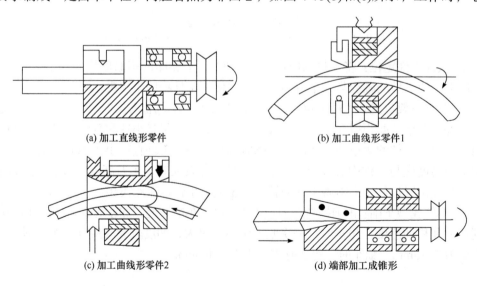

(a) 加工直线形零件　　　(b) 加工曲线形零件1
(c) 加工曲线形零件2　　　(d) 端部加工成锥形

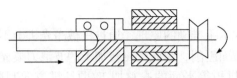

(e) 端部加工成半圆形

图 4-75　圆棒机及其加工零件示意图

靠已加工表面作为自身的基准支承面，绕曲内腔表面移动，加工出所需要的曲线形圆棒。

图 4-76 为加工直线圆棒的圆棒机。空心主轴 1 上安装车削刀片，前进给滚轮 2 为 90° 的槽形，夹持方料进给，后进给滚轮 3 为半圆形，电机 4 经过皮带 5 带动空心主轴高速旋转，进给电机 6 经过皮带、齿轮链条等使前、后进给滚轮运转，托架 7 支承引导毛料对前进给滚轮送料，所有部件都安装在床身 8 上。

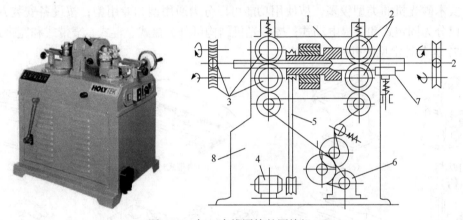

图 4-76　加工直线圆棒的圆棒机

当圆棒零件表面需要加工螺旋槽纹时，可以采用圆棒机先加工出圆棒，然后滚压出螺旋纹，也可以采用圆棒螺旋机进行加工，将圆柱形零件一分为二，作为木质制品的装饰线条等。

4.3.5　表面修整与砂光

1. 表面修整加工的目的

实木零部件经过刨削、铣削等切削加工后，由于刀具的安装精度和锋利程度、工艺系统的弹性变形、加工时的机床振动以及加工搬运过程中表面污染等影响，会在工件表面上留下微小的凹凸不平，或在开榫、打眼的过程中使工件表面出现撕裂、毛刺、压痕、木屑、灰尘和油污等，而且工件表面的光洁度一般只能达到粗光的要求。为使零部件形状尺寸正确、表面光洁，在尺寸与形状加工之后，还必须进行表面修整加工，以除去各种不平度，减少尺寸偏差，降低粗糙度，达到油漆涂饰与装饰表面的要求(细光或精光程度)。

2. 表面修整加工的工艺与设备

表面修整加工通常采用表面净光(刮光)和表面砂光(磨光)两种方法。

1) 表面净光

表面净光是采用木工手推刨的原理,通过机械净光机上不做旋转运动的刀具与工件做相对直线运动进行表面刨削,因此无旋转加工的波浪刀痕光洁度高,又称表面刮光。其主要适用于方材、拼板等平面的修整加工(顺纤维方向刮削,每次刮削厚度不大于0.15mm),不适用于曲线、异型以及胶贴零部件的加工,目前在木质制品生产过程中基本上被砂光所替代。表面净光加工的设备主要是净光机(又称刮光机、光刨机、刨光机),常见的有周期式净光机和通过式净光机两种。

2) 表面砂光

表面砂光是利用砂带(或砂纸)上的无数个砂粒(每一颗砂粒就像一把小切刀)在木材表面上磨去刀痕、毛刺、污垢以及凹凸不平等,使工件表面光洁。因此,砂带(或砂纸)是一种多刃磨削工具。表面砂光常采用各种类型的砂光机进行砂光处理。

实木砂光机的类型较多,按使用功能可以分为通用型和专用型;按设备安装方式不同可以分为固定式和手提电动式;按砂光机结构可分为盘式、辊式、窄带式和宽带式等。图 4-77 为各种常见的砂光机示意图。

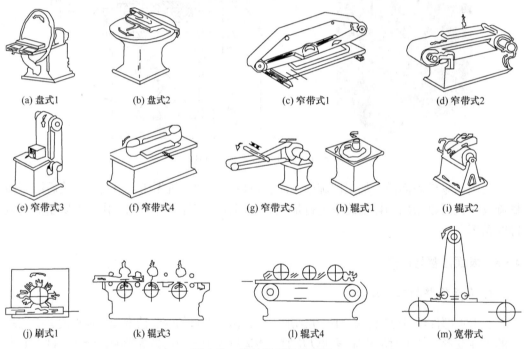

图 4-77　常见砂光机示意图

(1) 盘式砂光机:如图 4-77(a)和(b)所示,加工时,磨盘上各点的转动速度不同,中心点速度为零、边缘速度最大,因此磨削不均匀,只适用于砂削表面较小的零部件,在实际生产中,常用于零部件的端部及角部等处砂光,特别是在实木椅子生产中,常使用水平盘式砂光机对椅子装配后腿部进行校平砂光。

(2) 辊式砂光机:图 4-77(h)和(i)为单辊式砂光机,在砂光时,通过砂光辊(或短带式中的砂光辊)进行砂削,其砂削面近似于圆弧,适用于圆柱形、曲线形和环状零部件的内表面以及直线形零部件的边部砂光，而不适用于零部件大面的砂光；图 4-77(k)和(l)为三辊式砂光机，砂辊工作时除了转动砂削零件，还可往复运动，提高砂光质量。

(3) 窄带式砂光机：如图 4-77(c)～(g)所示，砂带的砂削面是平面，因此适用于工件大面和削面的砂光。

上带式砂光机虽然生产效率低，但使用灵活，尤其在砂磨胶贴零件时，可以随时根据表面情况调整压力，并及时检查砂光质量，如图 4-77(c)所示；下带式砂光机和垂直立带式砂光机适用于砂削宽板的边缘和窄、小零件，如图 4-77(d)和(e)所示；自由带式砂光机适用于砂光圆柱形零件，如图 4-77(f)所示。

(4) 宽带式砂光机：是一种高效率、高质量的砂光机。按砂架的数量可分为单砂架砂光机、双砂架砂光机和多砂架砂光机等；按砂带与传送带相对位置的不同，可分为上砂架砂光机、下砂架砂光机和双面砂架砂光机以及带有横向砂架的砂光机等；按结构的不同，可分为轻型砂光机、中型砂光机和重型砂光机。宽带式砂光机在木质制品企业中应用比较广泛，主要用于大幅面板材零部件的定厚砂光和表面砂光，定厚砂光既能使被砂零件表面光滑，同时也能保证被砂零件的厚度比较均匀一致，达到规定的厚度公差，表面砂光主要使被砂零件表面光滑。为了得到高质量的砂光表面，有些宽带式砂光机配有气囊式或琴键式砂光压垫，以适应各种形状、型面和不同厚度、凹面或中间镂空等工件的砂光，不会在砂光工件的边缘砂成倒棱。

(5) 其他专用砂光机：在木质制品生产中，由于零部件形状的特殊要求，经常使用专用砂光机来砂削这类工件，既要保持其形状，又要使其复杂的表面光滑，如自动单带或双带直线圆棒砂光机、自动带式曲线不规则圆棒砂光机、单立辊或双立辊棒刷式砂光机，它们可以用于曲率半径小而型面较复杂的零部件或零部件边部型面的砂光。

在实木制品生产中，零部件的形状差别较大，因此需要使用不同结构和类型的砂光机进行砂光，以满足各种类型零部件的加工。木质零部件的砂光是利用磨料切削木材表面的过程，其砂光质量取决于磨具的特性、磨料(砂粒)粒度、磨削方向、磨削速度、进料速度、压力以及木材性质等。

在木质制品生产中，使用最多的磨具是砂带(纸)。砂带常见形式有带式、宽带式、盘状(片状)、卷状及页状等。砂带是由基材、胶黏剂和磨料(砂粒)三部分组成的。基材主要采用棉布、纸、聚酯布和纤维纸；胶黏剂主要采用动物胶和树脂胶(部分树脂胶、全树脂胶和耐水型树脂胶)；磨料主要由人造刚玉(棕刚玉、白刚玉、黑刚玉、锆刚玉等，又称氧化铝)、人造碳化硅(黑碳化硅、绿碳化硅等)、玻璃砂等组成。

一般磨料(砂粒)越粗，其粒度(目数)越小(砂带号越大)，砂削量随之增大，生产效率越高，能较快地从工件表面磨去一层木材，但被砂光表面较粗糙；反之，磨料越细，其粒度越大(砂带号越小)，生产效率越低，但砂光后的表面越光洁。因此，应根据零部件表面质量要求来选择磨料粒度号或砂带号。常用砂带(纸)号与砂带粒度号如表 4-2 所示。一般在砂削实木工件、外露零部件的正面精光时，如面板、门板等，应用 0 号或 1 号砂带(纸)进行精砂；工件表面为细光时，如旁板等，可用 1 号或 $1\frac{1}{2}$ 号砂带(纸)进行细砂；工件表面要求不高时，如腿脚、挡料等，可用 $1\frac{1}{2}$ 号或 2 号砂带(纸)进行粗砂。为了提高生产效率和保证砂光质量，可采用二次砂光，即先粗砂后细砂，如常见的宽带砂光机为三砂架，各砂架是按砂带先粗后细排列的。一般来说，材质松软的工件可选用号数较小的砂带(纸)，反之，应选择号数较大的砂带(纸)，例如，中等硬度的木材选用 1 号砂带(纸)，硬材则选用 $1\frac{1}{2}$ 号或 2 号砂带(纸)。一般应采用顺木纤维方向砂光，若采用横木纤维方向砂光，则砂粒会把木纤维割断，从而在零件表面留下横向条痕。但对于较宽的板面如全都是顺纤维砂光，也不易将表面全部砂光磨平，因此应横向和纵向砂光配合进行，先横向后纵向，从而将表面砂光磨平。目前所用的宽带砂光机一般采用砂架轻微摆动，且砂带在轴向窜动，其目的是先横后纵进行砂光，提高砂光质量，防止跑偏、滑脱，以得到既平整、又光洁的表面。

表 4-2　常用砂带(纸)号与砂带粒度号

名称	代号				
砂带粒度	120	100	80	60	40
砂带(纸)	0	1	$1\frac{1}{2}$	2	$2\frac{1}{2}$

砂光机的砂削速度与进料速度是相关联的因素。在进料速度一定的情况下，砂削速度的提高有利于提高零件表面质量；当砂削速度一定时，提高进料速度虽然有利于提高生产效率，但是不利于提高零件表面质量。

砂光机的砂带对零件表面单位压力的大小直接影响砂光的砂削量，压力过大，会使砂粒过度地压入木材，砂削量就越大，留在零件表面的磨痕或沟纹也越深，表面也就越粗糙；但压力过小，会降低生产效率。一般硬材有利于其表面砂光，在相同条件下，硬材砂光后的表面较软材光洁。因此，应进行砂光才能达到零部件表面光洁的要求，有时砂光也用来倒棱角或加工有些型面的曲线。

4.4　夹　　具

在进行各种切削加工时，为了使工件在机床上能迅速正确地被定位和夹紧，扩大机床的使用范围，而使用一些附加在机床上的工艺设备，这些附加设备称为夹具。

1. 夹具的作用与分类

1) 夹具的作用
夹具的作用有以下几点：
(1) 保证零件的加工精度；
(2) 有利于提高机床的生产效率和降低产品成本；
(3) 扩大机床的工艺范围；

(4) 有利于组织流水线生产；

(5) 减轻工人劳动强度，使操作更方便、更安全、更有效。

2) 夹具的分类

夹具的分类按使用范围，可分为通用夹具和专用夹具两类。

(1) 通用夹具：通用夹具适用于各种不同尺寸工件的加工，如导尺、分度盘等。这类夹具是作为机床附件与机床配套的。

(2) 专用夹具：专用夹具是专门为某一工件或一组工件在某一规定工序中进行加工而设计的，如在铣床上加工弯曲零件必须采用专用夹具，这种夹具往往只适用于该零件此种工序的加工而不适用于其他工序的加工。专用夹具一般由工厂根据加工要求自行设计制作，通常说的夹具主要就是指专用夹具。

2. 夹具的组成

夹具通常由定位机构、夹紧机构、夹具体和导向机构组成。其中，定位机构、夹紧机构和夹具体是任何一种夹具都必须具备的机构，而导向机构需要根据夹具的具体作用来决定其取舍。

(1) 定位机构：定位机构是夹具与工件定位基准直接接触，并确定工件在夹具中正确位置的一种装置。例如，在单面开榫机上加工工件两端的榫头时，采用如图 4-78 所示的端面挡板作为定位机构，保证两榫肩之间的尺寸精度。当加工第一端时，采用固定挡板作为定位机构；当加工第二端时，采用活动挡板作为定位机构，为保证两榫肩之间的尺寸精度，用已加工好的第一端榫肩作为基准进行定位。

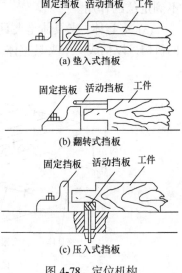

图 4-78 定位机构

(2) 夹紧机构：工件在夹具上定位之后，必须使用夹紧机构把工件夹紧，以防止加工时工件在切削力等作用下产生位移。因此，夹紧机构是夹具中必不可少的重要组成部分。

在木质制品零件机械加工中，夹具上常用的夹紧机构有杠杆夹紧机构、螺旋夹紧机构、偏心夹紧机构、气(液)压夹紧机构和电磁夹紧机构等，如图 4-79 所示。

有的夹具，其中的夹紧机构本身就自然形成了定位，虽然没有明显的定位机构，但夹紧机构本身也起到了定位机构的作用；相反，若没有夹紧机构，则定位机构也起

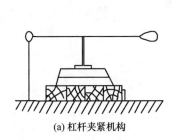

(a) 杠杆夹紧机构

(b) 螺旋夹紧机构

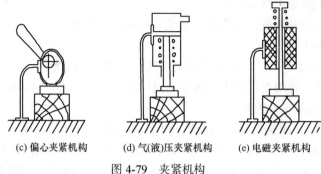

(c) 偏心夹紧机构　　　(d) 气(液)压夹紧机构　　　(e) 电磁夹紧机构

图 4-79　夹紧机构

不到定位的作用。

(3) 夹具体：夹具体是夹具中的基本部分，用来联系并固定定位机构、夹紧机构和导向机构，以构成一个夹具整体。图 4-80 为直角箱榫开榫夹具示意图。

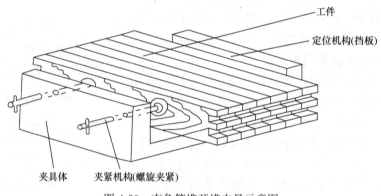

图 4-80　直角箱榫开榫夹具示意图

工件的定位精度和夹具体本身的精度有直接关系。夹具体应该满足以下要求：①保证工件的定位精度；②结构简单、紧凑、体轻，利于装卸和操作；③在机床上安放要稳定和安全。

(4) 导向机构：导向机构是引导并使工件与刀具之间保持正确的位置和方向，如钻套、镗套等。

习　题

1. 简述配料的方法有哪些，各有什么特点。
2. 什么是粗加工？什么是净料加工？
3. 加工余量与木材损失有何关系？
4. 锯材基准面加工的设备有哪些？
5. 夹具的作用是什么？

第5章 板式零部件加工工艺

板式木质制品是以人造板材或集成材为主要原料，采用连接件和圆榫接合，由现代板式五金配件组成的、功能各异的木质制品。

板式零部件具有翘曲变形小，尺寸稳定，便于实现产品的机械化、连续化、自动化生产等优点。用板式零部件构成的产品比实木制品木材消耗少、生产周期短、拆装运输方便、成本低廉。因此，在家具和木质制品生产中，板式零部件制品不仅用于板式制品，也可以用于实木框式制品、美式家具制品等其他类型木质制品中，作为木质制品的大幅面部件，如桌面板、柜类的侧板、门肚(池)板、床头板等。

在箱、橱、柜以及桌台类制品的零部件，包括拆装式结构(KD)、待装式结构(RTA)、易装式结构(ETA)、自装式结构(DIY)等木质制品的设计、生产加工过程中，建立了标准化的32mm系统，便于零部件的拆装和互换。

现在的板式木质制品除了人造板材，也可以添加实木拼板、塑料、石材、皮革、竹藤、纺织品等材料。板式木质制品根据板材的结构可分为空心板和实心板。

5.1 空心板的制备

5.1.1 空心板概念

空心板是由覆面材料和轻质芯层材料(空心芯板)组成的空心复合结构板材。轻质芯层材料由框架、空心填料组成。轻质芯层材料的一面或两面使用胶合板、硬质纤维薄板或人造板的装饰板等覆面材料胶压制成的空心板称为包镶板(一面胶压覆面的为单包镶，两面胶压覆面的为双包镶)。制作空心板框架的材料主要有实木板、刨花板、中密度纤维板、多层胶合板等，空心填料主要有木板条、胶合板条、纤维板条、牛皮纸等，可以将它们制成方格形、网格形、蜂窝形、波纹形、瓦楞形、圆盘形等。

5.1.2 空心板结构

空心板结构是典型的对称结构，主要目的是保证空心板的稳定性、减少变形。空心板有三层结构，即正面板、芯层板和背面板。通常根据芯层板填充材料的不同而命名，例如，蜂窝板就是芯层板填充材料为蜂窝纸，聚氨酯(PU)发泡板的芯层板填充材料为PU发泡空心材料等，木条、波纹单板、方格状单板等也常作为填充材料。

正面板与背面板均属于表层板，通常由单层或多层材料构成。若表层板为二层结构，则该层由装饰层和次表层板组成。装饰层通常为木皮，高档木质制品采用正、背木皮同质；次表层板通常为中密度纤维板(MDF)或高密度纤维板(HDF)，也可以采用多层胶合板。MDF或HDF厚度通常为3mm、5mm、9mm、13mm，起防止空心板面不平整的作用。

芯层板通常是由木条、MDF或刨花板构成的框架。芯层框架可采用榫接合、气钉或热熔胶等方式连接，其中采用气钉连接最为普遍，但是在空心板定尺寸加工时，易出现锯切气钉的现象，会损坏锯片或增加锯片的磨损。采用热熔胶连接空心板框架比较适合现代板式产品的生产，热熔胶材料主要为聚氨酯，固化时间可调。

5.1.3　空心板制备工艺

空心板制备工艺包括边框制作、空心填料制作和覆面工艺。

1. 边框制作

边框材料可用木材、刨花板或中密度纤维板。实木边框要用同一树种的木材，宽度不宜过大，以免翘曲变形。边框的接合方式有直角榫接合、榫槽接合和"冂"形钉接合等。

直角榫接合的木框牢固，但需在装成木框后刨平，以去除榫接合方材间厚度上的偏差。榫槽接合的木框刚度较差，但加工方便，只需要在纵向方材上开槽，不需要再刨平木框，可直接组框配坯。"冂"形钉接合边框最为简便，经刨削、锯截加工出纵、横方材，用扣钉枪钉成框架。当采用刨花板或中密度纤维板制作框架时，先锯成条状，再精截，最后用"冂"形钉组框即可。

2. 空心填料制作

(1) 栅状空心填料(图5-1)：用条状材料(如木条、刨花板条、中密度纤维板条等)作为框架内撑挡，与边框纵向方材间用"冂"形钉或榫槽接合，组成栅状结构。

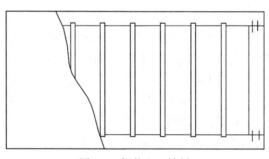

图 5-1　栅状空心填料

(2) 格状空心填料(图5-2)：用木条、单板条、胶合板条、纤维板条等在多片锯上开成深度为板条宽的 1/2 切口，然后将切好口的板条交错插合制成方格状框架，其中板条宽度与木框厚度相等，长度、宽度与边框内腔相对应，再放入木框中组成空心板芯层，最后贴上表层板，即加工成空心覆面板。这种结构要注意格状空隙的间距不可超过表层覆面材料厚度的 20 倍，以防止格状空隙的间距太大造成覆面板表面凹陷。

(3) 蜂窝状空心填料(图5-3)：以牛皮纸或草浆纸作为原料，制成可拉伸成排列整齐、大小相等的六角形蜂窝状纸格，把蜂窝状纸格拉伸后填入木框，注意纸格在木框内拉伸到位，空格面积均匀，而且纸格的厚度应比木框厚度大 2.6~3.2mm，以确保压制覆面板时有充分的接触面积，从而提高接合强度。对于纸质较软的牛皮纸，它们的厚度差可适当放大些。组坯时，将表背板的反面涂上胶，再将表背板分别粘贴到木框上。

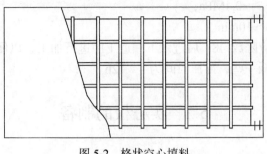

图 5-2　格状空心填料

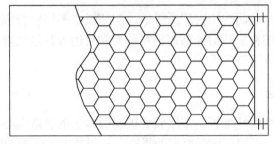

图 5-3　蜂窝状空心填料

3. 覆面工艺

空心板的覆面材料有很多种，最常用的有胶合板、硬质纤维板、刨花板、装饰板等薄板材料。空心板表面的覆面材料主要有两个作用：①加固结构(将芯层材料中的周边框架与空心填料纵、横向连接固定，提高板材的强度和刚度)；②表面装饰(覆面材料本身可以具有多种装饰效果)。

覆面材料的选择要根据空心板的用途和芯层结构来确定。在板式零部件的制作中，覆面材料多采用薄型胶合板或薄型中密度纤维板。但在一些质量要求比较高的产品中，覆面材料不可太薄，否则从覆面板的表面能隐约看出里面芯层材料的框架结构，给人一种板面不平整的感觉。另外，桌面、台面等面板需要用五层以上胶合板、厚的中密度纤维板或厚刨花板覆面，以提高其表面板材的力学性能。若空心板采用蜂窝状、网状或波状空心填料作为芯层，则覆面材料也用厚板；或者将覆面材料分为两层，内层为中厚板，外表层贴刨切薄木，两层纤维方向互相垂直，既省工，又省料。

蜂窝纸空心板是应用最普遍的空心板，企业可根据产品要求自制空心板，因此蜂窝纸空心板制造工艺为典型空心板制造工艺。下面介绍蜂窝纸空心板的覆面工艺。

蜂窝纸空心板的制造工艺，根据胶合加热方式可分为热压工艺、冷压工艺和热压冷压联合工艺，根据胶合次数可分为一次胶合和多次胶合两种，常见的加热方式有传导加热和高频加热两种。加热生产效率高，但是容易引起应力不平衡，即热压后板材容易变形；冷压时间较长，但是产生应力较小，即板件不容易变形。

格状空心板的热压覆面胶合工艺参数如下：

(1) 加热温度为 100～130℃；

(2) 单位压力为 0.3～0.4MPa；

(3) 加压时间为 8～10min。

热压后的零部件应陈放 48h 后进入下一道工序进行加工，以便应力均衡。冷压的压力可以较热压的压力低一些，冷压时间为 4～12h。

5.2　实心板的制备

5.2.1　实心板概念

实心板主要指由未贴面的中密度纤维板、刨花板、多层胶合板、细木工板等人造板材加工而成的零件毛坯料，然后经贴面材料贴面和封边等其他处理得到的板材，其中刨花板、中密度纤维板应用最广泛。

5.2.2　实心板制备工艺

采用刨花板、中密度纤维板、多层胶合板及细木工板制造实心板，工艺简单，先将大幅面板材定厚砂光，再锯切成所要求的规格。其制备工艺流程如图 5-4 所示。

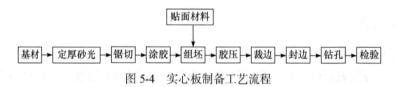

图 5-4　实心板制备工艺流程

(1) 基材：中密度纤维板、刨花板、多层胶合板、集成板、细木工板等人造板材料。

(2) 定厚砂光：细木工板、多层胶合板不需要砂光，采用刨花板、中密度纤维板作为基材，其厚度尺寸总有偏差，往往不符合饰面的要求，因此生产中设有定厚砂光工序，其目的就是对素板板材厚度进行校正，否则在覆贴时会出现压力不均、表面不平和贴面材料胶合不牢的现象，影响板式零部件的质量。

定厚砂光用精密砂光机完成，基材砂光前的厚度偏差应控制在±0.3mm，砂光后应降到工艺要求的厚度偏差(±0.1mm)。

砂光一般采用宽带式砂光机，按砂架的多少可分为单砂架和多砂架。

三砂架宽带式砂光机的砂光速度可达 100m/min，板的进给速度为 18～60m/min，压力为 0.07～0.14MPa，可根据需要采用二道或三道砂光流程。一般第一道工序为粗砂，也称为定厚砂削，砂带粒度号取 40#～60#，砂削余量(双面，下同)为 0.5～0.8mm；第二道工序为细砂，砂带粒度号取 60#～80#，砂削余量为 0.4～0.7mm；第三道工序为精砂，砂带粒度号取 100#～120#，要求高时可选 150#～180#，砂削余量为 0.10～0.13mm。砂光后，18mm 的制品厚度偏差要求达到±0.1mm。砂光机的砂削量与进给速度、砂带粒度等因素有关(表 5-1)。

表 5-1　进给速度、砂带粒度与砂削量的关系

砂带粒度号	不同进给速度下的砂削量/mm			
	15m/min	30m/min	46m/min	61m/min
40#	1.27	0.64	0.51	0.38
50#	1.02	0.51	0.41	0.30
60#	0.64	0.38	0.25	0.23
80#	0.30	0.20	0.13	0.10

砂光板材时应注意，保证砂光后板材密度分布对称，砂光过程中要连续进料，工作中的砂光机不能中途停机，否则会造成板面凹坑。

(3) 锯切：对各种规格人造板材进行直线锯切，开出符合规格要求的板件，大幅面素板锯切时应平起平落，每次开料不超过 2 层板厚度，人工锯切后，板件大小头之差应小于 2mm。锯切时应根据板材幅面制订合理的锯解方案、绘制板材开料综合加工图及相关的配套尺寸下料表，然后按要求锯解，使用设备一般是电子开料锯或推台锯，锯切后的板件应堆放于干燥处。一般每个堆放货位堆高在 50 层左右，堆垛距离地面高度为 20～30cm，堆顶部有盖板，堆放环境应保持适宜的温度和湿度，控制平衡含水率在 8%～10%。

在板材上绘制裁板图，也称排料。力求在大幅面板材上配置更多的毛料，以提高原材料的利用率，降低制造成本，提高经济效益。通常绘制裁板图的方法有两种，一种是人工绘制，由工人根据经验整理备料明细，然后设计板料的搭配方案。人工绘制裁板图是中小型企业常用的方法，是保证板料有效利用的重要手段，但是人工绘制裁板图随意性较大，受绘图人员技术水平及工作状态的影响，往往不能达到板料利用率最大化。

常用的板料锯解方案有两种(图 5-5)：单一裁板法和组合裁板法。单一锯解方案是在标准幅面的人造板上只锯解一种规格尺寸的毛料，组合锯解方案是在一种幅面材料上锯出几种不同规格的毛料。单一裁板法适用于大批量生产或零部件规格比较单一的生产。组合裁板法可以充分利用原料，提高人造板的利用率。

绘图前要先对明细进行初步分析，大致确定主料，并将小规格料作为搭配主料的辅料来对待，通常在排料过程中应遵循以下原则。

(1) 纹理优先原则：对于有纹路要求的板料，部件只能沿大板的长度方向排列，在绘制时要优先限搭配宽度规格，再考虑长度规格的搭配。

(a) 单一裁板法　　　　(b) 组合裁板法

图 5-5　板料锯解方案

(2) 大料优先原则：排料时先排大规格尺寸的板件，然后选择搭配其他规格部件，使所有零件尺寸加起来与原材料规格最接近，板料的利用率最高。

(3) 相同尺寸排在一起原则：在设计排料方案时，与主料的长或宽有相同尺寸的板件

最好与主料组合在一起，这样裁板机可一次截开，减少走锯次数，提高生产效率。

(4) 生产效率优化原则：在保证利用率的前提下，优化排列组合方式，争取用最少的组合方式加工出较多数量的板件。裁板图的设计还要尽可能减少锯切方向转换，提高作业效率。

(5) 生产方便性原则：同一裁板图搭配的部件规格不能太多，通常应控制在3～5种，且同一部件应分布在尽可能少的相邻裁板图内，方便生产收尾。

(6) 余量预留原则：配图设计时应考虑板料的修边量和锯路等因素，在净尺寸裁切时，为保证加工精度，原料大板通常要预留5～10mm的修边余量。

(7) 余料最大化原则：对于同样的板件组合方案，可能有几种裁切方式，具体绘制裁板图时应该考虑余料的再利用问题，要求留下的余料规格应尽可能大些。若余料按大尺寸留取后仍无法再利用，则主要考虑生产效率。

另一种绘制裁板图的方法是利用专用的裁板图设计软件绘制，绘图前需要设置好板料备料规格、数量、锯路、修边量等信息，然后由计算机软件生成裁板图。计算机绘图效率高、板料利用率可达最大化，但通常较少考虑裁板作业的方便性和连贯性，现场作业执行困难。最佳锯解方案还可运用计算机通过数学建模的方法确定，尽可能提高板材毛料出材率。配板时，板材长度加工余量一般为0～15mm，宽度加工余量为8～12mm。

常用的板材锯解设备有立式和卧式两种基本类型。根据锯机使用的锯片数量，又分为单锯片开料锯和多锯片开料锯。锯解板材常用的锯片有两种，普通碳素钢圆锯片和硬质合金圆锯片。普通碳素钢圆锯片容易磨损变钝，硬质合金圆锯片使用周期长，加工表面光洁。常用的硬质合金锯片直径为300～400mm，切削速度为50～80m/s，锯片每齿进料量取决于被加工的材料，锯刨花板时锯片每齿进料量为0.05～0.12mm，锯纤维板时锯片每齿进料量为0.08～0.12mm，锯胶合板时锯片每齿进料量为0.04～0.08mm。精密开料锯机可保证毛料具有较高的加工精度和定位精度。国内企业中应用较先进的开料锯带有自动进料或标准导向裁板锯、进口的电子开料锯、双头锯和推台锯等。图5-6为目前大型家具企业中广泛使用的带移动工作台的木工锯板机结构图，这类机床操作简便，加工质量好，加工时工件放在移动工作台上，手工推送工作台，使工件实现进给运动，十分方便。其通常用于锯割方材毛料和净料，也可用于实木净料的定长裁断；还可通过工作台上可调节角度的靠板来锯切斜面。推台锯一般配有主锯和刻痕锯两张圆锯片，可以保证板面的锯切质量，最大加工尺寸为2700mm×2700mm，基本可以满足各类人造板的裁切要求。不过推台锯通常只能裁1～2片板料，生产效率相对较低，主要用于产量要求不是很高的企业或大型企业的辅助裁板。

对边沿形状有特殊要求的板式零部件，如中密度纤维板，其经常使用双端铣设备对边部进行成型铣削加工。板式零部件的双端铣削加工一般分两步完成，先加工纵向边，再铣削加工横向边。加工时应注意以下几点：

(1) 操作双端铣时，应根据板件的厚度、长宽规格合理调整压料装置，压力辊的刻度通常应比板件厚度小1mm，同时也应结合板件的钻孔位置确定加工的正反面。

（2）结合板件的加工精度和规格要求，调整好双端刀头的位置，一般是每边的加工余量为 2～3mm。

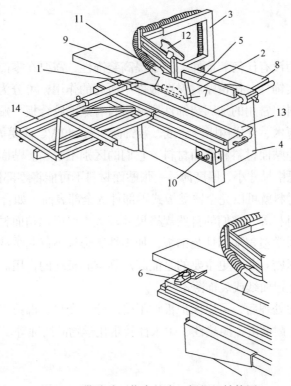

图 5-6　带移动工作台的木工锯板机结构图

1. 分料刀；2. 锯片防护装置；3. 锯片防护装置支撑；4. 工作台下方固定式防护装置；5. 纵剖导向板；6. 压紧装置；7. 工作台镶板；8. 工作台；9. 延伸工作台；10. 操纵器；11. 吸尘出口管；12. 推棒；13. 移动工作台；14. 横撑靠板

（3）加工完毕的部件长度、宽度的允许公差应控制在 ±0.1～0.3mm，部件两对角线每米允许公差小于 1mm。

自动成型机也称为自动双端铣锯及开榫机，其主要原理是在双端锯的基础上，将导轨变为输送履带，利用连续进给的方式，实现任意宽度板料的高效锯切。除配置有常规的圆锯片，自动成型机一般还配有跟踪刻痕锯及铣刀头(通常每边 2～3 把)，在锯切前进行刻线加工，防止板面崩缺，还可以利用铣刀的不同配置实现板边铣型、开榫和开槽等多种加工形式。自动成型机功能多、加工质量好、效率高，且可通过计算机控制实现自动化生产，在大中型企业中应用较多。

对于曲线形部件的曲边无法通过常规的圆锯机加工完成，应先通过带锯或镂铣类设备加工出零件外形，再利用铣削类设备加工出边缘形状。带锯作业时一般先用模板划线，然后用带锯锯出大致外形，在每边预留 3～5mm 的余量，再用立轴铣床铣型；用镂铣类设备作业时，通常直接利用直刀铣削板件的外形轮廓，普通镂铣机需要用 1∶1 的模板，数控镂铣机通过计算机控制铣削外形。

5.3　板式零件的贴面

5.3.1　贴面材料

实心板材的表面没有任何装饰性，为了提高装饰性，需要在零部件的表面覆贴一层装饰材料，以增加装饰性。按覆贴材料在板件中所起的作用，可分为加固装饰性覆贴材料和装饰性覆贴材料。常用的加固装饰性覆贴材料有贴面胶合板、贴面纤维板；常用的装饰性覆贴材料有薄木、合成树脂浸渍纸、装饰防火板和 PVC 薄膜等。

覆贴材料可分为贴面材料和覆面材料，它们的区别不明显。贴面材料如天然薄木、人造薄木等，自然规格尺寸小、厚度薄，一张贴面材料不可能将零部件的表面完全覆盖；覆面材料是指一张材料就可以完全覆盖板式零部件的全部表面，如合成树脂纸、PVC 装饰膜、饰面人造板材等，它们的自然规格尺寸较大，厚度比贴面材料大些。在制作空心覆面板时，表层通常覆盖加固性装饰板，加固性装饰板不仅起缓冲作用，还可使装饰板和芯板结合得更紧密一些，更主要的是能起加强空心板坯的作用。实心贴面板表层一般只需要覆盖装饰性覆面纸或装饰薄木等。

通过覆面或贴面处理后，可以保护板材不受水分、光热、霉菌等影响，减少有害物质释放，增加美感、耐磨度、耐热性、耐水性及耐化学物品腐蚀等。

5.3.2　贴面工艺

1. 薄木贴面工艺

薄木贴面是将花纹美观的天然木质薄木胶贴在板式零部件上的一种贴面方式，使木质制品的表面真实新颖、色泽自然清新，具有较高的实用性和装饰性。薄木贴面的工艺流程如图 5-7 所示。

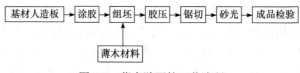

图 5-7　薄木贴面的工艺流程

1) 薄木加工和选拼

在薄木贴面前要根据部件尺寸和纹理要求加工，去除端部开裂和变色等缺陷部分，截成要求的尺寸，一般长度方向预留加工余量为 10～15mm，宽度方向预留加工余量为 5～8mm。

2) 单板及薄木的锯截

在板式零部件的生产中，单板经常作为空心板和细木工板的覆面材料，在胶贴之前需对其进行锯截加工。常用的设备为脚踏裁板机，也可成摞进行锯割或铣削加工，使其达到所需的尺寸。

在薄木贴面前需根据饰面的用途和要求将薄木锯切成一定的尺寸规格，锯切前需根据部件尺寸和纹理要求设计最佳的锯切方案，并考虑去除薄木上开裂和变色等缺陷，正确确定锯口的位置。锯切时不能打乱刨切薄木的叠放次序，以免给拼接花纹工作造成困难。锯切薄木需成摞进行，锯切后的薄木要求边缘平直，不许有裂缝、毛刺等缺陷，一般边缘直线偏差不大于 0.33‰，垂直度偏差不大于 0.2‰，以保证拼缝严密。锯切薄木可以用锯机或重型铡刀机铡切(图 5-8)。用圆锯机锯切后的薄木边缘还需用铣床铣平，在铡刀机上铡切的薄木切边整齐平直，不需要再进行刨边。锯切后的薄木送往拼缝工序胶拼成所需幅面，并在长度和宽度上留有一定加工余量，以便贴面后再加工。

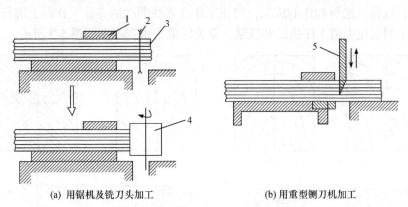

(a) 用锯机及铣刀头加工　　　　　　　　　(b) 用重型铡刀机加工

图 5-8　薄木的锯切

1. 压尺；2. 圆锯片；3. 薄木；4. 铣刀头；5. 铡刀

厚度校正加工：普通人造板厚度尺寸往往有偏差，不能满足饰面要求，因此锯解后的板材需经厚度校正加工。若保管不当，则中密度纤维板和刨花板表面还会有灰尘，影响贴面效果，因此板料贴面前通常须进行厚度校正，板件厚度校正加工也称为定厚砂光，经过对板件表面一次或多次的磨削，使厚度尺寸精度及表面平整度达到规定要求，以免胶贴工序中产生压力不均，造成胶合不牢。若采购的人造板本身表面质量良好，且厚度均匀，则可以不经过定厚砂光直接热压贴面。

定厚砂光采用的设备有宽带砂光机或三辊式砂光机。定厚砂光时要对砂光的人造板两面等量砂削，以保证其原有的对称性。板件在砂光中要求每次单面砂削量不得超过1mm，砂光后的板件通常要求同一批板料厚度差应该控制在 0.2mm 以内，且板料表面没有明显的砂痕和波浪纹，表面无明显的不平现象。板料厚度与公称厚度允许有一定的偏差，通常控制在±0.5mm。

定厚砂光常用设备为宽带砂光机，根据其砂架的数量，可以分为单砂架、双砂架和三砂架几种，通常砂架数量越多，砂光效果越好。定厚砂光机使用 60#~80#砂带进行砂光，效果比较理想，但选择具体砂带需要根据贴面材料的要求而定。砂削板件长度不能小于 300mm，厚度不能小于 5mm，前后板件首尾相接，连续进料，防止塌边。

板材表面砂光后的粗糙度应根据贴面材料的要求确定，板材表面允许的最大粗糙度不得超过饰面材料厚度的 1/3~1/2，一般贴刨切薄木的基材表面需用砂光机砂光，通常先用 60#~80#砂带粗砂，再用 100#~240#砂带精砂，最大粗糙度 R_{max} 不大于 200μm，贴塑料薄木的基材表面最大粗糙度 R_{max} 小于 60μm。表面裂隙大的基材如刨花板，贴薄型材料时应采用打腻子填平或增加底层材料的方法提高表面质量。

对于有节子、裂缝或具有树脂囊等缺陷的实木底层板，需挖补或用腻子修补，必须保证贴面平整，牢固耐用。板材的含水率应比使用条件的平衡含水率低 1%～2%。

选拼薄木时要根据设计拼花图案确定加工方案，为使制品表面纹样对称协调，同一制品各部件表面要用同一树种、同样纹理的薄木选拼而成。对于双开门木质制品表面所用的薄木，应用同一木方顺序切下的相邻层薄木拼成。

薄木拼花的艺术性较强，每件作品都是设计人员和制作人员充分利用薄木资源，带有创意精心设计、选料制作的成果，拼花工作在光线明亮的专业工作台上进行，拼好的薄木打成小捆送往下道工序拼缝和胶贴。常见的薄木拼花图案如图 5-9 所示。

图 5-9　常见的薄木拼花图案

薄木常用的拼缝方法有四种：纸条拼缝法、无纸条拼缝法、胶线拼缝法和点状胶滴拼缝法，如图 5-10 所示。

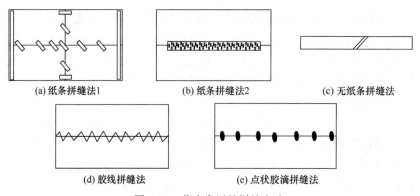

(a) 纸条拼缝法1　　(b) 纸条拼缝法2　　(c) 无纸条拼缝法

(d) 胶线拼缝法　　(e) 点状胶滴拼缝法

图 5-10　薄木常用的拼缝方法

纸条拼缝法是在拼好花纹的薄木正面利用胶纸带连接成张，胶贴到零部件上，再用砂光机除去表面的胶带，此法可采用手工操作或在纸条拼缝机上进行，可沿拼缝连续粘贴或局部粘贴,端头必须拼牢固,以免在搬动中破损。纸条拼缝机常用胶纸带单位面积重量为 45g/m² 以下的牛皮纸,湿润胶纸条的水槽温度保持在 30℃,加热辊温度为 70~80℃。胶纸带需在贴面后再砂磨掉,因此也可采用穿孔胶纸带贴在薄木背面,穿孔胶纸带厚度不超过 0.08mm,贴面后部件表面看不到纸带。

无纸条拼缝法是在薄木侧边涂胶,在加热辊或热垫板作用下固化胶合。薄木拼缝用的胶黏剂为脲醛树脂胶和皮胶。胶线拼缝法是近年来应用较广的一种方法。图 5-11 为热熔胶线 Z 形拼缝机原理图,用带有热熔树脂的玻璃纤维线作为黏结材料,把薄木 3 背面向上送到胶线拼缝机的工作台 1 上,侧边紧靠在导尺 2 两侧送进,胶线从胶线筒 4 上引出,通过加热管 5,在热空气气流下吹出,使热熔胶熔化,由压辊 6 把胶线压贴到薄木上,同时加热管 5 做左右摆动,薄木前进,胶线在薄木拼缝处形成 Z 形轨迹,热熔胶线在室温下固化,使薄木拼接在一起。胶线摆动幅度及薄木进料速度均可调节。胶线拼缝机可胶拼的薄木厚度为 0.5~0.8mm,用胶线拼缝的薄木应保存在干燥和密闭处。为防止开缝,拼缝薄木端头常用胶线连接。胶线拼缝不需要在贴面后磨去,可改善劳动条件,提高生产效率。

图 5-12 为点状胶滴拼缝机原理图,板坯由进料辊 5 送进,由点状涂胶器 4 往薄木拼缝上滴上胶滴,经压平辊 6 将其压成胶滴 7,拼接薄木厚度为 0.4~1.8mm。

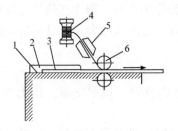
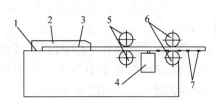

图 5-11　热熔胶线 Z 形拼缝机原理图　　　　　　图 5-12　点状胶滴拼缝机原理图
1. 工作台; 2. 导尺; 3. 薄木; 4. 胶线筒;　　　　1. 工作台; 2. 导尺; 3. 薄木; 4. 点状涂胶器; 5. 进料辊;
5. 加热管; 6. 压辊　　　　　　　　　　　　　　6. 压平辊; 7. 胶滴

对于厚度为 0.2~0.35mm 的微薄木,只需手工拼缝。通常与配坯同时进行,直接把薄木搭接铺放在基材上,用直尺压住拼缝位置,用锋利小刀沿直尺边缘切划,然后剔除在拼缝两侧裁下的薄木边条。

无论采用哪种拼缝方法,都必须保证拼合品质,具体要求如下:

(1) 拼合密缝的缝隙不得大于 0.2mm,否则需要修补处理,拼缝大于 1mm 不可用;

(2) 拼花内径准确,实际尺寸与标准尺寸偏差控制在±2.0mm;

(3) 拼花薄木按设计纹路要求拼合,一般素面薄木拼合后应对仗工整,不允许有明显的色差或纹理上的差别(最好使用同一叠料拼合);

(4) 拼合后胶带不要重叠太多层,素面不超过 2 层,拼花不超过 3 层;

(5) 直纹边条要求纹理通直,不允许有明显的斜纹、山纹或乱纹,但略有倾斜或波浪纹,不影响产品外观的情况可以接受。

3) 薄木贴面工艺实施

薄木贴面的方法有干法和湿法两种。干法贴面时先在基材表面涂上热熔胶,待胶黏剂冷却后，按设计图案用熨斗边加热，边一张张拼贴上去。熨斗是特殊的专用熨斗，电热丝集中在前端部，前端部底部凸出。湿法贴面应用广泛，它包括涂胶、配坯、胶压等工序。干法贴面要求薄木含水率在 20%以上，且技术要求高，生产效率低，一般只用于木材纹理扭曲的薄木拼贴。

(1) 涂胶：贴面的第一道工序是在基材上涂胶，使板料表面均匀覆盖一层胶水。基材涂胶主要由各类涂胶机完成，常见的有双面涂胶机、单面涂胶机以及手动涂胶机，常用的为双面涂胶机。常用的胶黏剂为脲醛树脂(UF)胶、聚醋酸乙烯酯(PVAc)乳液胶及它们的混合胶(添加量 PVAc:UF 为 0.2～0.3，再加 10%～30%的填料)、醋酸乙烯-N-羟甲基丙烯酰胺共聚乳液胶，醋酸乙烯-N-羟甲基丙烯酰胺共聚乳液胶常用于未经干燥的薄木贴面，手工贴面时常用动物胶。涂胶量要根据基材种类和薄木厚度确定，薄木厚度小于 0.4mm 时，涂胶量为 110～115g/m²；薄木厚度大于 0.4mm 时，涂胶量为 120～150g/m²，刨花板的基材则需要加大涂胶量至 150～200g/m²。为防止透胶，基材涂胶后还要陈放一段时间。

(2) 配坯：贴面部件的贴面层和胶层中有内应力，基材两面胶贴时，薄木树种、厚度、含水率以及花纹图案应力求一致，使其两面应力平衡，防止翘曲变形。为了节约珍贵树种，背面不外露的部件要用价廉的材料代替，这时需要根据其性能调整背面贴面材料的厚度，以达到应力平衡。基材表面需平整，薄木厚度可薄些，表面平整度差的部位，贴面薄木厚度要求不小于 0.6mm，有时还需要一层单板作为中板。薄木在热压过程中，水分会蒸发导致收缩，在拼贴时薄木不可绷紧，要留有一定的收缩余量，且尽量使薄木含水率一致。

(3) 胶压：薄木贴面可用冷压法或热压法。

冷压法需将板坯上下对齐，板摞每隔一定的距离放置一块厚垫板，压力为 0.5～1.0MPa，室温下加压时间为 4～8h。

热压法用于多层压机或单层压机贴面。其中，多层压机要求人工上、下料，生产效率相对较低，但价格便宜，适用于大多数中小型家具企业或小规格板件的胶贴作业。短周期单层压机幅面大，可实现进料、扫尘、涂胶、热压、出料的自动控制，生产效率高，贴面质量好，但成套设备价格高，适用于大批量生产的企业。

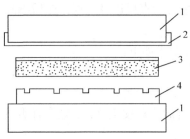

图 5-13 缓冲材料在压机内的配置
1. 热板；2. 垫板；3. 板坯；4. 缓冲材料

在热压前需要向薄木表面喷水或 5%～10%的甲醛溶液，尤其是薄木的周边部分，以防止热压后薄木表面产生裂纹或拼缝处开裂。薄木很薄，要求压机的热板平面有很高的精度，使热压过程中的板坯均匀受热、受压。为使受压均匀，一般在热板上固定一层缓冲材料(如耐热合成橡胶板、耐热夹布橡胶板、纸张)并开一些沟槽，如图 5-13 所示，以调节由基材厚度不均引起的压力不均。为提高缓冲层的导热性能，通常会在缓冲层中增加钢丝网等导热材料。在压机中，放置在各层的板坯应对齐。热板由升压到闭合不得超过 2min，以防止胶层提前固化。各层板间隔中，板坯厚度相差不得大于 0.2～0.3mm。薄木热压条件与胶黏剂、薄木厚度和基材状况有关(表 5-2)，脲醛树脂胶贴面压力为 0.8～1.0MPa，加热温度为 110～120℃，加压时间为 3~4min。薄木热压后应用 2%的草酸溶液冲洗热板表面，以除去污染及透胶。

表 5-2　各种胶黏剂下薄木贴面的工艺参数

热压条件	PVAc 与 UF 的混合胶		醋酸乙烯-N-羟甲基丙烯酰胺共聚乳液胶	
	厚度为 0.2~0.3mm 胶合板基材	厚度为 0.5mm 胶合板基材	厚度为 0.4mm 纤维板基材*	厚度为 0.5~1.0mm 刨花板基材*
温度/℃	115	60	80~100	95~100
时间/min	1	2	5~7	5~8
压力/MPa	0.7	0.8	0.5~0.7	0.8~1.0

*表示也可使用 PVAc 与 UF 的混合胶。

薄木厚度超过 0.4mm 的须经干燥处理后再胶贴。为保护薄木，并使薄木的纹理更加美观，薄木贴面后都要进行涂饰处理，常使用的涂料为氨基醇酸树脂漆、硝基清漆、聚氨酯树脂漆及不饱和聚酯树脂(PE)漆等。

4) 薄木贴面的主要专用设备及其工艺

(1) 普通多层压机：这是木质制品企业通常使用的一种贴面设备，一般可覆贴 0.3mm 以上的刨切薄木贴面人造板，这类设备多用蒸汽加热或高频加热。

(2) 多层冷压机或单层冷压机：这类设备的操作工艺是将单层或多层饰面的人造板整齐堆放在机内，并分层加垫衬纸或垫板加压，在无热源的常温条件下，通过一定的压力(一般为 0.5~1.0MPa)，将装饰薄木或人工合成贴面材料与基材压合为一体，形成饰面板件。这种板件物理性能稳定，板面内应力小，能够保证贴面质量，其缺点是胶层固化时间较长，一般在 4h 以上(通常为 4~8h)才可卸板，若室温低，则时间更长。

(3) 单层快速连续贴面加工生产线：如意大利斯密集团股份有限公司出品的贴面设备，除了主机，还配有自动循环式上、下料装置，贴面压机的供热介质为蒸汽，油压传动。这种专用设备在胶合天然薄木饰面人造板加工时，可选用脲醛树脂胶进行贴面加工。贴面薄木厚度为 0.5~0.7mm 时，工艺参数如下：

① 单位压力为 0.8~1.0MPa；

② 温度为 90~110℃；

③ 加压时间为 1~3min；

④ 进料速度为 8~12m/min。

这种设备的有效加工面积为 1400mm×5000mm，加工周期一般为 4~5min。目前，单层快速连续贴面加工生产线是现代板式家具生产企业饰贴薄木和三聚氰胺贴面装饰薄膜等多种人工合成贴面材料比较理想的加工方法。

2. 印刷装饰纸贴面工艺

印刷装饰纸(图 5-14)贴面常采用辊压连续化生产，示意图如图 5-15 所示。该工艺一般是在一整条生产线上连续完成的，具体可分为基材表面砂光、表面除尘、涂胶、预干、贴合、辊压贴面等基本过程。印刷装饰纸贴面是连续化生产，因此常选用快速固化的胶黏剂，一般为PVAc与UF的混合胶，在脲醛胶的制造过程中可适量加入一些三聚氰胺树脂，以提高胶黏剂的耐水性。脲醛胶与三聚氰胺树脂的配比要考虑耐水性、耐热性、挠曲性等各方面因素，比例为7~8∶3~2。为了防止基材的颜色透过装饰纸，可在胶黏剂中加入3%~10%的二氧化钛，以提高胶黏剂的遮盖能力。装饰纸和薄页纸涂胶量为40~50g/m²，钛白纸涂胶量为60~80g/m²。涂胶后的基材需经过低温干燥，使胶黏剂达到半干状态，排除不必要的水分常采用红外线干燥，加热温度为80~120℃。干燥后的基材即可与装饰纸辊压贴合，辊压压力一般为1~3MPa，几对辊子辊压时，第一对辊子压力最小，以后逐渐加大。辊压后的板材可经模压辊刻上导管槽，板材两边的多余纸边可由60#砂带除去。

图 5-14　印刷装饰纸

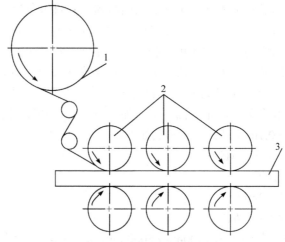

图 5-15　印刷装饰纸贴面示意图
1. 印刷装饰纸；2. 加压辊；3. 基材

3. 三聚氰胺装饰贴面工艺

三聚氰胺装饰贴面可采用冷压或热压的方法，具体工艺过程可分为纸张准备、基材涂胶、组坯、加压胶合等基本过程。在贴面前一般需要把装饰板背面砂毛，以提高其与基材之间的胶合强度。装饰板与基材人造板的热膨胀系数相差较大，热压贴面易造成内部应力，因此宜采用冷压贴面。冷压贴面时，使用常温固化型脲醛胶，也可加入少量聚醋酸乙烯酯乳液，涂胶量为 $150\sim180g/m^2$，压力为 $0.2\sim1.0MPa$；气温在 $20℃$ 以上时，时间为 $6\sim8h$，但需堆放 24h 以上才可裁锯。

热压贴面时使用加热固化型脲醛树脂胶，也可适当添加聚醋酸乙烯酯乳液，热压压力为 $0.5\sim1.0MPa$，热压温度为 $90\sim100℃$，热压时间为 $5\sim10min$。

4. 合成树脂浸渍纸贴面工艺

常用的合成树脂浸渍纸有三聚氰胺树脂浸渍纸、邻苯二甲酸二烯丙酯(DAP 单体)树脂浸渍纸及苯鸟粪胺树脂浸渍纸三种，它们的覆面工艺大致相同。

常用的三聚氰胺配坯形式如图 5-16 所示。为降低成本，一般只在人造板表面贴一层三聚氰胺树脂浸渍纸(图 5-16(a)和(b))，而在背面用 UF 或酚醛树脂(PF)浸渍纸，以消除由表面装饰产生的内应力，防止板材变形(图 5-16(c))。另外，在三聚氰胺树脂浸渍纸下面垫一层 PF 浸渍纸可以提高表面的抗冲击性能，增加表面的平滑度。表层纸可以提高表层的耐磨性、耐热性和耐水性等，装饰纸有美化的作用(图 5-16(d))。覆盖纸可以进一步消除人造板表面缺陷对产品外观的影响(图 5-16(e))。合成树脂浸渍纸贴面不用涂胶，贴面材料本身是胶合材料，浸渍纸干燥后，合成树脂未固化完全，贴面时加热熔融，贴合于基材表面。根据浸渍树脂不同，贴面工艺可分为冷-热-冷工艺、热-热工艺。普通三聚氰胺树脂浸渍纸贴面采用冷-热-冷工艺，贴面时温度为 $135\sim150℃$，热压压力为 $1.5\sim2.5MPa$，热压时间为 $10\sim20min$，冷却温度为 $40\sim50℃$；改性的三聚氰胺树脂浸渍纸贴面采用热-热工艺，热压温度为 $190\sim200℃$，压力为 $0.5\sim1.0MPa$，热压时间为 $1\sim2min$。

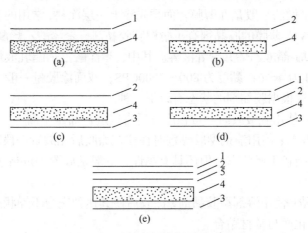

图 5-16　常用的三聚氰胺配坯形式

1. 表层纸；2. 装饰纸；3. 底层纸；4. 基材；5. 覆盖纸

苯鸟粪胺树脂浸渍纸采用热-热工艺贴面时的热压条件为：

(1) 压力为 $1.0\sim1.5MPa$；

(2) 温度为 $135℃$；

(3) 时间为 $10min$。

采用邻苯二甲酸二烯丙酯树脂浸渍纸的热压工艺参数如表 5-3 所示。

表 5-3　邻苯二甲酸二烯丙酯树脂浸渍纸的热压工艺参数

热压条件	不同基材和压力下所用时间/min		
	胶合板 3~4mm, 0.8~1.2MPa	纤维板 10~15mm, 1.0~1.5MPa	刨花板 10~15mm, 0.8~1.2MPa
温度 120℃	6~8	7~9	11~15
温度 130℃	5~6	6~8	6~11

5. PVC 薄膜贴面工艺

板式零部件贴面用塑料薄膜主要有聚氯乙烯(PVC)、聚乙烯(PE)、聚丙烃、聚酯及聚丙烯(PP)薄膜等类别，PVC 薄膜应用最为广泛，因此实际生产中常说的 PVC 薄膜通常是印刷装饰塑料的一种统称。

PVC 薄膜俗称塑料贴面，按照颜色或图案可分为单色或木纹，按照硬度可分为 PVC 膜和 PVC 片，按照亮度可以分为亚光和高光，按照贴面工艺可分为平贴装饰膜和真空吸塑装饰膜。PVC 薄膜质地柔软、弹性良好、耐水性好，非常适合异型部件的贴面和镶边；但 PVC 薄膜硬度低、不耐热、易烫伤和划伤、耐磨性差，因此主要用于接触频率不是很高的场合。

PVC 薄膜与胶黏剂之间的界面凝聚力小，并且薄膜中的增塑剂还会向胶层迁移，使胶合强度显著降低，因此常在薄膜与胶黏剂之间增加一层中间膜来提高界面的凝聚力和制止增塑剂的迁移。做法一般是在薄膜背面预先涂上一层涂料，常用的为 PVC 的聚合物。

适用于胶合 PVC 薄膜的胶黏剂有丁腈橡胶胶黏剂、聚醋酸乙烯酯乳液、丙烯-醋酸乙烯共聚乳液、乙烯-醋酸乙烯共聚乳液等。其中，聚醋酸乙烯酯乳液最为常用，它的主要技术指标为：pH 为 4~6；黏度为 800~3000CPS；双面涂胶量一般为 180~200g/m^2。

常用的胶贴方法根据胶黏剂的状态有以下三种。

(1) 湿润胶贴：使用乳液胶时，常在涂胶后直接进行加压贴面。

(2) 指触干燥胶贴：使用溶剂型胶黏剂时往往在涂胶后先放置一段时间，让胶黏剂中的溶剂挥发，达到指触干燥状态，但还具有黏性，一般是放置 10min 左右，然后进行胶压贴合。

(3) 再活化胶贴：使用溶剂型胶黏剂，涂胶后使其达到完全干燥状态，在加压前通过加热使胶黏剂再活化而与基材贴合。

常用的 PVC 薄膜贴面方法有冷压法及辊压法，热压法很少用。冷压法工艺参数：压力为 0.2~0.5MPa，冷压时间夏天为 4~5h、冬天为 12h，硬质薄膜的贴面压力应大些。在基材涂胶干燥后，将裁切后的 PVC 薄膜铺到基材表面，要求拉伸平顺，不允许有气泡，然后放到冷压机上胶压贴合。

最常用的 PVC 薄膜贴面方法为辊压法，如图 5-17 所示，在基材上涂胶后经热空气或红外线干燥(40~50℃)至指触干燥状态即可进行辊压胶合，涂胶量为 80~170g/m^2，胶合压力为 1.0~2.0MPa。在辊压胶合阶段，应注意以下几点：

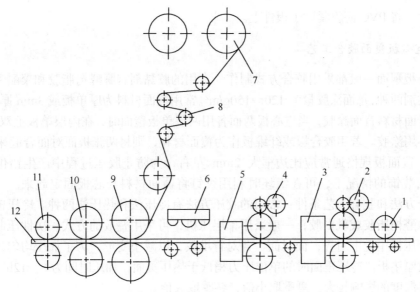

图 5-17　PVC 薄膜辊压贴合示意图

1. 刷辊；2. 腻子涂布机；3. 腻子干燥装置；4. 涂胶机；5. 胶黏剂干燥装置；6. 预热装置；7. 薄膜卷；8. 张紧辊；
9. 压辊；10. 压辊痕；11. 切断装置；12. 基材

(1) 辊压胶合时的进料速度应控制在 9～12m/min。

(2) 涂胶机的进料速度与辊压胶合时的进料速度可同步，也可适量低于辊压胶合时的进料速度，目的是使两贴面板件在压合时形成一定的间距，一般工艺要求控制在±10mm 为宜。

(3) 完成胶合加工后，若发现饰面层有皱褶、起泡、边沿剥落等缺陷，则应及时采取补救措施，这时胶层未完全固化，因此可以再拉伸、扫平。对于饰面加工后的板件，要整齐堆放 4～24h 方可转入下道工序加工。

PVC 薄膜质地柔软，除了采用常规方法进行贴面，还经常采用弹性囊覆膜法或真空覆膜法(俗称软成型贴面)进行贴面，这种方法加压均匀，贴面效果好，但设备投资较大，生产效率不高。该方法常用于表面有一定形状(如压花、装饰线条等)的板件贴面。真空覆膜贴面压机原理如图 5-18 所示，即先将涂胶后的板件及待贴PVC 薄膜置于一密闭的、可以抽真空的容器中，盖紧后先将上半部分容器抽成真空，然后将下半部分容器抽成真空，使 PVC 薄膜贴向板件，同时向上半部分容器通入高压气体，并使其具有一

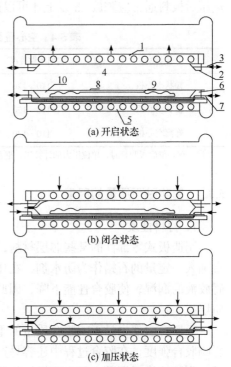

图 5-18　真空覆膜贴面压机原理图

1. 上热板；2. 密封框；3. 上管路系统；
4. 膜片室；5. 加热板；6. 密封框；7. 下管路；
8. 热塑性贴面薄膜；9. 工件；10. 压力室

定的压力，将 PVC 薄膜紧贴于板件上。

6. 空心板覆面胶合工艺

空心板覆面一般都采用胶合方式制作。常用的胶黏剂有脲醛树脂胶和聚醋酸乙烯酯乳液胶黏剂两种，每面涂胶量为 120～150g/m²。常用覆面材料为厚单板或 3mm 厚胶合板。通常在覆面材料背面涂胶，当空心板两面各用两层单板覆面时，在内层单板上双面涂胶，芯板上不用涂胶。若用胶合板或纤维板作为覆面材料，则将两张板面对面合起来进行单面涂胶。覆面板规格通常应比边框大 2mm 左右，为防止胶压过程中产生错位，在不影响表面装饰的情况下，可在组坯时利用纹钉将覆面材料与芯板固定起来。

胶合方法和胶合工艺条件：常用的胶压方法有冷压法和热压法两种。冷压覆面时用冷固性脲醛树脂胶或乳白胶，一般采用单层压机，可采用叠放的方式一次性压制多片，板坯在冷压机中上下对齐，面对面、背对背堆放，以减小变形，为了加压均匀，在板堆中间夹放厚垫板。冷压覆面时的单位压力稍低于热压覆面，加压时间为 8～12h，冷压时间受空气温度的影响较大，夏季取小值，冬季取大值。

热压法一般采用多层压机，生产效率高，适合大批量生产，一般用热固性脲醛树脂胶。热压工艺参数与所用胶黏剂、覆面材料及芯板材料的性质有关(表 5-4)，具体加压温度和加压时间还应根据使用胶水的性能及板料的厚度而定，覆面板越厚，加压时间越长。热压后板料通常应陈放 2h 以上才可以进入下道工序裁边处理。

表 5-4　空心覆面板常用的热压胶合工艺参数

板类型	加压温度/℃	单位压力/MPa	加压时间/min
栅状空心板	110～120	0.8～1.0	10～12
格状空心板	110～120	0.6～0.8	8～10
蜂窝空心板	110～120	0.25～0.3	5～6

注：空心覆面板胶合时，单位压力的计算以木框及芯层填料的实际面积来计算。

5.3.3　影响贴面质量的因素

1) 材料性质

制造板式零部件的某些芯层材料，如刨花板和中密度纤维板，它们在制造过程中经常加入一定量的石蜡作为防水剂，在压制过程中会渗透到板件表面，若不处理，则会阻碍胶液的润湿，使胶合性能下降，因此在进行贴面前需对板坯进行砂光处理，以除去蜡质层。

板坯含水率也是影响胶合质量的重要因素，含水率过高，除了会使胶液黏度降低、影响胶合强度，在胶合过程中还容易产生鼓泡、翘曲、开裂等缺陷。反之，若含水率过低，则胶液渗透严重，且表面极性物质减少，阻碍胶液的润湿，容易缺胶。一般来说，板坯的含水率在 8%～10%时，胶合质量最好。

人造板表面粗糙度直接影响胶合面的胶层形成和胶合强度，粗糙度大，表面积大，需要增大胶黏剂用量才能保证胶合强度，并且当覆面材料非常薄、粗糙度大时，会造成覆面后的板面凸凹不平，这也是人造板在贴面前必须进行砂光处理的原因。砂光处理通常是先用 60#～80#砂带粗砂，再用 120#～240#砂带精砂，有时甚至在贴面前将板面打腻或增加底层材料。对于刨花板，在制造过程中应在表面铺一层细小刨花来增加表面光洁度。

2) 胶黏剂的性能与调胶方法

不同种类的胶黏剂性能不同，胶黏剂的浓度、黏度、聚合度及 pH 等都会影响胶合质量。胶黏剂能否均匀涂布在被胶合材料上，产生相应的胶合力，与它对胶合表面的浸润和黏附能力有关。胶的浓度越大，固体含量越高，胶合强度就好；胶的黏度越小，流动性越好，则有利于浸润和黏附。胶合表面不是绝对平滑的，常需要施加压力使之充分浸润，均匀扩散。胶黏剂黏度过低，容易被挤出表面和过多渗入木材，产生缺胶；黏度过大的胶黏剂浸润性能差，易形成厚胶层，降低胶合力。胶贴薄木时，胶黏剂的黏度要大些，以防透胶；冷压胶合时，胶压时间长，应该用黏度较大的胶黏剂，可在调胶时加入填料。

胶合过程中，在不缺胶的前提下，要尽量使胶黏剂在胶合表面间形成一层薄的连续胶层。胶合强度随着胶层厚度的增加反而会降低，如图 5-19 所示。胶层过厚易残留空气，使胶层内聚力减小、热应力大，容易产生龟裂，强度下降；胶层过薄易产生缺胶现象，降低胶合强度。一般情况下，动物胶胶层厚度为 0.015～0.02mm，合成树脂胶胶层厚度为 0.05～0.4mm。

胶黏剂的调制直接影响胶合质量。对于单组分胶(如 PVAc)，在黏度达到使用要求时，可不经调制直接使用；对于脲醛胶和酚醛胶等树脂胶，为加速固化，需按使用条件加入适量的固化剂。图 5-20 为脲醛树脂固化剂加量与活性期的关系。通常固体氯化铵的加入量为固体胶的 0.3%～1.0%(气温高取小值，反之取大值)，使胶液 pH 降至 4～5，以保证胶合质量。pH 过低会使胶层变脆，pH 过高则会影响胶合时间。

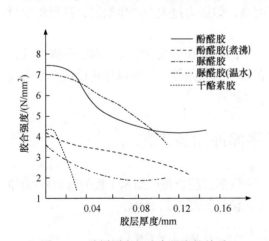

图 5-19 胶层厚度与胶合强度的关系

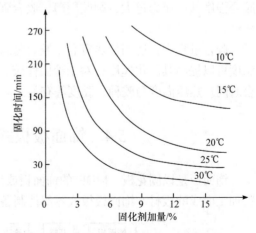

图 5-20 脲醛树脂固化剂加量与活性期的关系

气温高时，为使固化速度加快，又保持一定的活性期，可使用多组分固化剂，即在加入固化剂的同时加入六次甲基四胺等抑制剂或专用的潜伏性固化剂，使胶液在较低温度时 pH 变化不大，而在温度升高后，pH 迅速降低，使胶液呈酸性，加快固化速度。

为改善胶黏剂的性能，常采用几种树脂混合使用的方法，如聚醋酸乙烯酯乳液与脲醛树脂混合使用，改善胶黏剂的耐水性和耐老化性能；用三聚氰胺改性脲醛树脂胶可提高胶合强度和耐水性能。为降低成本、增加胶黏剂的初黏度、减小线性膨胀系数和收缩应力，可在胶中加入适量面粉等填料。

3）胶合工艺条件

（1）涂胶量：通常用单位面积涂胶量表示，它与胶的种类、浓度、黏度、胶合表面的粗糙度及胶合方法等有关。一般合成树脂涂胶量小于蛋白质胶；材料表面粗糙度大的涂胶量应大于表面平滑的材料；冷压胶合涂胶量应大于热压胶合涂胶量。涂胶要均匀，没有气泡和缺胶现象。脲醛树脂胶涂胶量为 $120\sim180g/m^2$，而蛋白质胶涂胶量为 $160\sim200g/m^2$。

（2）陈放时间：陈放时间与环境温度、胶液黏度及活性期有关。陈放是为了使胶液充分湿润表面，使其在自由状态下收缩，减小内应力。陈放时间过短，胶液未渗入木材，在压力作用下会向外溢出，产生缺胶；陈放时间过长，会超过胶液的活性期，使胶液失去流动性，胶合力下降。陈放可分为开放陈放和闭合陈放。开放陈放胶液稠化快，闭合陈放胶液稠化慢。一般在常温下，合成树脂胶闭合陈放时间不超过 30min。薄木胶贴时，为防止透胶，最好采用开放陈放，使胶液大量渗入基材表面，可防止透胶等缺陷。

（3）胶层固化条件：胶黏剂由液态变成固态的过程称为固化。胶的固化可通过溶剂挥发、乳液凝聚、熔融体冷却等物理方法进行，或通过高分子聚合进行，固化的主要参数是压力、温度和时间。

胶合过程中都要施加压力使胶合表面紧密接触，以便胶液充分浸润、控制胶层厚度和排除固化反应中产生的低分子挥发物。压力的大小与胶黏剂的种类、浓度、黏度、木材树种、含水率、加压温度和方法有关。压力过小，胶合界面不能紧密接触，胶层厚，胶合强度低；压力过大，则胶层薄，胶合强度高，但压力过大会产生缺胶，甚至将木材压溃。

胶合过程中，适当加热有利于胶合材料分子的扩散和形成化学键。对于热固性胶，温度可以提高其固化速度；对于冷固性胶，在适当加热条件下，可以加速反应，缩短胶合时间。热压温度与胶种、黏度等有关。

5.4　饰面板板式零部件制备工艺

饰面板是以刨花板、MDF 的饰面板或生态板(多层胶合板或细木工板的饰面板)为原料加工而成的板材。饰面板板式零部件制备工艺流程如图 5-21 所示。

图 5-21　饰面板板式零部件制备工艺流程

　　开料：主要是把大幅面的板材和片材根据板式零部件尺寸要求锯解成一定规格毛料的生产过程。板材和片材的锯截是板件产品加工的先导工序，传统的裁板方法是在人造板上先裁出毛料，再裁出净料，特点是适用于胶合工艺的裁板加工，但是增加毛料加工工序，浪费原材料。现代板式木质制品生产中的开料是直接在人造板上裁出精(净)料，因此裁板锯的精度和工艺条件等直接影响制品零部件的精度。

　　板材的锯解：贴面后的板件边部参差不齐，需要齐边，加工成要求的长度和宽度，并要求边部平齐，相邻边垂直，表面不允许有崩裂或撕裂。

　　板式零部件齐边、尺寸精加工设备均需要设置刻痕锯片，刻痕锯片与主锯片的配置方式如图 5-22 所示，刻痕锯片的作用是在主锯片切割前先在板面划出一条深 1~2mm 的锯痕，切断饰面材料纤维，以免主锯片从部件表面切出时产生撕裂或崩裂现象。刻痕锯片与主锯片锯口宽度相等，并位于同一垂直线上，其回转方向与主锯片相反。

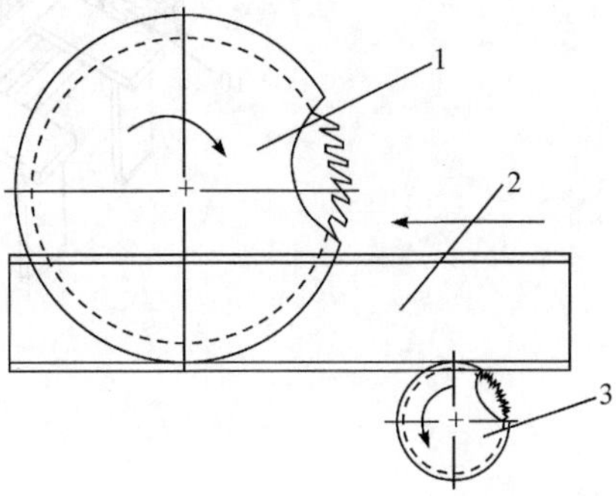

图 5-22　刻痕锯片与主锯片的配置方式
1. 主锯片；2. 板件；3. 锯痕

　　部件尺寸精加工采用手工进料的带推车单边裁板机或双边锯边机。板式零部件专用的双边锯边机能方便地进行宽度调节，板料放到工作台上沿导轨运动实现齐边加工，宽度不大的板件也可采用普通双端锯来作业。大批量生产时，可由两台双边锯边机组成板件尺寸加工生产线，有时与封边机、多轴排钻联合机组成板式零部件加工自动生产线。板件尺寸加工-封边-钻孔生产线如图 5-23 所示，该生产线由纵向锯板机、横向锯板机、封边机及多轴排钻机四台机床组成。当板件批量小而规格较多时，应将钻床分开配置。

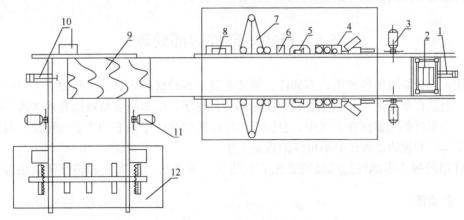

图 5-23　板件尺寸加工-封边-钻孔生产线
1. 送板机构；2. 升降台；3. 纵向锯板机；4. 封边；5. 齐端头；6. 修边刀头；7. 砂光带；8. 倒棱装置；9. 板件；
10. 中间送板机构；11. 横板锯；12. 多排钻

　　图 5-24 为锯片往复式开料锯机，它是目前大多数工厂使用的一种锯机，其具有通用性强、生产效率高、精度高、锯切质量好、易于实现自动化和计算机控制等优点。不进

行加工时，锯片位于工作台下面，当板件送进定位和压紧装置以后，锯片升起移动，对板件进行锯切。

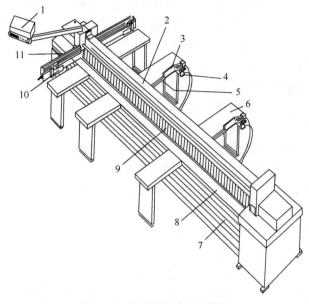

图 5-24　锯片往复式开料锯机

1. 按钮盒；2. 压紧机构；3. 延伸挡板；4. 气动定位器；5. 导槽；6. 支撑工作台；7. 床身；8. 主工作台；9. 片状栅栏；10. 机械定位器；11. 靠板

锯割后的板件应置于干燥处堆放，一般每个货位允许堆放 50 层左右，同时要将工艺卡片填写清楚、准确，以便下道工序的加工和生产计划人员的计划调度与管理。

饰面板常用的锯截方案设计原则同实心板一样。

5.5　板式零部件边部处理

用人造板制成的各种板式零部件，侧边会显示各种材料的拼缝或孔隙，影响其外观质量，而且在制品使用和运输过程中边角部容易损坏，贴面层容易被掀起或剥落。特别是刨花板部件侧边暴露在大气中，会因空气湿度的变化产生胀缩和变形的现象。因此，板式零部件的侧边处理是必不可少的重要工序。

常用的板式零部件边部处理方法有封边法、镶边法、涂饰法和转移印刷法等。

5.5.1　封边法

封边法是指用薄木或单板、浸渍纸层、塑料薄膜、预油漆纸压封边条以及薄板条等材料压贴在板件周边的方法。该方法是将封边材料经涂胶和加压胶贴在板件边缘，使板件周围密闭，对板件起到保护和装饰的作用，常见封边材料如图 5-25 所示。封边作业操作简单、可实现连续化生产、生产效率高，是板式木质制品生产中边部处理的主要手段。对封边处理的基本要求是封牢、封平，并保证封边后板件的尺寸精度。封边带及固化后胶层厚度的精确性和可控性，是保证封边后板件尺寸精度达到设计要求的关键。封边后的板边应胶合牢固、棱直面平、坚实无虚、均匀如一。封边机根据板件侧边型边的不同，主要有直线封边机、软成型封边机、曲直线封边机、手动封边机等多种形式，有些特殊的板件采用手工封边。

图 5-25　常见封边材料

封边的方法有多种，可分为直线封边法、曲线封边法、软成型封边法和后成型封边法。

1) 直线封边法

直线封边通常在各种直线封边机上完成。直线封边机的种类有很多，按封边采用的胶种可分为 EVA 热熔胶封边机、乳白胶封边机和脲醛树脂胶封边机等。

直线封边机的工作过程包括送料、涂胶、压贴、齐端、铣削修整、刮削修整、磨光等工艺，如图 5-26 所示。对于端部为曲面的板件，还需在磨光前加上端部成型工序；对于厚木条封边的板件，还可对封边条进行成型铣削加工。基材的性质及其加工质量对封边有一定的影响，板边与板面须成直角，防止胶合时边缘受力不均；板边裁切时不允许出现崩缺现象，以免影响封边后的外观；板料结构致密，刨花板边缘不允许有明显的疏松或孔洞，防止影响胶水的黏附性及封边强度；同一批板料厚度要均匀一致，保证修边精度及质量。

封边条常用的有条状(通常为薄木条、单板或薄木)和盘状(通常为 PVC 板、防火板、ABS 塑料或薄木等)，宽度应比板件厚度大 3～5mm。封边条截面本身可以是平面，也可以是型面，只要截面与板边接触的面是平面即可。封边条要保持干净，应避免灰尘污染或油脂污染，以保证封边条背面良好的黏合性能。

图 5-27 为最常用的热熔胶封边机示意图。封边条可放于封边条料仓中，呈条状或盘状，封边条厚 0.4～20mm，比板件侧边宽 4～5mm。条状封边条长度余量为 50～60mm，进料速度为 12～18m/min，对于窄且厚的部件，进料速度可慢些。该机器采用履带进给，辊筒施胶，温度为 180～200℃，在板件进入封边过程中有压辊将板件压紧，其中压辊距工作台的距离为 d～2.5mm(d 为板厚)，这样才能更好地将板件压紧，便于工作。辊筒加压压力为 0.3～0.5MPa，3～5s 即可固化。这种热熔胶封边法是一种热冷封边法。热熔胶是一种无溶剂的高固体分的胶黏剂，具有无污染、固化快、机床占地面积小、便于连续化生产、封边速度快、适应性好等优点，但工件耐热和耐水性差、胶层厚、影响美观。

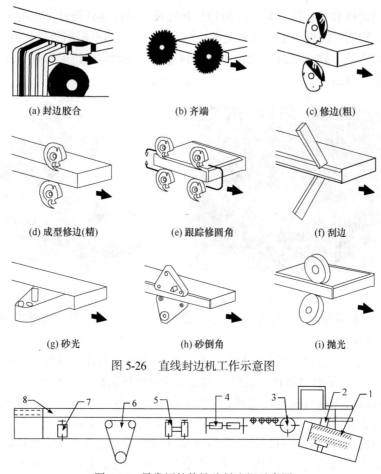

(a) 封边胶合　　　　　　　(b) 齐端　　　　　　　　(c) 修边(粗)

(d) 成型修边(精)　　　　(e) 跟踪修圆角　　　　　(f) 刮边

(g) 砂光　　　　　　　　(h) 砂倒角　　　　　　　(i) 抛光

图 5-26　直线封边机工作示意图

图 5-27　最常用的热熔胶封边机示意图

1. 封边条贮存架；2. 涂胶装置；3. 压辊；4. 长度截断锯；5. 修边机；6. 砂光机；7. 抛光机；8. 机架

2) 曲线封边法

曲线封边多数采用小型的曲线封边机，其工作原理同直线封边机，主要由板料及封边条涂胶装置、封边条长度控制及截断装置以及手动加压贴合辊几部分组成，可适用于直线或曲直线板件的封边作业。有些曲直线封边机配有修边装置，可以在封边后进行修边作业，但大部分无此功能，需要另配修边机或采用手工的方式来完成修边。修边机有上、下两把柄铣刀，可以同时对封边板料上、下两边进行修边处理，有些修边机还具有齐头功能、甚至圆弧跟踪修边功能，可以进行端头修边。

直线封边时，通常封边条和板边都要涂胶，封边条可通过长度感应开关自动控制截断。曲线边封边时，板料受形状限制，无法进行正常涂胶，只能在封边条上涂胶，实际生产中可通过增加封边条涂胶量的方法来保证胶合强度。需封边的曲线形侧边，其表面粗糙度应达到 $R_{max}=60\mu m$。图 5-28 为曲直线封边机加工过程示意图，该机器用低压电加热，胶压封边后存放时间不小于 2h。

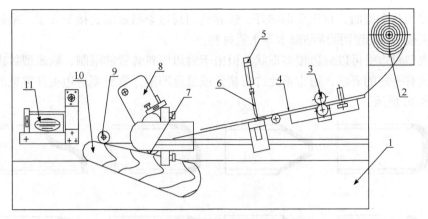

图 5-28　曲直线封边机加工过程示意图

1. 工作台；2. 封边机；3. 输送辊；4. 导向板；5. 气缸；6. 截断刀片；7. 涂胶装置；8. 熔胶箱；
9. 挤压胶合辊；10. 工件；11. 铣棱装置

3) 软成型封边法

直线封边机是封直边还是型边，主要取决于封边时使用的压贴装置，如果配以与型边相对应的压料辊或压料辊组，直线封边机就可以对型边进行封边作业，这种封边机通常称为软成型封边机，也称为异型封边机，用于侧边已加工成各种线形的板件。通常用于 PVC 等较软材料封边条的封边加工，也可用于其他人造材料封边条、刨切薄木封边条等的封边加工。国际比较先进的全自动软成型封边机可以实施自动进料、线形铣削、涂胶、成型压合、表面切边、头尾修边、上下精修等作业，其工作原理如图 5-29 所示。板式部件 1 送入软成型封边机内，先经铣刀头 2 铣削出线形，再经砂带磨光型面，经涂胶辊 5 涂胶，封边条 4 由料仓引出，进入型面封边压辊组 6 中，由板边中部向两边逐渐碾

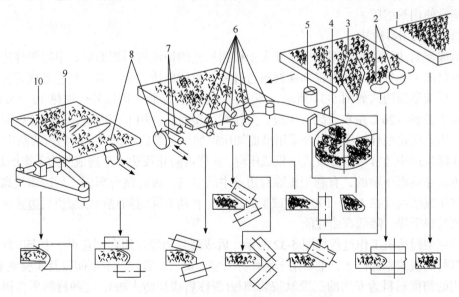

图 5-29　全自动软成型封边机的工作原理

1. 板式零部件；2. 铣刀头；3. 砂光机；4. 封边条；5. 涂胶辊；6. 型面封边压辊组；7. 修边刀头；8. 齐端锯；9. 修边砂带；10. 压板

压，延伸到整个型面，直至全部贴好，接着铣削封边条与板面交接处齐端，最后用相应形状的压板10磨光型面所贴薄木等木质材料。

软成型封边机可以封边很多形状，但由于封边压料装置的限制，软成型封边机对边缘的形状有一定的要求，通常不允许有棱角或紧急凹陷，软成型封边板件常见的曲缘形状如图5-30所示。

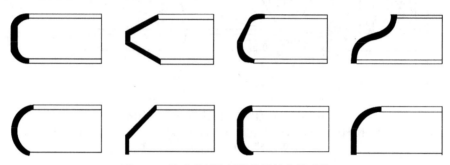

图 5-30　软成型封边板件常见的曲缘形状

软成型封边机的边部铣型和砂光可以在封边机上进行，也可以预先在精加工铣床上进行，然后用直线砂边机或手工进行边部砂光。简单型边的软成型封边可以采用与型边相匹配的压料辊加压胶合，复杂型边需要多个小压料辊进行复合加压。软成型要求将封边条沿板料边缘形状弯曲，因此封边条厚度不可过大，并要求材料质地柔软易弯曲，常见的封边条厚度为 0.4～0.8mm，材料可以是薄木、软质 PVC 塑料、专用软成型防火板等。软成型封边宜选用中、高黏度和开放陈放时间短的胶种，这是因为封边条涂胶和胶压后，将会抵抗形变，恢复原状(尤其是曲率半径小时)。当采用陈放时间短的胶黏剂时，可使胶层迅速固化，所产生的黏滞力足以抵消封边条的复原力，因此能提高封边质量。软成型封边通常使用热熔胶。

4)　后成型封边法

后成型封边法就是采用规格尺寸大于板面尺寸的饰面材料饰面后，根据板件边缘形状，在已成型的板件边缘再将饰面材料弯过来，包住侧边，使板面与板边形成无拼缝的产品。后成型封边法如图5-31所示，即先在封边部位涂胶，用红外线加热10～20s，使其温度上升到 120℃左右，翻下压板，封住侧边型面后，用卡子固定，直至胶层固化后卸开。当采用定型杆加压时，要采用型面加压辊加压，最后用铣刀除掉侧边的凸出处。

实际生产中经常采用分段式压板或压辊，这样可防止板边不平造成封边不牢的现象，这种方法是逐渐压贴的，有利于排除封边条中的空气，因此贴合牢固，封边质量高。常用的加压成型温度在 170～190℃，成型封边时，在两面同时加热可以加快封边速度，防止贴面材料干燥、降低弯曲性能。

后成型封边机工作过程如图5-32所示。后成型封边经常用在刨花板、中密度纤维板作为基材的板式零部件上，主要用于制作办公室、厨房、餐厅、卫生间以及实验室家具。最常用的饰面材料为专用的三聚氰胺装饰板(俗称后成型防火板)，这种材料所含树脂尚未完全固化，在高温下可以软化，容易包覆异型板边。图5-33为常见的后成型封边的

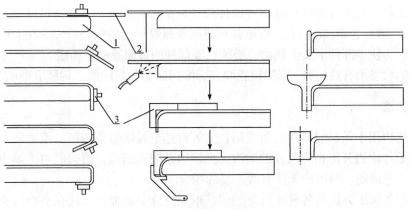

图 5-31　后成型封边法
1. 基材人造板；2. 贴面材料；3. 加压加热装置

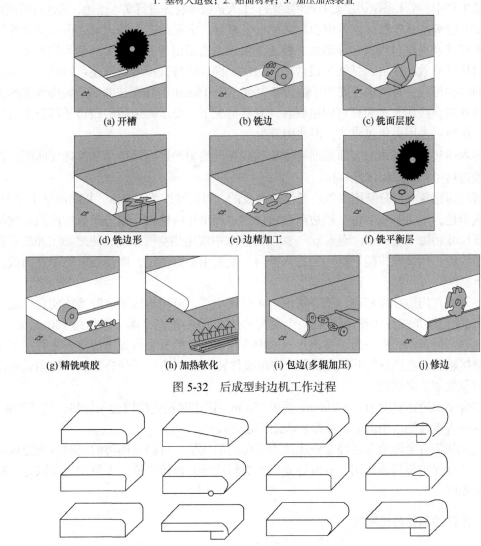

(a) 开槽　　　　　　　(b) 铣边　　　　　　　(c) 铣面层胶

(d) 铣边形　　　　　　(e) 边精加工　　　　　(f) 铣平衡层

(g) 精铣喷胶　　　　(h) 加热软化　　　　(i) 包边(多辊加压)　　　　(j) 修边

图 5-32　后成型封边机工作过程

图 5-33　常见后成型封边的几种板边形状

几种板边形状，具体可根据设计需要设计成各种型边。后成型装饰材料可以是薄木、装饰纸、PVC 薄膜、布(带背衬)、皮革甚至薄的金属膜等。后成型封边法在面层材料被胶压饰面后，为使零部件不发生翘曲，必须在零部件的背面胶贴平衡层。

常用的胶黏剂有热熔胶、脲醛树脂胶和脲醛树脂胶与聚醋酸乙烯酯乳液的混合胶等。

5.5.2　镶边法

板件侧边用木条、塑料镶边条或铝合金等有色金属镶边条镶贴。镶边条上带有榫簧或倒刺，板件侧边开出相应尺寸的槽沟，把镶边条嵌入槽内，覆盖侧边。镶边法主要用于边条比较厚或硬、封边法无法有效连接的场合。

镶边木条加工方法与各种压线条相似，根据设计要求加工，这在空心门及活动房制造工业中应用较广，镶边后需齐端头和铣削两侧边与板件交接部分的凸起处。在板式木质制品生产中，实木条镶边主要有两种做法：①人造板基材先进行实木镶边，再进行贴面处理；②人造板基材先贴面，后镶边。从结构上来看，常见的实木镶边形式可以分为榫接法、平接法及夹角包线法三种形式。普通的实木镶边条由于厚度较大，必须用榫才可以与基材形成有效的接合，是镶边最常用的做法，榫接法按开榫的位置还可以进一步分成不同的结构形式；平接法主要用于镶边条厚度小于 15mm 的场合或曲线边装饰线条的镶边，作业时直接用胶水和直钉固定胶合；有些情况下，要求镶边后的镶边条部分不可以外露，这时可采用夹角包线法，但使用较少。

实木镶边通常采用与表面贴面薄木相同或相近的树种，而且色泽和纹理要匹配，以保证镶边后可以与板面浑然一体。

塑料镶边条大部分是用聚氯乙烯注塑而成的，肖氏硬度为 0.5HS。其断面呈丁字形，可制成单色，也可制成双色。镶边前在板件侧边开出相应槽沟；镶边条长度应截成比板件边部尺寸稍短 4%～7%，泡入 60～80℃ 的热水中或用热空气加热，使之膨胀伸长；在沟槽中涂胶；用硬橡皮槌把镶边条打入槽内，端头用小钉固定，冷却后就能紧贴面板件周边上。

如果要在周边全部镶边，就要使镶边条首尾相接，可用熔接法或胶接法使它们接成封闭状。先把镶条端头切齐，固定在一个带沟槽的夹具中，把两个端头加热到 180～200℃，然后压紧，使其熔接在一起，再放入冷水中冷却固化。端头也可先不加热，将其清理干净，涂接触胶，在热空气下加热胶合，镶包板件转角处半径不宜小于 3mm，转角处的镶边条应预先加工出切口。

铝合金镶边条宽度为 5～20mm，厚 0.05mm，镶边时预先将镶边条加热，使其膨胀，涂胶后嵌入板件侧边槽沟中，冷却后收缩固定在板边。

塑料和铝合金镶边条还经常做成镶边带包边的效果，可以在镶边的同时将板边包覆起来，达到保护板料的作用，有时还要求在板料边缘开出镶嵌槽，方便镶边条固定，提高镶边强度。

5.5.3　涂饰法和转移印刷法

表面经直接印刷或涂饰处理的人造板边部可采用相应的涂处理方法，也可采用转移印刷法在边部印刷木纹或其他图案。涂饰处理方法可参阅本书第 8 章。转移印刷法对基材人造板表面平整度及光洁度要求很高，基材表面需经 180#以上的砂带精砂，经底涂、打磨后在其表面印刷成相应形状的木纹或其他图案，待其干燥后，在其上涂上清漆，防止被磨损破坏。

5.6　钻 孔 加 工

1) 钻孔加工方式

现代板式木质制品零部件的接合与装配都是通过各种尺寸与形状不一的孔眼来完成的，板式零部件上通常需加工各种连接件的接合孔和圆榫孔。最简单的钻孔方式是采用普通台钻、单轴钻或手工钻，此时可采用符合 32mm 系统的标准钻孔板或通用钻模等辅助定位工具确定孔位，如图 5-34 所示。这种加工方式操作灵活，但效率低、精度差，通常适用于小型工厂或作为辅助加工方式。为了保证各种孔位的加工精度，通常采用多轴钻床加工。多轴钻床可分为单排多孔钻床和多排多孔钻床。木工多轴钻削动力头上的钻轴数一般在 6~21 个，且一字排开或多种组合，因此又称为多轴钻座，如图 5-35 所示。多轴钻床用一个电机带动，通过齿轮啮合，使钻头一正一反转动，转速在 2500~3000r/min，钻头中心距为 32mm，不能调节。

单排钻只有一排多轴钻座或由钻削动力头组成，是一种钻孔自动化程度较低的钻排设备。对于零部件孔位排成一排的情况，可以一次完成单排多孔的钻削加工；对于板件上有多排孔的情况，在钻孔时需要多次调机或变换加工基准，因此零部件孔位的精度会

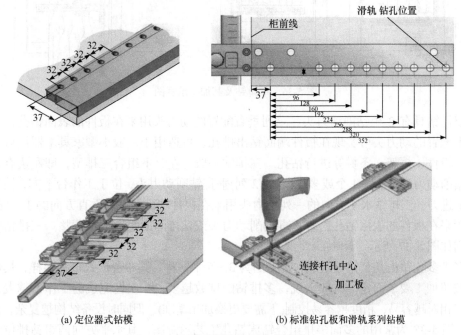

(a) 定位器式钻模　　　　　　　　　(b) 标准钻孔板和滑轨系列钻模

图 5-34　几种不同钻孔板形式(单位：mm)

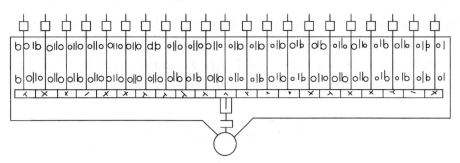

图 5-35　多轴钻削动力头

相对降低，仅适用于一些小型生产企业或多排钻的辅助钻孔。按照钻座或钻削动力头的配置位置不同，常见的类型主要有水平单排钻、垂直上置单排钻、垂直下置单排钻和万能单排钻等。单排钻及其加工示意图如图 5-36 所示。

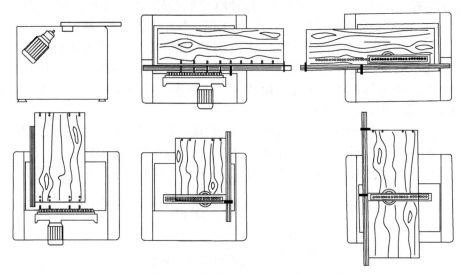

图 5-36　单排钻及其加工示意图

　　双排钻具有 2 个钻削动力头，一列垂直配置的动力头用来在板件的表面钻孔，另一列水平配置的动力头可实现在板件端面钻出排孔，可适用于一般小型家具木器厂对不同系列的板件、框架、条材等进行钻孔。三排钻一般为左、下组合三排型，即左边有一个水平钻削动力头，下置 1 个或多个(多为 2 列)垂直钻削动力头，位于工作台下方，钻头由下向上进刀。三排钻水平方向的一列动力头用来在板件端面钻孔；垂直方向的 1、2 列动力头用来在板件的表面钻孔；各垂直钻削动力头或钻排间的距离可以调整。三排钻的钻轴排列如图 5-37 所示。

　　多排多孔钻由几个钻排组成，常见的为 3～6 个钻排，其布置形式多种多样，具体布置要按照加工要求而定。一般来说，多排钻的排数越多，一次性完成的工作量越大，钻孔加工相对越容易，精度越容易控制(不需要更换加工基准)，但同时设备结构越复杂，价格较高。图 5-38 为常用的多面多排组合钻床钻孔工艺示意图，其水平方向两组钻排位于机床两侧，用来在板件端面钻孔，垂直钻排有四级，位于工作台下方，钻头由下向上进刀。

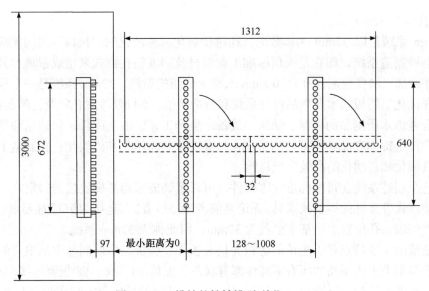

图 5-37　三排钻的钻轴排列(单位：mm)

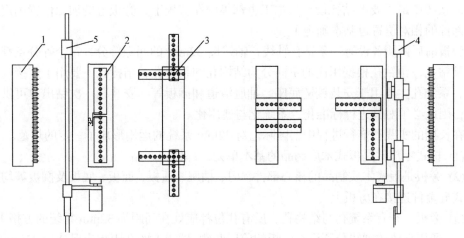

图 5-38　常用的多面多排组合钻床钻孔工艺示意图
1. 水平钻排；2. 垂直钻排；3. 钻排转 90°；4. 侧挡板；5. 后挡块

　　其中，有的钻排拆分为两段，便于适应各种形式的加工，有的钻排还能在一定角度范围内旋转。各钻排距离可调整，距离并由带放大镜的游标卡尺读出，读数精度为 0.01mm，钻排上方装有压板(通常为气动加压装置)，侧方设有挡板和挡块。

　　需要钻孔的板件由传送带送入，靠住后挡块 5 和侧挡板 4，下降压板，使板件位置固定，开动钻排。如需在板件纵向钻出排孔，可把垂直钻排组旋转 90°，列成两排。垂直钻排数目可添加，加装在机床下方导轨上或机床上方。

　　在刨花板部件上钻孔要用硬质合金钻头，最好采用能调节长度的钻头，保证孔深加工精度。钻深孔时钻头长度不超过 80mm，钻孔时要注意精确调整挡块和挡板的位置，并保持钻头锋利。

2) 孔位与 32mm 系统

32mm 系统是以 32mm 为模数的,通过模数化、标准化的"接口"来构筑板式木质制品的一种制造系统,即它是采用标准工业板材及标准钻孔模式来组成家具和其他木质制品,并将加工精度控制在 0.1~0.2mm 水准上的结构系统。32mm 系统是一个根据系统工程原理优化出的板式木质制品设计系统和制造系统,不仅要考虑孔径及孔间距的关系,还要综合考虑木质制品的材料、结构、设备、生产工艺、五金配件、包装运输等各个环节。在设计上提倡产品和零部件的系列化、标准化、通用化和模块化;在制造上要求便于实现机械化和自动化的高效生产目标。

由这个制造系统获得的标准化零部件,可以组装成采用圆榫胶接的固定式家具,或采用各类现代五金件的拆装式家具。无论是前者还是后者,其连接"接口"都要求在 32mm 方格网点的预钻孔位置上,基本模数为 32mm,因此称为 32mm 系统。

该系统的主要特点是以柜体的旁板为核心板件。旁板是木质制品中最主要的估价构件,几乎与柜类木质制品的所有零部件都有联系,如顶(面、底、搁)板要连接左右旁板、背板安装在旁板后侧、门铰的一边要与旁板相连、抽屉的导轨要安装在旁板上等。因此,32mm 系统中最重要的钻孔设计与加工也都集中在旁板上,旁板上的加工位置确定后,其他部件的相对位置也基本确定了。

旁板前后两侧各设有一条钻孔轴线,轴线按 32mm 的间隙等分,每个等分点都可以用来预钻孔,预钻孔根据用途的不同分为结构孔和系统孔,结构孔主要用于连接水平结构板,系统孔主要用于安装铰链底座、抽屉滑道和搁板等。安装孔一次钻出,可供多种用途,因此必须对其进行标准化、系统化与通用化。

在长期的实践和推行过程中,国际上对 32mm 系统的运用形成了一定的规范。

(1) 板式零部件是板式木质制品的基本单元,部件即产品。

(2) 旁板是板式木质制品的核心部件,门、抽屉、顶板、面板、底板及搁板等均通过拆装式五金件连接在旁板上。

(3) 旁板上开有系统孔与结构孔,所有孔位都应处在间距为 32mm 系统的方格上。

(4) 通用系统的轴线分别设在旁板的前后两侧,轴线上的孔距均应保持为 32mm 的整数倍。第一列系统孔与旁板前缘的距离根据使用铰链的形式有所不同,盖门结构为 37mm(或 28mm);内嵌门结构为 37mm(或 28mm)(该距离加上了门板的嵌入量)。

(5) 一般情况下,结构孔设在水平坐标上,主要用于安装偏心连接件和圆榫来连接水平结构板件(如顶底板和层板);系统孔设在垂直坐标上,主要用于安装铰链、抽屉导轨、活动层板等。

(6) 通用系统孔的标准孔径一般规定为 5mm,孔深为 13mm。当系统孔作为结构孔时,其孔径按结构配件的要求而定。一般常用的孔径为 ϕ6mm、ϕ8mm、ϕ10mm 等,这些尺寸用于嵌装预埋螺母或连接杆件;ϕ12mm、ϕ15mm、ϕ20mm、ϕ25mm、ϕ30mm 等尺寸用于嵌装连接母件;ϕ26mm、ϕ35mm 等尺寸用于嵌装暗铰链。

(7) 旁板上允许不在 32mm 系统网格上的辅孔存在,如连接封脚板的孔位;其他板件上的孔位尺寸取决于选用五金件的形式及其规格。

(8) 板料厚度通常为 16~25mm,可以为刨花板、中密度纤维板、细木工板或实木拼板等板件，也可以为各种平面结构部件。

32mm 系统的核心问题是解决好"孔的加工"。要保证孔的加工质量，首先要保证板的质量，包括板的尺寸精度和角方度，还要保证板边的加工质量，因为进行孔加工时，板边将作为基准边。

钻孔加工的基本要求是要按照设计要求确保孔位、孔距、孔径的加工精度。具有 32mm 孔距标准的排钻设备有单排、三排和多排之分，当一字排列的钻轴总数达到 66～72 根时，才能保证 8ft(1ft = 0.3048m) 长的大柜旁板一次钻成连续排列的系统孔，若钻轴总数不够，则只能采用调头钻孔，此时保证板件的角方度和板边的质量甚为重要。

为了方便钻孔加工，32mm 系统一般都采用对称原则设计、加工旁板上的安装孔。对称原则就是使旁板上的安装孔上、下、左、右对称分布。同时，处在同一水平线上的结构孔、系统孔以及同一垂直线上的系统孔之间，均保持 $n \cdot 32\text{mm}(n = 1, 2, \cdots)$ 的孔距关系。这样做的优点是同一个系列内所有尺寸相同的旁板，可以不分上、下、左、右，在同一通用钻孔模式下完成加工，从而达到最大限度节省钻孔的加工时间。

32mm 系统采用基孔制配合，钻头直径均为整数，并成系列。

习　题

1. 与实木家具相比，板式家具有何特点？
2. 板式零部件贴面材料有哪些？影响贴面质量的因素有哪些？
3. 板式部件配料设备有哪些？
4. 简述三种边部处理方法及特点。
5. 板式零部件钻孔设备有哪些？
6. 32mm 系统基本原理是什么？

第6章 弯曲木质制品零件加工工艺

木质制品中曲线形零部件的使用丰富了木质制品的造型特征，也完善了木质制品的结构和功能。常见的曲线或曲面形零部件的生产加工方法主要有锯制加工法、方材弯曲法和胶合弯曲法，方材弯曲法和胶合弯曲法属于木材弯曲成型加工方法，而锯制加工法属于方材曲线加工方法，通常可归纳为两种，第一种是在锯材配料上划线，直接锯制成曲线形毛料，再根据需求进行铣削等细部加工；第二种是先将木材根据尺寸进行胶合，制成实木拼板或集成材，再进行划线、配料和铣削加工。锯制加工法的特点是生产工艺技术相对简单，不需要特定的设备，但木材利用率低，原料损失严重。木材弯曲切割后部分纤维被切断，导致零部件的总体强度降低，通常制成的零部件曲率半径较小，纤维端头暴露在外，涂饰性较差，木质制品的铣削和装饰质量较差。方材弯曲法和胶合弯曲法可以克服以上缺点，目前这两种方法在先进的生产企业中广泛采用。

6.1 实 木 弯 曲

方材弯曲法是利用木材的可塑化特点，将直线形方材毛料经软化处理，并利用模具加压弯曲成所需的形态，经过塑化固定后得到形态稳定的木制弯曲零部件。用这种方法制成的零件具有线条流畅、形态美观、力学强度高、表面装饰性能好、材料利用率高，并能保留木材丰富的天然纹理和色泽等优点。因此，该方法广泛应用于家具和木质制品的曲线形零件制造中。

在很久以前，人们就用火烤法来弯曲木材，但受到树种和弯曲半径的限制，远不能满足人们的需要。自 1830 年 Michael Thonet 发明了蒸煮软化木材弯曲的方法以后，木材弯曲技术有了很大的发展。近几年，人们在木材弯曲性能和树种、木材软化技术以及干燥定型方法等方面做了许多研究，取得了不少的进展。

6.1.1 实木弯曲原理

方材弯曲时，会使木材形成凹凸两面，在凸面产生拉伸应力，在凹面产生压应力。其应力分布由表面向中间逐渐减小，中间一层纤维既不受拉，也不受压，称为中性层，如图 6-1 所示。长为 L 的方材弯曲后，拉伸面的长度为 $L+\Delta L$，压缩面的长度为 $L-\Delta L$，中性层的长度不变，仍为 L。

中性层的长度为

$$L=\pi R \cdot \phi/180° \tag{6-1}$$

拉伸面的长度为

$$L+\Delta L = \pi(R+h/2) \cdot \phi/180° \tag{6-2}$$

由式(6-1)和式(6-2)可得

$$\Delta L=(\pi h/2\cdot\phi)/180° \tag{6-3}$$

因此，拉伸相对形变量为

$$\varepsilon=\Delta L/L=h/(2R) \tag{6-4}$$

式中，R 为弯曲半径，mm；ϕ 为弯曲角度，(°)；h 为方材的厚度，mm；ε 为拉伸相对形变量。

通常用 h/R 表示木材的弯曲性能，即

$$h/R=2\varepsilon \tag{6-5}$$

由式(6-5)可见，对于同样厚度的木材，可以弯曲的曲率半径越小，说明其弯曲性能越好；对于相同树种的木材，在其弯曲性能 h/R 一定的条件下，木材厚度越小，弯曲半径也越小。

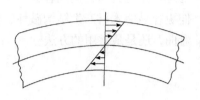

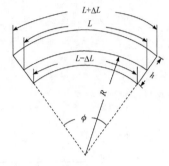

图 6-1　方材弯曲时应力与应变

木材弯曲性能通常受其拉伸相对形变量 ε 的限制，对于相同树种的木材，当拉伸相对形变量 ε 一定时，方材毛料的长度 L 越大，可以弯曲的曲率半径越小；对于不同树种的木材，当拉伸相对形变量 ε 不同、直线形毛料的长度 L 一定时，能够弯曲的曲率半径越小，弯曲性能越好。弯曲性能通常随着压力的增大而递增，但当压力超过方材毛料允许的极限时，方材毛料就会产生破坏，零件纤维结构会断裂，从而影响弯曲性能。因此，为保证木材的弯曲质量，有必要研究和了解木材顺纹拉伸、压缩的应力和应变规律，在弯曲加工时进行调整，以利于合理操作。

下面对木材顺纹拉伸形变量 ε_1 与顺纹压缩形变量 ε_2 进行分析。

常温下，气干木材顺纹拉伸形变量 ε_1 通常为 0.75%～1%，最大可达 2%。顺纹压缩形变量 ε_2 因树种不同有较大差异：针叶材和软阔叶材为 1%～2%；硬阔叶材为 2%～3%，最大可达 4%。由分析可知，在气干条件下，木材顺纹拉伸形变量 ε_1 小于顺纹压缩形变量 ε_2，因此弯曲时产生相同值域的拉伸应力和压缩应力。木材首先产生的破坏在拉伸面上，即向外凸出面，尤其在阔叶材中体现得更加明显，如图 6-2 所示，1～3 为方材弯曲破坏的过程。

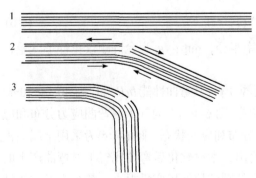

图 6-2　气干状态下弯曲产生的破坏

在高温、高含水率条件下的木材顺纹拉伸形变量和顺纹压缩形变量均比气干材增大，顺纹拉伸形变量 ε_1 增加很小，通常不超过 1%～2%，而顺纹压缩形变量 ε_2 增大较多，其中硬阔叶材可达 25%～30%，针叶材和软阔叶材可达 5%～7%。木材顺纹拉伸应力和压缩应力应变如图 6-3 所示，软化后木材的温度和含水率提高，其应力应变说明温度与水分能促进木材软化，因此软化

处理可使受力木材更加容易产生变形。虽然方材弯曲性能受顺纹拉伸强度大小限制，拉伸更容易使木材产生结构破坏，但在目前生产中，先提高方材的温度和含水率，再进行弯曲，还是最常用的方法。

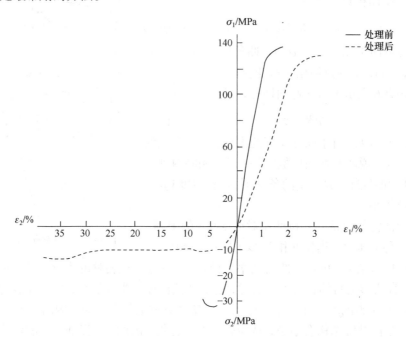

图 6-3 木材顺纹拉伸应力和压缩应力应变曲线图

σ_1 为顺纹拉伸应力； σ_2 为顺纹压缩应力

木材拉伸变形和压缩变形是对称的，经软化处理后的木材弯曲性能得到了提高，但受拉伸面允许最大形变量的限制，其顺纹可压缩能力未能充分利用，若改变中心层的位置，则可提升木材的弯曲变形能力。为此，生产实践中常在方材拉伸面紧贴一条金属夹板，使方材和金属夹板构成一体，木材受力作用时，弯曲的中性层向拉伸面移动，由金属夹板承受大部分拉伸应力，金属夹板的抗拉伸强度比木材大得多，木材毛料拉伸面受到的拉伸应力小于或等于其允许的顺纹拉伸极限，从而使方材拉伸面形变控制在允许的形变极限内，这样其弯曲性能就变为

$$h/R = (\varepsilon_1 + \varepsilon_2)/(1 - \varepsilon_2) \tag{6-6}$$

式中，h 为方材厚度，mm；R 为弯曲样模曲率半径，mm；ε_1 为允许顺纹拉伸形变量；ε_2 为顺纹压缩形变量。

采用金属夹板弯曲柞木、榆木、水曲柳等硬阔叶材，其弯曲性能 h/R 可提高 40%～50%。

图 6-4 为弯曲柞木方材断面应力应变分布图，图 6-4(a)中为气干材弯曲应力分布和应变状态，图 6-4(b)为软化处理后方材弯曲应力分布和应变状态，图 6-4(c)为采用金属夹板弯曲方材的应力分布和应变状态。由图可以看出，木材软化后弯曲比气干材弯曲产生的应力小得多，采用金属夹板弯曲方材时，产生的顺纹拉伸形变量很小，整个方材主要处

于顺纹压缩状态，这样就能充分利用软化处理后的顺纹压缩性能，有效改善方材的弯曲性能。弯曲方材截面应力应变如图 6-5 所示，拉伸面的应力分布呈直线形状，压缩面的应力分布在弹性变形范围内接近直线分布，超过比例极限后，就会产生塑性变形，呈曲线形分布，当采用金属夹板弯曲时，木材中性层向拉伸面移动。

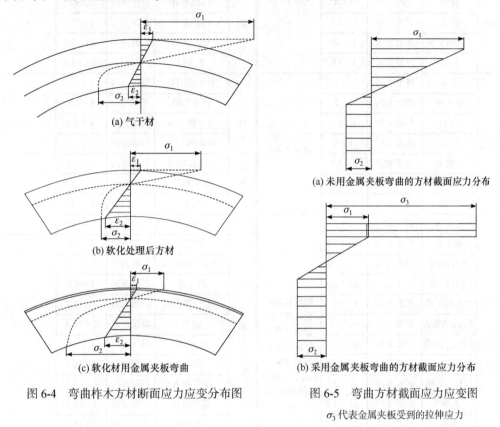

(a) 气干材

(b) 软化处理后方材

(c) 软化材用金属夹板弯曲

图 6-4　弯曲柞木方材断面应力应变分布图

(a) 未用金属夹板弯曲的方材截面应力分布

(b) 采用金属夹板弯曲的方材截面应力分布

图 6-5　弯曲方材截面应力应变图

σ_3 代表金属夹板受到的拉伸应力

6.1.2　实木弯曲工艺

实木弯曲工艺过程主要包括以下工序：选料→毛料加工→软化处理→加压弯曲→干燥定型。

1. 选料

不同树种木材的弯曲性能差异很大，相同树种不同部位木材的弯曲性能也不同。一般来说，硬阔叶材的弯曲性能优于针叶材和软阔叶材；幼龄材、边材的弯曲性能优于成熟材和心材。常见木材的弯曲性能如表 6-1 所示。各个树种的弯曲性能不尽相同，总体来说针叶材和阔叶材的弯曲性能相差较大，一般阔叶材的弯曲性能优于针叶材。因此，生产中常采用弯曲性能好的树种有榆木、柞木和水曲柳等环孔材进行方材弯曲加工。

表 6-1 常见木材的弯曲性能

	树种	弯曲方向	弯曲性能 $h:R$	备注		树种	弯曲方向	弯曲性能 $h:R$	备注
欧洲材	山毛榉	纤维方向	1:2.5	—	日本阔叶材	白蜡木 A	纤维方向	1:2.8	—
	橡树	纤维方向	1:4			白蜡木 B	纤维方向	1:3.8	
	桦木	纤维方向	1:5.7			白蜡木 C	纤维方向	1:3.8	
	云杉	纤维方向	1:10			日本核桃	径向	<1:1.5	
	松树	纤维方向	1:11			连香树	径向	<1:1.8	
中国东北材	榆木	纤维方向	1:2	120~140℃条件下蒸煮	日本针叶材	日本扁柏 B	纤维方向	1:5~20	—
	水曲柳	纤维方向	1:2			日本扁柏	径向	1:2.3	
	柞木	纤维方向	1:2.5			日本柳杉 A	纤维方向	<1:5	
	松木	纤维方向	1:8			日本柳杉 B	纤维方向	1:5~20	
	白蜡木	纤维方向	1:2.5			日本扁柏 A	纤维方向	<1:5	
	柘木	纤维方向	1:8			日本柳杉	径向	<1:1.7	
	枫杨	纤维方向	1:12			松木	径向	<1:1.9	
日本阔叶材	榆木 A	纤维方向	1:3	微波加热软化时测得的数值，其中微波频率为 2450MHz，照射 1~2min，用钢带挡块弯曲		壮丽冷杉	径向	<1:1.8	
	榆木 B	纤维方向	<1:1.6		东南亚阔叶材	臭母生	纤维方向	1:10	—
	光叶榉树	纤维方向	1:2.5			摩洛果杜滨木	纤维方向	1:14.2	
	光叶榉树	径向	<1:2.3			海棠果	纤维方向	1:9.5	
	疏花鹅耳枥	纤维方向	1:2.9			布拉斯榄仁树	纤维方向	1:18.7	
	大齿蒙古栎 A	纤维方向	<1:3			胶木	纤维方向	1:14.3	
	大齿蒙古栎 B	纤维方向	<1:2.4			橄榄树	纤维方向	1:9.4	
	大齿蒙古栎 C	径向	<1:1.8			八果木	纤维方向	1:14.3	
	圆齿山毛榉	纤维方向	1:3			婆罗双 A	纤维方向	1:14.9	
	槭树	纤维方向	<1:1.9			婆罗双 B	纤维方向	1:14.9	
	刺槐	纤维方向	<1:1.9			婆罗双 C	纤维方向	1:15.0	
	桑树	纤维方向	<1:2.0			婆罗双 D	纤维方向	1:5	
	日本樱桦	径向	<1:1.7			婆罗双 E	纤维方向	1:9.8	
	日本厚朴	径向	<1:1.8			三叶橡胶树	纤维方向	<1:5	

注：1. R 为曲率半径，h 为弯曲零件厚度；
　　2. 树名后附 A~E 表示同一树种，但立地条件(产地)不同。

　　生产中还应根据弯曲零件的厚度和要求的曲率半径合理选用树种、软化方式、软化程度，选定方材毛料的含水率。

　　配料时，毛料的纹理对弯曲性能影响较大，毛料的纹理应通直，倾斜度不得大于10°，若倾斜度过大，则弯曲时易使年轮层滑移，降低其弯曲性能。各种缺陷因素在方材弯曲时也要进行处理或剔除，如腐朽、轮裂、夹皮和过大的节子，拉伸面较小的节子也必须剔除或改为他用，否则在弯曲时易开裂。为了提高弯曲毛料的出材率，在压缩面和靠近中性层的部位可允许有一些小缺陷(如小节子)的存在。

毛料的含水率与弯曲质量密切相关，当含水率过低时，细胞壁内纤维没有达到充分的润胀，木质素、半纤维素就会塑化不足，其弯曲性能变差，易产生破坏；当方材毛料的含水率大于木材的纤维饱和点时，细胞壁内水分(结合水)饱和，细胞腔内也含有一部分自由水，此时方材弯曲，细胞壁变形，内在的水分压力增大形成静压，水分移动相对缓慢，导致弯曲时方材毛料的崩裂，而且也将延长干燥定型的时间。一般软化处理的弯曲毛料含水率以 10%～15%为宜；要进行蒸煮软化处理的毛料含水率应控制在 25%～30%；高频加热软化的毛料含水率应大于 20%。

2. 毛料加工

加压弯曲前，毛料表面要经刨削加工以消除锯痕，以便弯曲时木料能紧贴金属夹板，并能消除应力集中现象，还能简化弯曲后零件表面的加工。表面刨光后，要在弯曲部位做出记号，以便准确定位。刨光发现的缺陷可以采用各类截锯截掉，以达到剔除缺陷的目的，缺陷严重的毛料挑出来改为他用。当弯曲零件厚度大于宽度时，应取倍数毛料同时弯曲，使其转动惯性矩减小，便于加压弯曲。

3. 软化处理

木材软化处理是木材弯曲中的一项极为重要的内容，它是把剖制好的木材用一定的方式处理，使其具有一定的塑性，便于弯曲。木材软化后，弯曲时所需的压力可大大降低，还可提高木材的弯曲性能，从而可以降低弯曲时的破损率，提高加工效率和加工质量。

为了改善木材的弯曲性能，增加塑性变形，使木材在较小的外力作用下就能按要求变形，并在弯曲定型后能重新恢复原有的刚性、强度，需在弯曲前对木材进行软化处理。木材软化处理方法有物理方法(包括火烤法、水煮法、汽蒸法、高频加热法、微波加热法等)和化学方法(包括用液态氨、氨水、气体氨、亚胺、碱液 NaOH 或 KOH、尿素、单宁酸等化学药剂处理木材等)，也可用上述某几方法联合作用。用物理方法软化木材工艺成熟，成本较低，是比较常用的方法；用化学方法软化弯曲的木材，弯曲半径小，几乎适用于所有树种的木材，并且尺寸稳定，几乎无回弹，但方法较复杂，成本略高。

1) 软化机理

木材主要由纤维素、半纤维素和木素组成。这"三素"都是高聚物，因此研究木材也可以借鉴和利用高分子物理的自由体积理论。高分子物理的自由体积理论中提到了一个重要的概念——玻璃态转变温度(T_g)，即不定型无结晶高分子物质在温度达到某一数值时，许多物理性能会发生显著变化，例如，温度相差 3～4℃时，其弹性模量会降低 3～4 个数量级(图 6-6)。在高弹性状态下，高分子物质能发生自由旋转和收缩，从而达到自由活动的目的。试验证明，木材"三素"也具有玻璃态转变温度(T_g)，其中木素甚至还会出现黏流态温度(T_f)。木材"三素"都有它们自己的玻璃态转变温度，它们的联合作用就决定了木材的玻璃态转变温度。木材"三素"的玻璃态转变温度如表 6-2 所示。

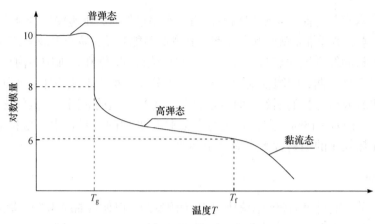

图 6-6　木材温度与弹性模量的关系图

表 6-2　木材"三素"的玻璃态转变温度　　　　　　　　(单位：℃)

所处状态	三素类别		
	纤维素	半纤维素	木素
干燥状态	231～253	167～217	134～235
高湿状态	220～250	54～142	77～128

注：纤维素多为结晶区，这部分水分不能进入，因此其 T_g 变化很小。

由表 6-2 可以看出，干燥状态下，木材的玻璃态转变温度很高，若此时对木材进行软化处理，则会使木材降解而失去强度，从而失去利用价值。高湿状态下，可以大大降低木材的玻璃态转变温度，从而降低木材的软化温度。事实上，水分进入细胞壁后会增加自由水体积，为分子的剧烈运动提供必备的空间，使木材(特别是其中的木素成分)能在较低温度下达到玻璃态，使软化温度下降很多。水是极性分子，能够进入细胞壁的非结晶区，并能和纤维素及半纤维素中的羟基形成新的氢键，从而加大了分子间的距离。

水热处理只能影响木材内的非结晶区，用分子极性很大的液体或气体浸泡木材，分子不但能进入木材内的非结晶区，还能进入木材内的结晶区，使木材中的化学成分发生变化，进而大大提高木材的软化性能。氨分子就是这样一种物质，它不但能进入木材内的非结晶区，还能进入木材内的结晶区，和纤维素形成一种氨纤维素，这种物质的化合物结构柔软，对软化木材非常有利，最主要的是其化学性能不稳定，干燥后能使纤维素恢复原来的状态。此外，氨分子还可以松动木素和半纤维素的联系，并能改变木素的空间构象，使木素分子发生扭曲变形，但分子链并不溶解或不完全分离。氨分子还能松弛木素与多聚糖的化学联结，使木材在常温下就处于软化状态。

碱能软化木材，也能引起饱水状态下的木材在纤维方向的收缩，使纤维倾角增大，在对木材进行弯曲变形时，可使增大了倾角的纤维丝将倾角减小到处理前的状态，因此能使木材能够弯曲伸长而不至于被破坏。酸会使木材产生无限润胀，使木素和半纤维素部分甚至完全溶解，从而导致木材的力学性能下降，因此不能用来软化木材。

2) 软化处理方法

常用的软化处理方法有蒸煮法、高频加热法、微波加热软化法、液态氨处理法、气态氨处理法、氨水处理法、尿素处理法和碱液处理法等。

(1) 蒸煮法：是在热水或高温蒸汽下使木材受热软化，这种工艺技术成熟、方法简单、成本低，但是会使木材含水率增大，弯曲后干燥时间延长。高温蒸汽软化时，堆放的木材间应留一定的缝隙，蒸汽应为饱和蒸汽，以防木材开裂。蒸煮时，木材细胞腔内会渗入自由水，弯曲时易产生静压力而造成废品，特别是在弯曲厚板时，还会因受热不均产生破损，现多用于薄板弯曲成型中。

蒸煮时间与弯曲方材的厚度、含水率、树种和要求塑化程度有关。在处理厚材时，为缩短时间采用耐压蒸煮锅，提高蒸汽压力。蒸汽压力过高，往往会出现木材表层温度过高、软化过度，而中心层温度还较低、软化不足，弯曲时凸面易产生拉断。通常在 80℃以上温度水蒸时，需处理 60~100min，用 80~100℃蒸汽汽蒸时，需处理 20~80min。表 6-3 为榆木和水曲柳的热处理时间。

表 6-3　榆木和水曲柳的热处理时间

树种	毛料厚度/mm	不同温度下所需处理时间/min			
		110℃	120℃	130℃	140℃
榆木	15	40	30	20	15
	25	50	40	30	20
	35	70	60	50	40
	45	80	70	60	50
水曲柳	15	—	80	60	40
	25	—	90	70	50
	35	—	100	80	60
	45	—	110	90	70

(2) 高频加热法：将木材置于高频电场两极之间，使木材内部分子反复极化、摩擦生热，从而使木材加热软化。用高频加热法软化木材，速度大、周期短、加热均匀、软化质量好。木材厚度越大，高频加热的优势越明显。

木材高频软化装置由电源、整流器、振荡器、控制器和工作电容器组成。

单位体积下材料介质从电磁场中吸收的功率 P 为

$$P=0.55E^2 \cdot f \cdot \varepsilon \cdot \tan\delta \times 10^{-12} \tag{6-7}$$

介质产生的热量 Q 为

$$Q=1.33E^2 \cdot f \cdot \varepsilon \cdot \tan\delta \times 10^{-13} \times 4.1868 \tag{6-8}$$

式中，E 为电场强度，$E=V/d$，V/cm；V 为极板所加高频电压，V；d 为两极板间距离，cm；f 为电场频率，MHz；ε 为介质的介电系数；$\tan\delta$ 为损耗角正切。

　　介电系数与损耗角正切的乘积称为损耗因子(k)，$k = \varepsilon \cdot \tan \delta$，不同介质的损耗因子不同。

　　影响高频加热的因素主要有功率密度、介质损耗因子、高频频率和木材结构等。

　　功率密度：功率密度越大，电场单位时间提供给木材的能量就越多，升温速度也越大。高频加热时，极板应与木材相接触配置，使高频电场均匀分布，防止造成木材局部过热。

　　介质损耗因子：一般来说，含水率越高，介质损耗因子越大，加热越快。木材加热过程中，会向周围空间蒸发水分，因此高频加热法初含水率应比蒸煮法高，但并不是含水率越高越好，应根据不同的树种来选择，例如，柘树在含水率为 30%时软化质量最佳，而枫杨在含水率为 40%时最佳，表 6-4 为枫杨和柘树的高频加热软化试验结果。一般来说，任何树种高频软化的含水率不得低于 20%，否则软化质量将明显下降。

表 6-4　枫杨和柘树的高频加热软化试验结果

树种	试件厚度/mm	初含水率/%	功率密度/(W/cm³)	最佳加热时间/min
枫杨	15	98	1.2	2
柘树	15	45	1.2	3

　　高频频率：高频发生器的工作频率对木材软化速度和质量有很大影响。一般来说，频率越高，电场变化越快，反复极化就越剧烈，木材软化的时间也就越短。在高频电场中，木材实质(细胞壁)和水分所吸收的功率与各自的介质损耗因子成正比。介质损耗因子随频率而变化，因此为使木材尽快软化，最佳工作频率应选择在对木材实质具有最大介质损耗因子这个频率上。

　　木材结构：木材的结构和密度对软化时间影响也较大，结构疏松，密度越小，介质损耗因子就越小，加热速度就小；相反，结构致密，密度越大，介质损耗因子就越大，加热速度也就越快。

　　(3) 微波加热软化法：是 20 世纪 80 年代开发的新工艺，微波是频率为 300MHz～300GHz、波长为 1～1000mm 范围的电磁波，它对电介质具有很强的穿透能力，能激发电介质分子产生极化、振动、摩擦生热，进而使木材软化。

　　热量来自木材内部，温度迅速升高，可大大缩短软化时间。例如，厚度为 2cm 的板材用蒸煮法软化需 8h，而用微波加热软化只需 1min；微波处理木材的温度容易控制，使木材在最佳工艺条件下软化。

　　微波加热弯曲木材的两种典型工艺流程如图 6-7 所示。

　　经试验证明，当用 2450MHz 的微波照射木材时，木材内部发热最为迅速。以 1～5kW 功率的微波照射，几分钟内木材表面温度就可达到 90～110℃，内部温度可达到 100～130℃。为防止水分散失引起木材表面降温，导致木材软化性能下降，可用聚氯乙烯薄膜将饱水木材包好后再照射微波。图 6-8 为微波弯曲试验装置示意图。

　　(4) 液态氨处理法：将气干或绝干的木材放入液态氨(−33℃)中浸泡 0.5～4h 之后取出，待其温度上升到室温条件(此时木材已软化)即可进行弯曲，放置一段时间后液态氨会全部蒸发，使弯曲木材定型，恢复木材的刚度。为防止弯曲前液态氨过度挥发，降低软化性能，在木材从处理罐拿出后应迅速操作，通常应控制在 8min 以内，这种方法操作容易，且对木材强度影响较小。

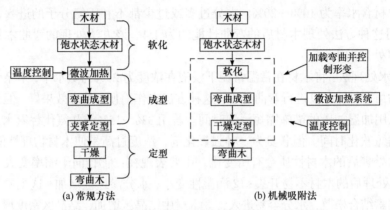

(a) 常规方法　　　　　　　　(b) 机械吸附法

图 6-7　微波加热弯曲木材的两种典型工艺流程图

在液态氨中浸泡的时间与树种、板厚有关，通常是木材密度越大，材质越致密，内含物越多，板越厚，在液态氨中需要处理的时间就越长。为缩短软化时间和提高软化质量，可将液态氨处理罐中的空气抽掉，除去空气中的 O_2，同时注入 CO_2，并且还可适当加压、升温，使液态氨温度在 $-33 \sim 0$℃，以便液态氨更易渗入木材细胞。用液态氨处理木材会使细胞软化，干燥后细胞腔会减小，若浸泡时间过长，则会引起木材溃陷，出现这种情况，可用聚乙二醇(PEG)浸泡使其恢复。

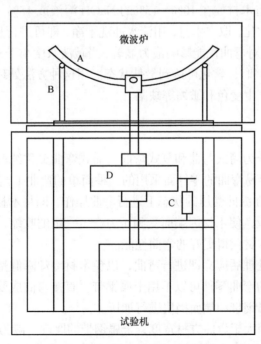

图 6-8　微波弯曲试验装置示意图

A 代表木材试样；B 代表承载测压器；C 代表传感器；D 代表气缸

(5) 气态氨处理法：将气干材放入处理罐中，导入饱和气态氨(温度为 26℃时约 10 个大气压，5℃时约 5 个大气压)处理 2～4h，具体时间根据木材厚度和树种决定。这种处理方法要求木材含水率为 10%～20%，水分过多或过少都不利于氨分子的进入，通常最好为 15%。用这种方法处理木材后的弯曲性能约为 1/4。该方法处理的弯曲木材定型效果不如液态氨处理的木材。

(6) 氨水处理法：将木材在常温常压下浸泡在浓度为 25%的氨水中，十余天后木材即具有一定的可塑性，可以进行弯曲处理。这种方法操作简便，处理效果好，但是花费时间太长，可以用加温加压的措施缩短浸泡时间。若用 3%～15%的联氨代替氨水，则效果更佳，且可缩短软化时间。但联氨为一种强氧化剂，浓度过高易使木材物理性能下降。

用氨水处理后的木材性质会有所变化，主要表现在：①径向干缩率变大，近似等于弦向，因此处理后的木材不易开裂；②润湿性变小，水分渗透性增加，这主要是由于纤维素与半纤维素结合松散，水分容易进入；③木材中结晶区增加，结晶区密度增大；④有的部位因结晶区增加，纤维素间结合力增加，有的部位因纤维素间结合力低木材强度下降，从整体上来讲，木材强度有所下降。

(7) 尿素处理法：用尿素处理木材的原理与用氨水处理木材的原理相似，主要是利用了极性分子容易渗透到木材中的特点。具体的操作是：将木材浸泡在浓度为 50%的尿素水溶液中，厚 25mm 的木材需要浸泡 10 天，在一定温度下干燥到含水率为 20%～30%时，然后加热至 100℃，进行弯曲处理并干燥定型。例如，山毛榉、橡木用尿素溶液浸泡处理后，木材弯曲性能可达 1/6。

(8) 碱液处理法：将木材放在 10%～15%的 NaOH 溶液或 15%～20%的 KOH 溶液中，一定时间后木材明显软化，取出木材，用清水冲洗干净，即可进行自由弯曲。用这种方法处理木材，碱液的浓度对弯曲性能影响最为显著，当碱液浓度小于 9%时，木材难以软化；当碱液的浓度约为 17%时，软化可达到最佳状态。用这种方法处理木材操作简单、弯曲性能好，但易使木材产生变色和皱缩等缺陷。

4. 加压弯曲

木材弯曲过程可分为简式弯曲和复式弯曲。简式弯曲又称纯弯曲，主要是针对曲率半径较大、厚度小、容易弯曲的零件而采用的一种简单的弯曲工艺方法。复式弯曲(也称为加压弯曲)是使木材在纵向受压的状态下进行弯曲操作，即将木材放在两端设有挡块的金属夹板间，拉紧夹板，使木材因端面受到压力产生一定的收缩，从而在弯曲时可使中性层外移，这样可使木材获得更好的弯曲性能。

方材毛料经软化处理后应立即进行弯曲，以免木材冷却降低塑性，影响弯曲效果。曲率半径大、厚度小的弯曲零件可以不用金属钢带，直接弯曲成要求的形状。大部分零部件弯曲时，需用金属钢带和端面挡块进行加压。

金属钢带宽度要稍大于弯曲方材宽度，金属钢带的厚度一般为 0.2～2.5mm，钢带两端设有端面挡块，用来顶住方材端部，拉紧金属钢带，使金属钢带与方材毛料紧密接触，促使中性层外移。

端向加压时，压力要适中，压力过小将起不到作用，压力过大不仅会引起压缩破坏，还会产生反向弯曲现象。一般弯曲硬阔叶材时，端面压力为 0.2～0.3MPa。考虑到弯曲过程中允许有一定程度(1.5%～2.0%)的伸长，端面挡块之间的压力可由楔状木块、球形座和螺杆来调节。弯曲形状可以是二维空间曲线，如 L、U、S、O 形等，也可以是三维空间曲线，如椅背后腿零件、椅背扶手零件等。

木材弯曲操作可用曲木机或手工进行，手工弯曲夹具、环形曲木机、U 形曲木机及曲木干燥机的工作原理如图 6-9 所示。

图 6-9(a)为手工弯曲夹具，加工过程是把弯曲方材 4 放在样模 1 和金属夹板 2 之间，两端用端面挡块 3 顶住，对准毛料上的记号与样模中心线打入楔子 5 将其定位，扳动杠杆把手，毛料全部贴住样模，然后用拉杆 6 拉住毛料两端后，连同金属夹板和端面挡块一起取下，送往干燥定型。

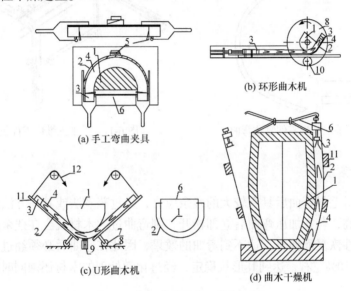

(a) 手工弯曲夹具
(b) 环形曲木机
(c) U形曲木机
(d) 曲木干燥机

图 6-9　加压弯曲设备工作原理图

1. 样模；2. 金属夹板；3. 端面挡块；4. 弯曲方材；5. 楔子；6. 拉杆；
7. 滚轮；8. 工作台；9. 压块；10. 压辊；11. 加压杠杆；12. 钢丝绳

图 6-9(b)为环形曲木机，样模 1 装在垂直主轴上，用电动机通过减速机构带动主轴回转，使毛料逐渐绕贴到样模上，用卡子固定毛料后，将样模和毛料连金属夹板一起取下送往下道工序，干燥定型。

成批生产时，常用曲木机床，图 6-9(c)为常用的 U 形曲木机，将装好弯曲方材 4 的金属夹板 2 放在加压杠杆 11 上，升起压块 9，定位后开动电机，使两侧加压杠杆升起，方材绕样模弯曲，直到全部贴紧样模时，用拉杆 6 固定，连同金属夹板、端面挡块一起取下弯曲好的毛料送往干燥室。

图 6-10 和图 6-11 为实际生产中手工 S 形零件复式弯曲和手工三维形零件复式弯曲。当椅子后腿、椅背横档等曲率较小，形状简单的零件大批量生产时，用压机式曲木机；U 形、O 形等零件则用 U 形曲木机和环形曲木机来制造。

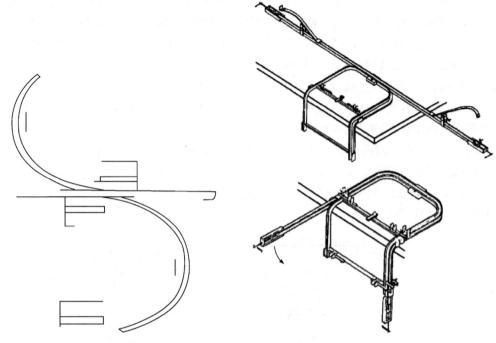

图 6-10　手工 S 形零件复式弯曲　　　　　　图 6-11　手工三维形零件复式弯曲

5. 干燥定型

直线形方材毛料弯曲后具有较大的残余应力，通过蒸煮法或其他方法处理过的木材含水率一般偏高，若在加压弯曲后立即松开，则弯曲过的木材就会在残余应力和水分的作用下产生弹性恢复而伸直，达不到弯曲的效果，因此在弯曲后必须经过干燥定型，使其含水率降到 10%左右，达到其形状稳定，经过化学处理的木材还须同时除去大部分化学物质。

根据弯曲木材与定型样模之间的关系，将干燥定型方法分为定型架定型和夹板连接定型。定型架是一个具有相应形状的架子，把弯曲好的零件从样模上卸下，插入定型架中，保持到含水率降低、形状固定。采用定型架定型，能够节省大量夹具和样模，但操作麻烦，凸面容易破坏，废品率高。对于夹板连接定型，生产中常用的方法是把弯曲后的方材连同弯曲样模一起从曲木机上卸下，送往干燥室定型，卸下前为使木材保持弯曲形状，需要用拉杆固定，采用这种方法定型木材可以大大减少废品损耗，但需要一定数量的夹板和样模。

干燥定型工艺按加热方式的不同，又可分为自然气干法定型、窑干法定型、高频干燥法定型、微波干燥法定型等。

(1) 自然气干法定型：将弯曲好的毛料放在大气条件下自然干燥、定型，这种方法所需的时间长，质量不易保证，主要用于一些大尺寸零件如船体弯曲零件、大型弯曲建筑构件，家具生产中很少采用。

(2) 窑干法定型：将弯曲好的毛料连同金属钢带和模具一起，用拉杆固定后从曲木机上卸下来，堆放在小车上，送入定型干燥室进行干燥定型。干燥室可以是常规的热空气干燥室，也可以是低温除湿干燥室，用热空气干燥时，为保证弯曲木的定型质量，通常温度为 60～70℃，干燥时间为 15～40h。除湿干燥法分预热和除湿两个阶段，该方法干燥质量较好，但定型周期较长。

(3) 高频干燥法定型：将弯曲木置于高频电场中使其干燥定型的方法。高频干燥法定型速度大，可以节省大量模具，尤其是当木材厚度较大时，优点更为显著，高频常用频率为 13.56MHz，干燥定型后的木材含水率均匀，质量稳定。

干燥定型装置需要满足以下条件：高频电场必须均匀分布于弯曲木的周围；负载装置机构必须便于蒸发木材水分；负载量必须与高频机相匹配。该装置可直接使用弯曲木上的钢带作为一个电极，另一电极安置在样模上，电极板上应均匀开有一定数量的孔，以利于水分蒸发。

(4) 微波干燥法定型：微波的穿透能力较强，弯曲木只要在微波加热装置内经数分钟照射就能干燥定型。在日本和欧美等国家，多在微波加热装置内放置弯曲加压设备，使木材的软化处理、弯曲加工和干燥定型能进行连续生产，并且使用光纤温度传感器正确测定微波加热时的木材温度，可使微波照射过程中自动控制适宜的温度范围。微波常用频率为 2450MHz，干燥法定型木材效率高、质量稳定、弯曲半径小、周期短，还能实现计算机控制，具有很好的发展前景。

经干燥定型后的木材往往还会发生回弹变形，如何有效控制定型后的木材变形量是木材弯曲的一项重要内容。常用的蒸煮软化并经窑干定型的弯曲件，回弹率较大，相比之下，采用高频和微波加热软化、干燥定型的木材回弹率要小些；用化学方法软化处理的木材回弹性能也有很大的差别，液态氨定型效果最好，几乎无回弹，而用气态氨软化弯曲木的稳定性不及液态氨，用氨水或尿素处理的木材稳定性则更差。

控制回弹的方法有物理方法和化学方法。物理方法是在弯曲成型时，可将弯曲的角度比设计时的角度略大 1°～2°，具体的度数可根据软化方法和木材性质来确定，此外，保持干燥定型后木材含水率的稳定对控制回弹变形具有重要作用；化学方法是用苯

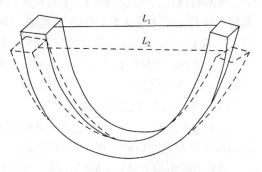

图 6-12　实木弯曲回弹示意图

乙烯与聚乙烯醇类单体对弯曲后的木材进行塑合处理，或涂饰聚氨酯涂料和浸渍酚醛树脂，使其达到形状和尺寸的稳定。回弹率的计算可用式(6-9)，实木弯曲回弹示意图如图 6-12 所示。

$$回弹率 = (L_2 - L_1)/L_1 \times 100\% \qquad (6\text{-}9)$$

式中，L_1 为拆模前的尺寸，mm；L_2 为回弹后的尺寸，mm。

6.1.3　影响实木弯曲质量的因素

影响木材弯曲质量的因素有很多，主要有木材树种、含水率、木材缺陷、年轮方向、温度、弯曲时夹具端面的压力、弯曲速度以及干燥定型方法等。

(1) 木材树种：一般来说，硬阔叶材的弯曲性能优于软阔叶材和针叶材，虽然硬阔叶材和针叶材中纤维素所占的比重均为50%左右，但是针叶材的结晶度高于阔叶材的结晶度，结晶区不易软化，而且针叶材含木素多，其主要成分为愈创木基丙烷，在分子运动时，甲氧基只有一个，分子结构是不对称的，因此分子运动需要的能量大。而阔叶材的木素是紫丁香基丙烷，其苯环上有两个甲氧基，结构是对称的，因此运动起来所需能量小于愈创木基丙烷。同时阔叶材含半纤维素多，并且在木聚糖的分子链上分支多(与针叶材相比)，而分支容易水解。因此，硬阔叶材更具有可软化性和可弯曲性。

(2) 含水率：水分在纤维间起润滑作用，使相对滑移时摩擦阻力减小，变形加大，从而降低弯曲所需的力矩，因此可以大大提高木材的弯曲性能。方材弯曲的含水率一般控制在20%~30%。

(3) 木材缺陷：方材弯曲对木材缺陷限制严格，有腐朽、死节的木材会引起应力集中，不能用来弯曲，少量活节会使顺纹抗拉强度降低约50%，使顺纹抗压强度降低10%，因此对节子要严格控制，有节子出现时，最好不要使节子处在拉伸的同一面。

(4) 年轮方向：年轮方向与弯曲面平行时，弯曲应力由几个年轮共同承受，稳定性好、不易破坏，但不利于横向压缩。当年轮与弯曲面垂直时，产生的拉伸应力和压缩应力分别由少数几个年轮层承担，处于中性层的年轮在剪应力作用下，容易产生滑移离层。年轮与弯曲面呈一角度，对弯曲和横向压缩都有利。

(5) 温度：温度是影响方材弯曲质量的又一个重要因素，温度可加剧木材中分子的运动，使木材软化，形成玻璃态。木材在水分作用下，其软化温度可大大降低，从而可以使木材在较低温度下获得良好的弯曲性能。但是木材的温度过高时，所需的热能加大，增加生产成本，同时也会使木材发生降解，降低木材的强度。

(6) 弯曲时夹具端面的压力：端面压力是方材弯曲的重要条件，采用适当的端面压力能使木材纤维在横向压缩下密实起来，形成一定的卷曲，增大其顺纹方向的拉伸形变量，从而提高木材的弯曲性能和弯曲质量。

(7) 弯曲速度：弯曲速度过小，方材容易变冷而降低塑性，弯曲速度过大，则木材内部结构来不及适应弯曲变形，也容易破损。一般弯曲速度以每秒35°~60°为宜。

(8) 干燥定型方法：不同的干燥定型方法和工艺不仅影响干燥效率，还影响定型后的质量。

6.2　胶　合　弯　曲

胶合弯曲是在胶合板生产技术和实木弯曲技术的基础上发展起来的，即将一摞涂过胶的单板(或薄木)按要求配成一定厚度的板坯，然后放在特定的模具中加压弯曲、胶合、定型制得曲线形零部件的一系列加工过程。

胶合弯曲技术始于 1929 年，芬兰的 Alvar Aalto 首创了胶合弯曲家具，他选用了当地产的山毛榉和桦木单板作为基材进行胶合，同时模压成曲线形的胶合弯曲零部件，以制作各种坐类家具(如椅、凳、沙发等)。后来，瑞典的 Bruno Mathsson 于 1940 年设计制作了多种具有人体曲线的胶合弯曲家具。从 20 世纪 50 年代起，丹麦、瑞典、芬兰、挪威和工业发达的苏联、日本等，单板胶合弯曲技术发展迅速，并大批量生产胶合弯曲件及相关制品，畅销国际市场。

胶合弯曲具有以下特点：

(1) 可以胶合弯曲成曲率半径小、形状复杂的零部件，弯曲件造型多样、线条流畅、简洁明快，具有独特的艺术造型。

(2) 能够节约木材，扩大木材弯曲的树种范围，与实木弯曲工艺相比，可提高木材利用率 30%左右，凡是胶合板用材均可用来制造胶合弯曲构件。

(3) 简化了产品的加工过程，提高了劳动生产效率。

(4) 具有足够的强度，形状、尺寸稳定性好。

(5) 可做成拆装式制品，便于生产、贮存、包装运输，有利于流通。

(6) 胶合弯曲件的形状根据产品的使用功能和造型需要，可以设计成多种多样，主要形状有 C、L、U、S、Z、O、H、h、X 形等，而且胶合弯曲件还可以是三维的。

6.2.1　胶合弯曲原理

按照实木方材的弯曲理论，木材的弯曲性能用 h/R 表示，由此可知，在弯曲性能一定的情况下，薄板的弯曲半径要比厚板的弯曲半径小得多，胶合弯曲就是利用这一原理来工作的。在弯曲过程中，胶层尚未固化，各层薄板间可相互滑移，几乎不受牵制，薄板胶合弯曲件的内部应力分布如图 6-13 所示，每层薄板的凸面产生拉伸应力，凹面产生压缩应力。应力大小与薄板厚度有关，因此胶合弯曲件的最小曲率半径不是按弯曲件的厚度计算，而是以薄板厚度 S 来计算。例如，制造曲率半径为 60mm、厚度为 25mm 的弯曲件，用方材弯曲，其弯曲性能必须是 $h/R=25/60=1/2.4$，这就要用材质非常好的硬阔叶材，而且还需要经软化处理才能达到要求。但是，如果用厚度为 1mm 的一摞薄板胶合弯曲，就只要求其弯曲性能为 $S/R=1/60$，不需要软化处理就可达到要求，这样软阔叶材或针叶材均可作为胶合弯曲用材。

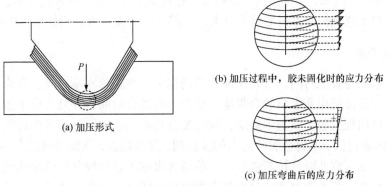

(a) 加压形式

(b) 加压过程中，胶未固化时的应力分布

(c) 加压弯曲后的应力分布

图 6-13　薄板胶合弯曲件的内部应力分布

胶合弯曲中所用的薄板厚度一般不大于 5mm，如锯制薄板、胶合板、纤维板、旋切单板和刨切薄木等，其中以旋切单板应用最为广泛。

6.2.2　胶合弯曲工艺

胶合弯曲件的生产工艺包括薄板准备、涂胶配坯、加压成型和胶合弯曲件加工等工序。

薄板的制作有旋切、刨切两种。在切削前均需要进行蒸煮软化处理，加工成的单板厚度应均匀、表面光洁。单板的厚度应根据零部件的形状、尺寸及弯曲半径来确定，弯曲半径越小，要求单板厚度越小。对于一定厚度的胶合弯曲件，单板层数增加，用胶量就增大，成本提高。通常制造家具零部件用的刨切薄木的厚度为 0.3～1mm，旋切单板厚度为1～3mm，制作建筑构件时，单板厚度可达 5mm。除了单板树种和厚度，单板质量也很重要，单板表面粗糙不平、厚度不均不仅影响产品外观，而且在胶合弯曲时，单板与胶黏剂接触不佳，不易形成完整的、厚度均匀的胶层，使胶合强度下降。背面裂隙太深容易透胶，使胶合强度降低，影响胶合弯曲件的使用寿命，因此单板厚度误差应尽可能小。胶合弯曲工艺流程如图 6-14 所示。

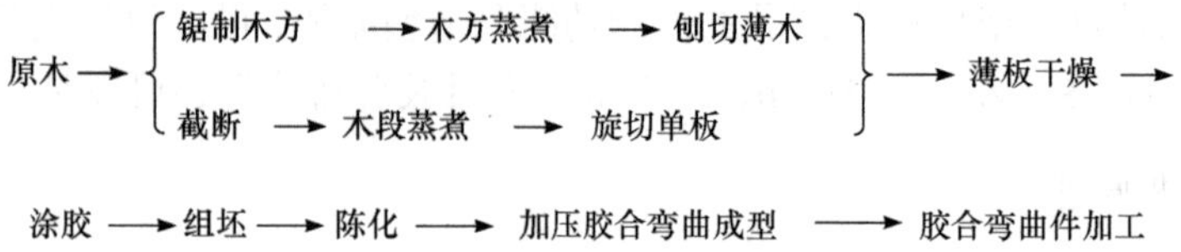

图 6-14　胶合弯曲工艺流程图

1. 薄板选择及制作

胶合弯曲要求单板具有可弯性和易胶性，可以作为胶合弯曲的薄板有单板、竹片、竹单板、胶合板、硬质纤维板等。目前用来制作胶合弯曲制品的主要材料是木材，国内常用的树种为水曲柳、杨木、奥古曼、柳桉、桦木、椴木、柞木等；欧洲则常用山毛榉、橡木、桦木等。近年来，马尾松、落叶松、红松和云杉等也常作为胶合弯曲用材。

单板胶合弯曲件的表层和心层的树种可以相同，也可以不同。一般来讲，心层单板主要用于保证弯曲件的强度和弹性；而表层单板应选用装饰性好、木纹美丽，具有一定硬度的树种，如水曲柳、柚木等。胶合弯曲用单板树种的选择应根据制品的使用场合、尺寸、形状等确定。例如，家具中的悬臂椅要求强度高、弹性好，可选用桦木、水曲柳、楸木等树种；对于建筑构件，一般尺寸较大、零部件厚度大，可以用松木、柳桉等树种。

2. 薄板干燥

单板含水率与胶压时间、胶合质量等密切相关。单板含水率过高，会降低胶黏剂的黏度，热压时胶被挤出而影响胶合强度，也会延长胶合时间，并且会由于板坯内的蒸汽压力过高容易出现脱胶、鼓泡等缺陷，同时胶合弯曲后会因水分蒸发出现较大收缩形变量；单板含水率过低，木材会吸收过多的胶黏剂，导致缺胶，从而导致胶合不良，而且单板的塑性差，加压弯曲时易拉断或开裂。单板含水率关系到胶黏剂的湿润性及与此相关胶层的形成状态，含水率过高或过低都会影响胶合质量。因此，薄板干燥后的含水率应控制在 6%～12%，最大不能超过 14%。

3. 涂胶

目前国内外用于胶合弯曲的胶黏剂主要有脲醛树脂胶、酚醛树脂胶、聚醋酸乙烯酯乳液、间苯二酚脲醛树脂胶、三聚氰胺改性脲醛树脂胶等。热熔胶制得的制品稳定性差，因此很少采用，最常用的为脲醛树脂胶。胶种的选择应根据胶合弯曲件的使用要求和工艺条件进行考虑，例如，室内用家具胶合弯曲件从装饰性、耐湿性出发，要求无色透明，具有中等耐水性，宜采用脲醛树脂胶或三聚氰胺改性脲醛树脂胶；制造建筑构件、车船上的弯曲件时，须用耐水、耐候的酚醛树脂胶或异氰酸酯胶；采用高频加热时，宜使用高频加热的专用脲醛胶。

涂胶量的多少是由胶种、单板树种、单板厚度和单板质量决定的，涂胶量应适量，涂胶量过高，胶层太厚，内应力会增大，胶合强度会降低，而且成本也会增加；涂胶量过低，容易产生缺胶现象，不能形成连续均匀的胶层，胶合强度差。一般来说，酚醛胶用量比脲醛胶少，异氰酸酯胶比酚醛胶用量少；硬材树种涂胶量比软材树种涂胶量少；单板厚度越小，涂胶量越少；单板表面质量越差(粗糙度大)，涂胶量需相应地增加。一般脲醛胶用量为 120～200g/m²(单面)；氯化铵加入量为 0.3%～1%，气温高时取小值，反之取大值；有时还可在脲醛胶中加入 5%～10%的工业面粉作为填料，以增加胶黏度和降低成本。

4. 组坯

薄板的层数根据薄板的厚度、胶合弯曲零件厚度以及胶合弯曲时板坯的压缩率来确定，通常板坯的压缩率为 8%～30%。用单板时，各层单板纤维的配置方向与胶合弯曲零部件使用时的受力方向有关，配置方式通常有三种。

(1) 平行配置：各层单板的纤维方向一致，适用于顺纤维方向受力的零部件，如桌、椅腿。

(2) 交叉配置：相邻层单板纤维方向互相垂直，适用于承受垂直板面压力的部件，如椅座、大面积部件。

(3) 混合配置：一个部件中既有平行配置，又有交叉配置，适用于复杂形状的部件，如椅背、椅座及椅腿为一体的部件。

胶合弯曲件的厚度根据用途而异，例如，家具的弯曲骨架部件，通常厚度为 22mm、24mm、26mm、28mm、30mm，而起支撑作用的部件厚度为 9mm、12mm、15mm。

5. 陈化

陈化时间是指单板涂胶后到开始胶压时所放置的时间。陈化的目的是使胶液流展和湿润单板，形成均匀连续的胶层，同时也使胶液中一部分水分蒸发或渗入单板，使其黏度增大，避免热压时出现透胶现象，有利于板坯内含水率的均匀，防止热压时产生鼓泡现象。陈化时间过短或过长，胶合强度都要降低，适宜的陈化时间根据单板含水率、胶种、涂胶量、压力和气温条件的不同而异，陈化时间为 5～15min，通常不超过 30min，常采用闭合式陈化。

6. 加压胶合弯曲成型

胶合弯曲是制造胶合弯曲零部件的关键工序，是使放在模具中的板坯在外力作用下产生弯曲变形，并使胶黏剂在单板弯曲状态下固化，制成所需的胶合弯曲件。常用的胶压工艺参数如表6-5所示。

表6-5　常用的胶压工艺参数

胶压方式	单板树种	胶种	压力/MPa	温度/℃	加压时间	保压时间/min
冷压	桦木	冷压脲醛胶	0.8~2.0	20~30	20~24h	—
蒸汽加热	柳桉水曲柳	脲醛胶	0.8~1.5	100~120	0.75~1.0min/mm	10~15
		酚醛胶	0.8~2.0	130~150		
高频介质加热	马尾松	脲醛胶	1.0	100~115	7min	15
	意杨			110~125	5min	
低压电加热	柳桉桦木	脲醛胶	0.8~2.0	100~120	1.0min/mm	12

胶合弯曲所使用的压机有单向压机和多向压机两种。单向压机一般指普通的平面胶合冷压机，配有一对阴阳模具，可以压制形状简单的胶合弯曲件(1~2个弯曲段)；多向压机使用范围较广，是新型的成型压机，它配有分段模具，可以压制形状复杂的胶合弯曲件(2个以上弯曲段或封闭式)。根据模具的形式，胶合弯曲可分为硬模胶合弯曲、软模胶合弯曲和环形部件胶合弯曲。

硬模胶合弯曲：是由一个阴模和一个阳模组成的一对硬模进行加压胶合弯曲。硬模可用金属、木材或水泥制成。大量生产时采用金属模，内通蒸汽；木材硬模及水泥模用于小批量生产。硬模加压胶合弯曲的优点是结构简单、加压方便、使用寿命长，缺点是加压不均。硬模加压弯曲应力分布如图6-15所示，作用于各部位的压力与α成比例：

$$P_{\alpha}=P \cdot \cos\alpha \tag{6-10}$$

式中，P为弯曲部件水平投影面上的单位压力；当$\alpha=0°$时，$P_{\alpha}=P$；当$\alpha=90°$时，$P_{\alpha}=0$。

因此，制造深度大的弯曲件时需采用分段加压弯曲设备，如图6-16所示，阴模分为底板、右压板和左压板三部分。弯曲时，把板坯放于底板上，降下阳模，把板坯压紧在底板上，继续下降阳模，使其与板坯和底板一同下降，开动左、右两侧压板，将板坯弯曲成U形部件。

硬模加压弯曲时，压力大小与薄板树种、弯曲件形状等有关。硬阔叶材板坯加压弯曲所需压力大于软阔叶材和针叶材。在弯曲件深度较大的情况下，需用较高的压力。厚度一致、形状简单、深度不大的弯曲件可以用1.0~1.2MPa压力。

在硬模加压弯曲过程中，约有70%的压力用于压缩板坯和克服单板间摩擦力，只有30%左右的压力用于胶压弯曲板坯，因此所需压力应比平压部件大得多。对于弯曲凹入深度大的或多向弯曲的部件，最好采用分段加压弯曲方法。

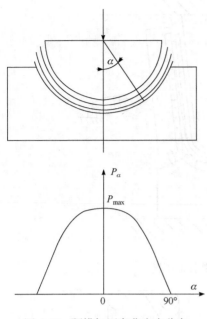

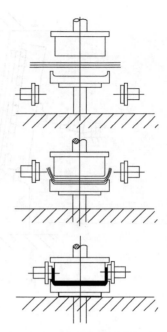

图 6-15　硬模加压弯曲应力分布　　　　　图 6-16　分段加压弯曲设备

软模胶合弯曲：用柔性材料(如橡皮袋、橡皮管或水龙头带)制成软模代替一个硬模，另一个仍为硬模。胶压弯曲时，往软模中通入加热和加压介质(如压缩空气、蒸汽、热水、热油等)，在压力作用下，使板坯弯曲贴向样模，这样各部分受力较均匀。

板坯上所受单位压力为

$$p=1+q \tag{6-11}$$

式中，q 为加压介质压力，MPa；p 单位为 MPa。

形状简单的部件可以用一个橡皮囊，形状复杂或弯曲深度大的部件，可用多囊式分段加压压模。多囊式分段加压压模加压时，先往水平位置的弹性囊中进油，再陆续往其他囊中进油，这样可以把板坯中的空气赶出，胶合质量较好。制作软模的弹性材料要用耐热、耐油橡胶或帆布制作。为了防止多囊式分段加压压模的各个囊间间隙大而造成板坯表面不平，最好采用如图 6-17 所示的多囊式分段弹性加压囊。半圆形部件胶合弯曲时，常用一金属带代替一个硬模，这时施加到板坯表面的单位压力 P 为

$$P=Q/(RB) \tag{6-12}$$

式中，P 为板坯表面所受单位压力，MPa；Q 为金属带拉力，N；R 为弯曲半径，mm；B 为金属带宽度，mm。

环形部件胶合弯曲：这类部件的胶合弯曲除了用封闭的模具加压弯曲，还可以采用卷缠法。环形部件胶合弯曲示意图如图 6-18 所示，先把板坯夹持在金属带和样模之间，在图中 5 处用力压紧，金属带另一端被重锤张紧，开动样模回转，使其带动金属带与板坯一起卷缠在样模上，保持压力直到胶液固化。

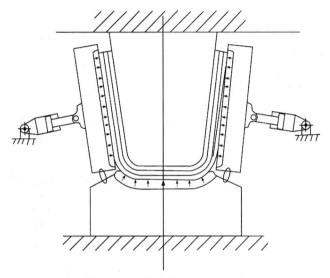

图 6-17　多囊式分段弹性加压囊

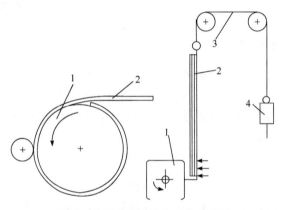

图 6-18　环形部件胶合弯曲示意图
1. 转动模；2. 板坯；3. 金属带；4. 重物

1) 模具设计

模具是生产胶合弯曲件的关键部分，是决定木材弯曲形状和弯曲工艺的重要因素，在实际应用中，应根据胶合弯曲件的几何形状尺寸、加压方式和热源的不同，合理选择模具和加压机构。制作硬模的材料一般采用铝合金、钢、木材，水泥也可制作，但不普遍。软模用耐热、耐油的橡胶袋、弹性囊或胶带。

设计和制作的模具需要满足以下要求：有符合要求的形状、尺寸、精度；模具啮合精度为 ±0.15mm；具有足够的刚性，能承受压机最大的工作压力；板坯各部分受力均匀，成品厚度均匀，表面光滑平整，特别是分段组合模的拼缝处不允许产生凹凸压痕；加压均匀，能达到允许的温度，板坯装卸方便，加压时板坯在模具内不产生位移和错位。

常用模具的种类和用途如表 6-6 所示，设计时可作为参考。

表 6-6 常用模具的种类和用途

种类	示意图	模具的组成	用途
多向加压，一副硬模		由一个阴模和一个阳模组成	用于制造 L、Z、V 形等零件
多向加压，一副硬模		由阳模和分段组合阳模组成	用于制造 U、S、H、X 形等零件
多向加压封闭式硬模		由一个封闭的阴模和分段组合阳模组成	制造圆形、椭圆形、方圆形等零件
		由一个阳模和分段组合封闭阴模组成	制造圆形、椭圆形、方圆形等零件
卷缠成型模		由一个阳模和加压辊组成	制造圆形、椭圆形、方圆形等零件
橡胶袋软模		由阳模和制作阴模的橡胶袋组成	制造尺寸较大而形状复杂的弯曲零件
弹性囊软模		由一副硬模与弹性囊组成	单囊用于 L 形等简单形状零件的制造，多囊用于复杂形状零件的制造

硬模设计时应根据同心圆弧段原理，这样设计出来的模具制得的板厚度均匀，各处密度、压缩率相等，应力分布匀称，制品稳定性好，能保证制品质量。

在模具制作过程中，要考虑不同热源对模具制作材料的要求，具体的选择可参照

表 6-7。

表 6-7　模具与加热方式的配合

加热类别	加热特征	加热方法	相应模具
接触加热	热量从板坯外部传到内部	蒸汽加热	铝合金模、钢模、橡胶袋、弹性囊
		低压电加热	木模、金属模(须与极板绝缘)
		热油加热	铝合金模、弹性囊
介质加热	热量由介质内部产生	高频加热	木材或其他绝缘材料,在板坯两面需要有电极板
		微波加热	用电工绝缘材料制造模具,不需要有电极板

2) 模具位置

确定模具位置的原则是:使板坯两侧受力均匀,板坯在样模内平衡放稳,使其不容易产生位移。模具位置不能满足上述条件时,板坯会因制品两侧受力不均,压缩率不等,结构、应力分布不均,厚度不均等,严重影响制品的质量。压模曲面可以近似分解成一个或若干个直线形状,模具位置应按弯曲部件两侧倾斜角度和加压面积综合考虑。

3) 压力计算

一般弯曲部件在模具中的位置要根据弯曲部件的弯曲角度、弯曲段数和各段长度进行压力计算。

在成型胶合弯曲时,所需要的总压力大于同等胶层面积的平面胶合压力,它包括胶层压力 P_0 和使单板弯曲与相互滑移的附加压力 ΔP 两部分。胶层压力可分解为垂直板面的实际胶合压力 P_V 和平行于板面的无用压力 P_H,其中 $P_V = P_0 \sin\alpha$,$P_H = P_0 \cos\alpha$(α 为 P_0 与板面所成的角度),若为多段式加压,则需要对每个直线段分别计算压力后相加。随着弯曲部件的弯曲角度和弯曲段数、各段长度尺寸的不同,附加压力 ΔP 变化较大,对于只有一个弯曲段的 V 形胶合件,附加压力近似为胶层压力的 50%;对于有两个弯曲段的 U 形胶合弯曲件,附加压力近似等于胶层压力。

7. 胶合弯曲件加工

薄板胶合弯曲件的毛坯边部往往参差不齐,需在胶压后齐边和加工成所需的规格尺寸。长度加工可参照方材加工中弯曲件端部精截的方法,宽度加工是胶合弯曲件加工的重要工序,通常胶合弯曲是用整块板坯进行成型弯曲加工的,定型后必须按规格将其加工成一定的宽度,宽度方向加工时受弯曲件形状的约束,因此必须用专门的设备来加工。厚度上的加工主要是用相应的磨光机进行砂磨修整。

6.2.3　影响胶合弯曲质量的因素

影响胶合弯曲质量的因素涉及多个方面,单板和胶料的性质、加压方法、热压工艺、模具式样和制作精度等都对胶合弯曲质量有重要的影响。

(1) 单板和胶料的性质:单板含水率是影响板件变形和胶合弯曲质量的重要因素之一。

含水率过低,会造成胶合不牢、弯曲应力大、板坯发脆,易出废品;含水率过高,则板坯含水率也增大,弯曲后水分蒸发产生较大内应力而引起变形,采用脲醛胶时,单板含水率以 6%～8%为宜。旋切单板应保证表面光洁、粗糙度小,以免造成用胶量增加和单板间在压合时贴合不紧,从而降低胶合强度。薄板厚度公差将影响部件尺寸公差,单板厚度在1.5mm 以上时,偏差不超过±0.1mm,小于 1.5mm 的单板厚度偏差应控制在±0.05mm。板坯含水率也会影响胶合件的变形,因此一般应选用固含量高、水分少的胶液。

(2) 加压方法:对于形状简单的胶合件,一般采用单向加压;对于形状复杂的胶合件,则采用多向加压方法比较好。加压弯曲的压力必须足够,应使板坯紧贴样模表面,单板层间紧密接触,尤其是弯曲深度大、曲率半径小的坯件,压力稍有松弛,板坯就有伸直趋势,不能紧贴样模或各单板层间接触不紧密,就会出现胶合不牢,造成废品。

(3) 热压工艺:与胶合板生产相似,热压工艺也是影响单板胶合弯曲的重要因素,胶合板的热压三要素(压力、温度、时间)对胶合弯曲同样是适用的。压力应足够保持板坯弯曲到指定的形状和厚度,保证各层单板的紧密接合;温度和时间直接影响胶的固化,太高的温度会降解木材,使其力学性能下降,同时也会造成胶层变脆,温度太低则会使胶层固化速度小,从而降低生产效率,同时容易造成胶合强度不高、容易开胶等缺陷。

(4) 模具式样和制作精度:压模精度是影响弯曲件形状和尺寸的重要因素,一对压模必须精密配合才能压制出胶合牢固、形状正确的胶合弯曲件,制作压模的材料应尺寸稳定、不易变形,木模最好用层积材或厚胶合板制作。压模表面必须平整光洁,稍有缺损或操作中夹入杂物,都将在坯件表面留下压痕。

胶合弯曲零件的形状、尺寸多种多样,制造时必须根据产品要求采用相应的模具、加压装置和加热方式,这是保证胶合弯曲零部件质量和劳动生产效率的关键。常用的模具大致可分为两种:①一对硬模;②一个硬模和一个软模。根据零部件的不同,形状有整体压模和分段压模等,与此对应的加压方式有单面加压和多面加压。

除上述因素,在生产过程中,经常做好原料、产品质量的检查工作也是保证胶合质量的重要措施,因此生产过程中要经常检查单板含水率、胶液黏度、施胶量及胶压条件等,还需要定期检测坯件的尺寸、形状及外观质量,并按标准测试各项强度指标,形成完备的质量保证体系。

6.3　其他弯曲成型工艺

6.3.1　模压成型

模压成型是用木材或非木质材料的碎料(或纤维)经拌胶、加热加压后,一次模压制成各种形状的部件或制品的方法,是在刨花板和纤维板制造工艺的基础上发展起来的。

模压成型生产木质零部件是高效利用木材的一个有效途径,其原料的利用率可达85%以上,且原料来源广、价格低廉,一般的小径材、枝丫材、木材加工剩余物甚至农作物秸秆等都可以作为模压制品的原料。模压成型可根据制品的使用需要,在成型时制成沟槽、孔眼和饰面轮廓，甚至可以在模压同时贴上装饰材料，因此可以省掉许多工序，提高生产效率。模压成型还可以根据产品各部位对强度和耐磨性能的不同要求，一次压制出各部位不同密度和不同厚度的零部件。而且，模压制品尺寸稳定、形状精度高，不会像实木或胶合件那样由锯、刨、凿等工序产生误差。

模压制品的生产工艺大致可分为碎料加工、施胶、铺装成型、热压固化、定型修饰处理等过程。例如，刨花模压制品的具体工艺流程为：木材→刨片→再碎→干燥→筛选→拌胶及其他助剂→计量→铺装→预压→热压→定型修饰→检验。

用于制造模压制品的不仅可以是刨花，还可以是木纤维甚至其他非木质碎料等，若采用其他材料，则其工艺过程需要进行相应的变动。

1. 原料的准备

用于制作模压制品的树种很多，常用的有松木、冷杉、杨木、桦木、色木等。一般来说，密度小的木材比密度大的木材更适合作为模压制品，因密度小的木材质地松软、容易压合、接合紧密。不同树种的碎料可以混合使用，但需要让每次混合的木材密度相似或相差不大，防止分层。

刨花的制作一般通过削片再碎制得，用木材加工剩余物加工刨花还需要清除尘土，并严格控制树皮的含量，通常不得超过5%，以保证良好的刨花形态和模压后的内结合强度，还能提高制品的表面光洁度和色泽。刨花的厚度以0.3～0.5mm为佳，一般用8～40目的筛网筛选获得一定规格尺寸的刨花，过大或过小的刨花都必须除去，刨花尺寸越小，其总表面积越大，需要用的胶黏剂增多；若刨花尺寸过大，则会影响内结合强度，必须经再碎才能使用。在削片前还需对木片进行磁选工作，筛网筛选时还需要除去石块等杂质，以保护削片机上的刨刀不受损伤。

碎料在拌胶前需要经干燥处理，以控制模坯的含水率，防止热压时产生鼓泡分层现象，干燥刨花的含水率最大不超过2%。碎料的干燥一般设在分选工序之后，以便于控制干燥后的含水率，这是和刨花板生产工艺不同的地方。

2. 施胶

模压成型所用的胶黏剂对制品质量和加工工艺都有影响，常用的胶种有脲醛树脂胶、酚醛树脂胶和三聚氰胺树脂胶等。

碎料中的含胶量对碎料流动性、产品强度和形状稳定性都有直接影响。一般碎料模压成型部件的尺寸稳定性随着含胶量的增大而改善，国内外刨花模压制品的施胶量大多控制在20%左右的水平。采用脲醛树脂胶时，需向胶中加入0.3%～1.0%的固化剂。木质纤维模压制品一般施加3%～10%热固性树脂和5%～8%热塑性树脂。为提高制品的其他性能，可在施胶时加入一定量的防水剂、阻燃剂或其他助剂。

模坯中70%～80%的水分是从胶黏剂中获得的，为降低模坯中的水分，必须控制胶黏剂中的水分，一般来说，模压施胶的固含量要在50%以上，并要有一定的初黏度，施胶后还要陈放一段时间，使胶充分流展，同时挥发一部分水分。若用固体胶，则效果更佳，只是成本太高，目前较少采用。

3. 计量与铺装

涂胶后的碎料经过计量、铺装后才能进入加压工序，铺装前应根据模压制品的体积和密度来确定所需铺装量，并加上一定量的挤出余量。铺装时要注意，当模坯各处密度和厚度不同时，需用的碎料用量也不同，特别是边部，铺装量一般比中部要略多。为增加模压制品的表面光洁度，模坯结构多采用三层铺装方式，而且应加大表面的刨花层厚度，甚至全用细刨花铺装。

4. 模压成型方法

碎料模压成型方法主要有平面加压法、密封式加热模压法、箱体模压法和平面浮雕模压法四种方法。

(1) 平面加压法：也称为韦尔柴立特法，是模压成型的一种最主要的方法。此法宜用长度为 12～18mm、厚度为 0.2～0.5mm 的条状碎料。

图 6-19 为平面模压法的工艺流程。先把木段截成 1m 长进行切片，用气力运输装置传送到翼轮打磨机，打碎后传送到干燥机中，将碎料干燥到含水率为2%～3%；拌入15%～20%的脲醛树脂胶，称量后铺装在预压模中，然后从预压模转到热压模中，压模温度为

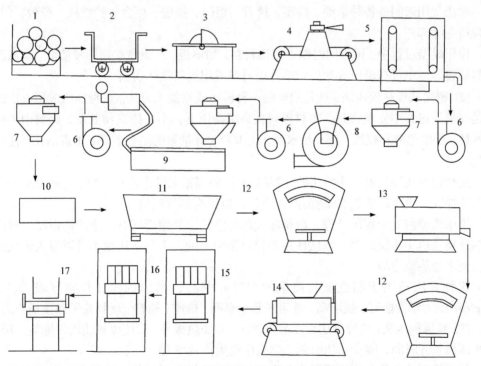

图 6-19　平面模压法的工艺流程

1. 木堆；2. 运输小车；3. 横截锯；4. 金属探测器；5. 切片机；6. 风机；7. 旋风分离器；8. 翼轮打磨机；9. 干燥机；10. 分选；11. 料仓；12. 称量装置；13. 拌胶装置；14. 铺装装置；15. 预压机；16. 热压机；17. 手工磨光机

135～180℃，单位压力为 2～10MPa，加压时间为 1～10min，具体工艺条件根据胶黏剂种类、模压件尺寸和表面材料确定，有的工艺也可不经预压工序。该法制成的部件密度为 0.55～1.10g/cm³。

热压时，模压制品不宜采用普通碎料板的热压曲线形式。为了尽可能创造条件使模坯的水分充分排除，将模压曲线设计成如图 6-20 所示的形式，它融入了呼吸式干燥方式，升压升温后急剧降压，以迫使模坯中的水分汽化排除，继而再次将压力升至最大值，保压后再降压。

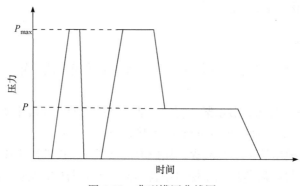

图 6-20　典型模压曲线图

此法常用来制造各种桌面、椅座、椅背、柜门、抽屉、柜台、护壁板、窗台、门框、电视机壳等部件。

模压成型过程中，可以同时贴上装饰材料，如单板、三聚氰胺树脂浸渍纸、聚氯乙烯塑料薄膜等，也可在模压成型后胶贴饰面材料或用涂料涂饰表面。

(2) 密封式加热模压法：这是最早的一种模压成型加工方法。这种模压成型方法的特点是在模压过程中完全密封，木材碎料在高温高压下，不让挥发物散发，碎料中半纤维素水解，产生醋酸和蚁酸，进一步水解，使木素和纤维素的结合破坏，木素活化，使碎料塑化。

这种密封式加热模压法所用的碎料以 16 目的细锯末最为适宜，含水率为 10%～17%，通常不拌胶，也可以施加 5%的酚醛树脂胶，以提高部件质量。

模压成型前先经预压处理，以排除大部分空气，并使模坯有一定的初强度，然后装入热压模压机中压制成型。该法使用的模具是空心的，上、下压模中可以通入蒸汽或冷水，使之加热或冷却。

这种方法适用于制造形状简单的部件和制品，制出的模压件密度较大(1.1～1.3g/cm³)，力学性能好，强度高，常用来制造桌面、椅座、椅背、玩具轮子和便桶座盖等。

(3) 箱体模压法：这种方法模压前需预压，并加热板坯，以便碎料能均匀地装入压模，缩短压机张开时间，减少热压时间，提高压机生产效率。

箱体模压法所用的模压机是由几个方向加压的模具组成的，通常有一个垂直方向加压的油缸和几个水平方向加压的油缸，立式油缸用来加压箱体底部，侧向四个油缸压制出箱体四壁。模压成型时，先开动立式油缸压住箱底部位，然后推进左、右两侧的横向加压缸，最后压紧前、后壁，单位压力为 8～10MPa，加热温度为 140～180℃，加压时间为 2～5min。加压工艺条件与箱体尺寸形状、箱壁板厚度、碎料形状、胶黏剂种类、耐湿性能等因素有关。这种模压箱体密度为 0.8～1.1g/cm³，可以进一步加工和涂饰，还可用成型的模具或用橡皮袋加压的方法贴单板或其他饰面材料。

（4）平面浮雕模压法：这种方法是在模压部件表面压出浮雕花纹，可以直接用碎料压制，也可用碎料板进行二次压制，二次压制方法压制出的花纹深度小些。

用碎料模压浮雕花纹的方法是把碎料铺装在一张合成树脂浸渍纸上，按渐变结构形式铺装板坯，铺好后，再用一张低密度的、未浸渍树脂的纸铺在板坯上，热压前往这层纸上面喷聚酯树脂。模压工艺条件与碎料板生产工艺条件相似，一般加热温度为 140～160℃；压力为 2.4MPa；加压时间按部件厚度计算，每 3mm 需要加压 1min。

用碎料板模压浮雕花纹时，多用中密度刨花板或中密度纤维板，模压前在待压板两面涂胶，覆贴上合成树脂浸渍纸后，在普通的单层压机上压制，加热温度约为 150℃，压力为 2.4MPa，模压时间为 2min，这种方法主要用来模压各种木质零部件。

5. 模压成型件的加工

模压成型后，工件已具有要求的形状和尺寸，一般情况下，只需要清除挤出物，不需要另行加工。需要精加工的部件还可以进行表面磨光、铣削、钻孔、表面装饰等后续加工。

表面光滑的制品一般不再磨光，若在模压成型的同时贴各种饰面材料，就可以省去磨光工序。模压制品的切削加工最好采用硬质合金刀具，钻孔可以在普通钻床上进行，钻深孔时最好使用镀铬钻头，以提高韧性和耐磨性。

6.3.2　锯口弯曲和 V 形折叠成型

折叠成型是以木材、贴面的刨花板、中密度纤维板、多层胶合板等人造板作为基材，在其内侧开出 V 形槽或 U 形槽，经涂胶、折叠、胶压制成家具的框架。

现代板式木质制品的生产主要是零部件的制造，而折叠成型生产的板式家具略有不同，即先生产出框架，然后安装构成家具的其他零部件制成家具。折叠成型主要适用于生产柜类家具的框架部分。

采用折叠成型工艺可以大大简化生产工序，有利于机械化、自动化生产，但是结构上还有一些弊端，例如，生产的柜类家具强度较低，不利于大型柜类的生产。因此，该工艺现在仅在一些小型的装饰柜、床头柜等家具中使用。

（1）纵向锯口弯曲：是指在毛料一端顺着木纹方向锯出若干纵向锯口，然后对锯口部位进行弯曲的方法。纵向锯口弯曲如图 6-21 所示，锯口间隔为 1.5～3.0mm。锯口宽度若小于 0.5mm，则可在锯口中涂胶，然后把弯曲方材连同金属夹板一起卡子夹紧，扳动手柄，使锯口的一端在压辊的压力下绕模具弯曲，用卡钳固定，保持到胶层固化即可。当锯口较宽时，可在锯口中插入涂胶单板，然后用上述方法弯曲定型。

这种弯曲工艺主要用于制造桌腿和椅腿。

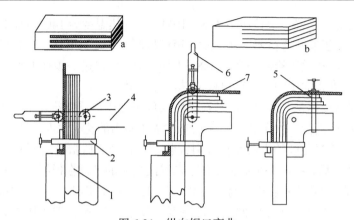

图 6-21　纵向锯口弯曲

1. 毛料；2. 卡子；3. 压辊；4. 模具；5. 卡钳；6. 手柄；7. 金属板

a. 毛料开锯口；b. 锯口内夹衬料

(2) 横向锯口弯曲：在木材的横向锯出几块方形或楔形槽口，然后就可以用手工或借助一些简单的工具把木材弯曲成指定的形状。楔形槽口锯切不便，但弯曲后不会留下空隙。锯口深度 h_1 通常为板厚度 h 的 2/3～3/4，留下表层料厚度 s，$s=h-h_1$，s 越小则锯口间距 t 也应减小、锯口数目应增加，可避免表面显露出多角形，b 为矩形锯口宽度，如图 6-22 所示。

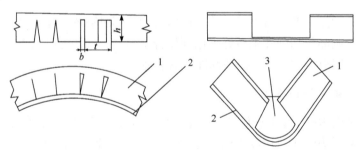

图 6-22　横向锯口弯曲

1. 人造板；2. 单板或薄木；3. 填衬木块

需要指出的是，采用横向锯口弯曲木材，其力学性能会受到很大的影响，而且也不够美观，但加工方便，不需要专门的设备。为保证弯曲后木材的强度，可选择韧性较好、无缺陷的面作为表层预留面，且锯割深度不宜过深，弯曲时应保持在较高的含水率下进行，大的锯口内部弯曲后可装入相应尺寸的填衬木块。为增加美观，可在弯曲部件内部贴一层单板或薄木，这种弯曲工艺常用来制造曲形板件。

(3) V 形槽折叠成型：此法是在贴面人造板规格毛料上锯出若干条 V 形槽口，在槽口中涂胶，然后折叠成盒状箱体或柜体。

① 材料准备：主要使用 PVC 薄膜贴面的刨花板或中密度纤维板作为原料，V 形槽一直切割到贴面薄膜层，如图 6-23 所示，整个部件由 PVC 薄膜连在一起，薄膜本身较柔软、折叠容易，因此折叠后不会崩裂，外表整齐、美观。

用刨制薄木或浸渍纸等材料贴面的人造板材，需要在折叠转角处(开槽处)再贴一层织物或薄膜，V 形槽切至贴面薄木下面，留下补贴的织物层，以便折叠成型。

　　② V 形槽加工：V 形槽加工有成型铣刀加工、圆锯片加工和端铣刀加工三种方法，如图 6-24 所示。

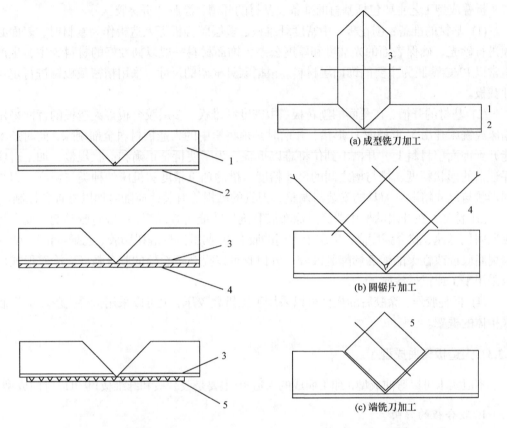

图 6-23　V 形槽锯切形式

1. 素板；2.PVC 薄膜；3. 薄木；4. 透明塑料膜；5. 织物层

(a) 成型铣刀加工

(b) 圆锯片加工

(c) 端铣刀加工

图 6-24　V 形槽加工工艺

1. 基材；2. 装饰层；3. 成型铣刀；4. 圆锯片；5. 端铣刀

　　③ 折叠成型：加工有 V 形槽的板段，经涂胶后即可折叠成型。适用于折叠成型的胶黏剂主要为热熔胶、合成橡胶系胶等各种能在短时间内固化的胶黏剂以及它们的改性胶。

　　折叠成型可用手工方式进行生产，也可用折叠机进行自动化生产。图 6-25 为一条小柜体 V 形槽折叠部件生产线，全线包括五个部分：锯板（Ⅰ）、加工 V 形槽（Ⅱ）、喷胶

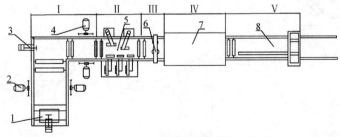

图 6-25　小柜体 V 形槽折叠部件生产线

1. 装板机构；2. 横截锯；3. 送板机构；4. 纵解锯；5. 加工 V 形槽；6. 喷胶；7 加热干燥；8. 折叠侧边

(Ⅲ)、加热干燥(Ⅳ)、折叠侧边(Ⅴ)。加工后送往折叠机折成柜体。整个生产线只需 3~4 人操作，进料速度约为 5m/min，每块板件加工周期约为 0.5min。Ⅴ 形槽折叠成型的部件和制品是不能拆开的。

折叠成型工艺主要包括基材的准备、基材的开槽、涂胶和折叠胶压等。

(1) 基材的准备：刨花板、中密度纤维板、多层胶合板等人造板作为基材时，表面必须进行砂光，确保表面的光洁度和厚度公差，饰面材料一般以韧性好的材料为主，生产中常以 PVC 薄膜为主要的饰面层材料。根据家具框架的尺寸，采用精密裁板锯进行定尺寸裁板。

(2) 基材的开槽：在覆面的刨花板、中密度纤维板、多层胶合板等人造板的背面采用锯床或铣床开出 Ⅴ 形槽或 U 形槽，开槽时必须将槽中的人造板材料全部剔除，同时还不能开到饰面层材料上，开槽不到位将难以折叠。为了使折叠正确和形状规整，加工时应保证槽的形状精度、槽与槽之间的尺寸精度。槽的加工精度和机床的种类与精度、刀具的形状与尺寸精度、刀具的安装与调整、刀具的磨损等有关，应随时加以检查和控制。

(3) 涂胶：在开出的槽中要经过涂布胶黏剂后才能折叠成型，一般对胶黏剂的要求是胶层固化迅速、胶合强度高。生产中常用的胶黏剂是氯丁-酚醛树脂胶、乙烯-醋酸乙烯共聚树脂胶或改性聚醋酸乙烯酯乳液胶，乳白胶可以提高折叠处的胶合强度。涂胶形式可以采用手工或机械涂胶。

(4) 折叠胶压：涂胶后的板件可以采用手工折叠胶压，也可以采用折叠机胶压成型制成柜体的框架。

6.3.3　人造板弯曲成型

不但实木可以弯曲成型，加工而成的人造板(主要是胶合板和纤维板)也可以弯曲成型。

1. 胶合板的弯曲

胶合板的弯曲性能与厚度和表面纹理方向有关。横纤维方向弯曲时，弯曲轴向与表面纹理垂直，其弯曲性能与方材弯曲近似。当弯曲轴与表面纹理呈 45°弯曲时，最小曲率半径可比横向弯曲时减小 50%~66.7%。

弯曲曲率半径大的胶合板部件，可用人工压弯，固定在相应部件上，如缝纫机台板的大斗底板等。弯曲半径小的部件，需要用专门装置和加工方法，如图 6-26 所示。

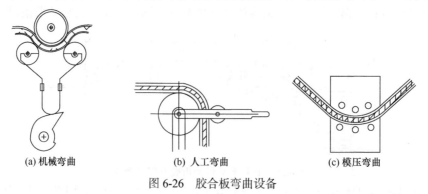

　　(a) 机械弯曲　　　　　　　　(b) 人工弯曲　　　　　　　　(c) 模压弯曲

图 6-26　胶合板弯曲设备

2. 纤维板的弯曲

纤维板具有优于木材的许多性能，可以和实木一样进行弯曲成型。不过，目前用来弯曲处理的纤维板多为硬质薄型纤维板。

用来弯曲的板坯质量是影响弯曲成型质量的一个重要因素，一般要求静曲强度控制在 36～42MPa 为宜，过高不易吸水，过低又不能满足力学性能。吸水率应为 18%～25%，吸水率过高，浸泡时间不易控制，过低又不易软化。板件表面要光滑致密，无明显的粗纤维存在，这样可防止弯曲时纤维翘起而出现毛刺。

纤维板的弯曲须先经热水处理来提高其含水率，然后在机械力的作用下弯曲成型，同时加热使其塑化。通常是将纤维板在 50～60℃的热水中浸泡 8～12min，使其含水率达到 14%～15%，含水率过低弯曲性能不理想，容易破损；含水率过高则会使表面纤维接合力受到破坏，而使表面粗糙不平。热压温度是弯曲成型技术的关键，纤维板弯曲时加热是为了塑化纤维中的结壳物质，使其在分子间相互扩展，从而保持板坯在弯曲后表面硬化，减小回弹，通常用来软化定型的温度为 200～220℃。软化定型后的板件在定位箱中存放 8～10h 后，即可用于下道工序加工。

习　题

1. 曲线形零部件的制造方法有哪些？
2. 简述木材软化的机理是什么。
3. 方材弯曲时加薄钢带对弯曲应力的分布有何影响？
4. 实木方材弯曲的基本工艺是什么？
5. 简述影响实木零件弯曲的因素有哪些。
6. 什么是胶合弯曲？有何特点？
7. 锯口弯曲主要有哪些类型？

第7章 木质制品装配

任何一件木质制品都是由若干个零件或部件接合而成的。按照设计图纸和技术要求的规定，使用手工工具或机械设备将零件接合成部件称为部件装配；将零件、部件接合成完整产品的过程称为总装配。

根据木质制品结构的不同,其涂饰与装配的先后顺序有以下两种:固定式(非拆装式),木质制品一般先装配后涂饰；拆装式,木质制品一般先涂饰后装配。

在工业化批量生产中,装配过程多是按流水线移动的方式进行的,零部件顺序通过一系列的工位,装配工人只需要熟练掌握本工序的操作,因此装配效率较高,同时也便于实现装配与装饰过程的机械化和连续化。

如今,批量化生产的大中型企业都在组织生产拆装式木质制品,生产的产品是可互换的或带有连接件的零部件,可直接包装给销售用户,用户按照装配说明书(图)中的要求自行装配。这种方式不仅可以使生产厂家省掉在工厂内的装配工作,而且还可以节约生产面积,降低加工成本和运输费用,提高劳动和运输效率。

然而,要实现拆装式木质制品零部件的生产,必须采取一系列提高生产水平的技术措施:①必须在工艺上实行零部件标准化和公差与配合制生产,这样才能保证所生产的零部件具有互换性；②应尽可能地简化制品结构,采用五金连接件接合,保证用户在不需要专门的工具和设备,以及非复杂操作技术的前提下,就可装配好成品而不影响其质量；③应控制木材含水率和提高加工精度,保证零部件的定型稳定和质量,并保证尺寸规格有足够的加工精度。

木质制品装配有手工装配和机械装配两种方法。手工装配生产效率低、劳动强度大,但适应各种复杂结构的产品；机械装配生产效率高、质量好、劳动强度低。目前,我国木质制品生产中,机械装配水平较低,机械装配多数局限于部件组装,只是在一些装配过程中使用了机械设备,减少了装配人员的劳动力。手工装配仍是普遍存在的一种加工方式。无论是机械装配还是手工装配,木质制品常见的部件装配工艺流程均是:装配准备→部件装配→部件加工→总装配。

7.1　部件装配工艺

部件的装配是按照图纸或技术文件规定的结构和工艺把零件组装成部件。部件的装配在一些小企业中是手工进行的,部分设备先进的大企业部件装配会在装配机上完成。

木质制品部件装配主要包括木框装配和箱框装配。从现代木质制品的结构特征来看,拆装式木质制品主要采用连接件接合和圆榫接合,而非拆装式(固定式或成装式)木质制品仍以各种榫接合为主，并用胶料辅助接合。

7.1.1　装配准备

要使部件装配工作顺利完成且生产效率高，其基本条件是零件在机床上的加工形状、尺寸等应达到必要的精度，而且零件间要具有互换性，否则装配时还要对部分零部件进行修整，而修整工作往往只能用手工进行，其劳动力消耗一般会超过部件装配过程本身的劳动量，这与现代化生产条件是不相适应的。对于大批量生产相同零部件且技术水平较低的企业，可以采用分选装配法。分选装配法的实质是将加工精度低且未达到互换性要求的零件预先按尺寸分组，使每组零件的尺寸差异都处于互换性允许的参数范围内，符合各组要求的送去装配，不合格的挑出来修整，再继续分组装配。这样就能保证在零件制造精度低的条件下，得到有较高接合精度、较高质量的产品，并且能节约材料。

木质制品生产批量大或已定型的产品应采用机械化装配。木质制品部件装配机械化是用各种机械装置对相接合的零部件施以力的作用来实现的。木质制品装配机械主要由加压装置、定位装置、定基准装置和加热装置等组成，其中，加压装置和定位装置是最重要的装配机械。装配前的准备主要包括：工人和技术准备，材料、设备和环境准备。预装配工作具体包括如下内容：

(1) 完善装配技术资料，包含零部件的技术要求、装配顺序、步骤、技术说明文件等；

(2) 工人预先熟悉装配工作内容，主要是了解木质制品零部件的结构、所有零件的相互关系、技术要求和操作规程，以便确定产品的装配工艺过程；

(3) 对工人技术水平、人数、所需工具等进行预分配；

(4) 验证装配所需零部件、连接件、其他配件的质量和数量，并在需要时根据特殊要求进行挑选和分类，调配胶黏剂或制备其他材料以及确认质量、数量；

(5) 调试装配设备和所需夹具，确认和完善装配环境；

(6) 进行预装配和反馈结果，通过预装配可以发现零件规格误差和设计中存在的问题，以便及时采取措施解决问题。

7.1.2　部件装配

部件装配时需要及时提供数量齐全的零件，随着部件结构复杂程度的不同，部件装配的顺序和耗用的时间也不同。

固定式木质制品以榫接合为主，并用胶黏剂辅助接合。装配零件除了榫接合，还有螺钉、各种连接件作为辅助接合，可在被装零部件定位夹紧后再装上接合零件。若装配时没有榫接合，甚至也不用胶黏剂，只用连接件接合，则也要在零件之间的相互位置固定好后再装连接件。

固定结构部件装配原则有以下几方面。

(1) 整体性原则：对于复杂的部件，若部件中局部可以形成整体，则尽可能先将零散的零件组成若干小整体的部件，然后进行产品结构组装。

(2) 先内后外原则：先组装处于部件内部的零件，再由内向外逐渐完成组装。

(3) 先小后大原则：先将尺寸较小的零件组装到尺寸较大的零件上，逐渐扩大。

(4) 最后封闭原则：对于框架结构制品，应保证形成封闭形式的零件最后组装，避免因框架封闭无法组装其他零件，尤其是采用嵌板结构部件时更应注意。

拆装结构制品的部件装配通常与总装配同时进行，但部件装配仍然相对独立。装配原则除满足固定式部件装配原则，还有以下几方面。

(1) 先装预埋件：先安装连接件的预埋件，然后组装和连接。

(2) 先成型后紧固：先将零件组装成型，然后边调整边紧固，保证零件间的位置精度。

(3) 紧固均匀原则：连接处的紧固力应尽可能均匀。

部件装配时常见注意事项：

(1) 各个零件的定位要依照图纸和相关技术文件，应以零件外轮廓面为基准；

(2) 装配时施力应均匀，施力不可过大，防止接合处破坏或压溃零件表面；

(3) 装配时施力方向与零件组装方向一致，不可偏斜；

(4) 操作时间、环境条件应满足胶黏剂固化需要；

(5) 操作时应防止污染零件表面，及时清除多余的胶黏剂；

(6) 榫接合常使用聚醋酸乙烯酯乳液胶，手工涂胶要采用双面涂胶，而机械涂胶常采用单面涂胶，一般胶黏剂消耗定额双面涂胶按 500g/m^2 计，单面涂胶按 300g/m^2 计；

(7) 应尽可能保持环境湿度尽可能一致，避免结构内部产生较大应力。

1. 实木框架装配

实木框架装配机按其工作台的位置，可分为卧式实木框架装配机和立式实木框架装配机，加压方式有机械、气压和液压等形式。加压的作用是在零部件之间取得正确相对位置后，对零部件施加足够的压力，使其紧密牢固接合。加压装置的结构取决于被装配对象的结构，一般施加压力有单向(朝着一个方向压紧)、双向(朝着两个相互垂直的方向压紧)、多向(沿对角线方向压紧)等多种方向。图 7-1 为木框的基本类型及其装配加压方向。压紧机构按结构不同，有螺杆、杠杆、偏心轮、凸轮、气压或液压等形式。螺杆(丝杆)机构装配机的装配效率低、体力消耗大；杠杆机构装配机的生产效率也不高；偏心轮机构装配机是由电机通过减速器带动的，有较高的生产效率，并可以有节奏地进行装配工作，其缺点是在工作节拍中用于安放工件的时间太短；凸轮机构装配机则可按装配操作的规律，在转动一次时合理分配安放工件和压紧部件的时间，这种装配机在椅子生产中应用较多；气压或液压传动装配机在木质制品装配中应用最广，有连续式和周期式两

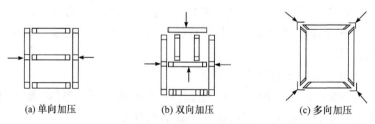

(a) 单向加压　　　　　　　(b) 双向加压　　　　　　　(c) 多向加压

图 7-1　木框的基本类型及其装配加压方向

种，连续式用于辅助操作(涂胶、安放工件等)所需时间很少的情形，周期式用于结构较复杂的部件或制品的装配。

定位装置是保证在装配前固定好零件之间的相互位置的装置。定位机构一般采用挡板(块)或导轨，有外定位和内定位之分，例如，装配件最终尺寸精度要求在内部时，采用内定位，反之则采用外定位。图 7-2 和图 7-3 分别为用于装配大型木框的卧式和立式木框气压装配机。

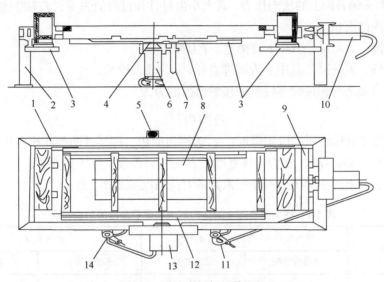

图 7-2　卧式木框气压装配机

1.机框；2.机架；3.支座；4.活塞杆；5.气缸阀门踏板；6.直立气缸；7.导向杆；8.升降台；9.可动压板；10.气缸；11.三通阀；12.可动压板；13.气缸；14.三通阀

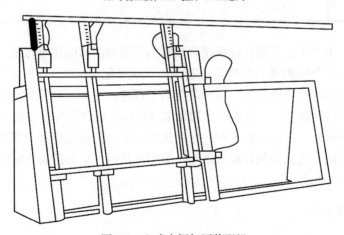

图 7-3　立式木框气压装配机

部件装配时，为使零件之间接合严密，必须施加足够的力，这种力的大小取决于接合的尺寸和特征，以及材料的性质，它对榫接合的质量影响非常明显。实现榫接合所需的力包括两部分：使榫头与榫眼接合的力和使榫肩与相接合零件紧密接触的力。因此，对于一个榫头，装配时所需的力为

$$p=p_1+p_2 \qquad (7\text{-}1)$$

式中，p_1 为装榫头时为克服阻力和过盈而引起变形的力；p_2 为压紧榫肩使之与相接合零件紧密接触所需的力。

装榫头时为克服阻力和过盈而引起变形的力为

$$p_1=qFf \qquad (7\text{-}2)$$

式中，q 为榫头侧表面上的法向压力，其大小由材性和过盈值决定；f 为摩擦系数；F 为法向压力作用的面积。

对于平榫：$F=2bl$，其中 b 为榫宽，l 为榫长。

对于圆榫：$F=\pi bl$，其中 d 为圆榫直径，l 为插入榫长。

压紧榫肩使之与相接合零件紧密接触所需的力为

$$p_2=|\sigma_1|F_2 \qquad (7\text{-}3)$$

式中，$|\sigma_1|$ 为木材横纹压缩极限强度；F_2 为榫肩面积，即零件断面面积与榫头断面面积之差，$F_2=(B-b)(H-h)$，B 为零件宽度，H 为零件厚度，h 为榫厚度。

榫头侧表面上的法向压力和摩擦系数的对应情况如表 7-1 所示。

表 7-1　榫头侧表面上的法向压力和摩擦系数的对应情况

木材树种	榫头侧表面上的法向压力 q /MPa		摩擦系数 f	
	不带胶装配	带胶装配	不带胶装配	带胶装配
松木	4.0~4.5	1.3~1.6	0.3~0.4	0.1~0.2
山毛榉、桦木	5.0~5.5	1.5~1.8		
柞木、水曲柳	5.5~6.2	1.7~2.2		

在木质制品生产中，采用各种榫接合装配的零部件占有的比重很大。为提高接合强度，榫接合必须在榫两面(榫头与榫眼)都涂胶。在机械化装配时，可按榫头或榫眼的形状使用各种专用的涂胶或喷胶装置。带胶装配后的部件，必须经过陈放，使其能保证部件运输时接合完整性的强度，实际生产中通常取该强度为胶合最终强度的 50%。为了加快周转、缩短陈放时间，部件带胶装配时常采用加速胶合的措施以加速其接合处的胶层固化，其中最有效的方法是高频介质加热法。采用此法时，电极配置方式常采用杂散场配置加热，如图 7-4 所示。

2. 板式框架装配

板式制品的框架若采用固定的结构形式，其零部件的连接多采用圆榫连接。在大量生产柜类木质制品的情况下，为实现机械化装配，应当选用通用类的柜类制品装配机，图 7-5 所示的装配机就属于此类。这种装配机的台架上装有可调节的横梁、气缸、挡块和安装制品所必需的定位器，整个台架是可以转动的，这样就可以将被装压的制品调到任何方便的位置，以便进行钻孔、安装搁板及其他活动零部件的工作。与气缸相连的、

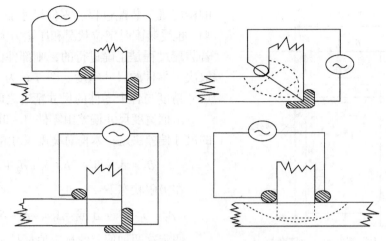

图 7-4　榫接合或胶接合时高频加热电极配置

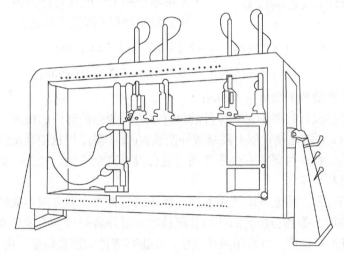

图 7-5　通用类的柜类制品装配机

压紧方材的支承表面及固定挡块的表面上都包贴有软质材料，以防在被装配部件的抛光表面上留下痕迹。

　　近年来，在木质制品的装配过程中，热熔胶得到了广泛应用，尽管成本较高，但它能胶合多种材料(木材、塑料、金属等)，耐水、耐溶剂，能在短时间内达到很高的胶合强度，因此具有发展前途。装配过程中，要求被胶合表面保持清洁，装配操作迅速。先将热熔胶放在特制容器内加热到 150～200℃，涂到一个被胶合表面上，待胶刚要冷却时，将第二个零件的被胶合表面靠上去，并且加压，在加压过程中胶层固化时间为 15～25s，加压后再经过几秒就可达到牢固的接合。

7.1.3　部件加工

　　木质制品的部件常以木框、板件或箱框等形式出现。部件装配完毕后，尺寸精度、形状精度等若不能满足总装配的要求，则需要对部件再进行加工，使之达到要求。部件

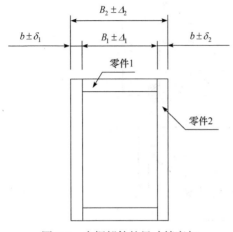

图 7-6　木框部件的尺寸精度与
各个零件的尺寸精度之间的关系

的精度既受装配过程、零件尺寸加工精度的影响，也受装配时定位状况和压紧力大小的影响。若装配过程是正确进行的，则部件的尺寸精度取决于零件的尺寸精度。图 7-6 为木框部件的尺寸精度与各个零件的尺寸精度之间的关系。

木框宽度尺寸偏差由零件 1 和两个零件 2 的尺寸偏差决定，木框总宽度尺寸符合：

$$B_2 + \Delta_2 = B_1 + 2b + \delta_1 + \delta_2 + \Delta_1$$

在极限状态下：

$$\Delta_2 = \delta_1 + \delta_2 + \Delta_1 \text{ 或 } -\Delta_2 = -\delta_1 - \delta_2 - \Delta_1$$

假定这两种偏差的规定值都是 ± 0.2mm，那么在零件加工精度规定范围内，木框外廓尺寸的上限偏差和下限偏差可达：

$$\Delta_2 = \delta_1 + \delta_2 + \Delta_1 = 0.2 + 0.2 + 0.2 = 0.6 \,(\text{mm})$$
$$-\Delta_2 = -\delta_1 - \delta_2 - \Delta_1 = -0.2 - 0.2 - 0.2 = -0.6 \,(\text{mm})$$

其外廓尺寸波动范围则可达 1.2mm。

因此，在产品设计时要考虑到零件的尺寸误差可能会使部件的极限尺寸增大。而选用部件装配机时，要考虑设置压力限制或补偿装置(缓冲器)，以抵消装配件各节点上可能发生的受压不均匀性，否则在有些零件间可能会没有完全压拢，而另一些零件间的接合部位可能被压皱甚至压坏。

零件制造精度低、装配基准使用不当、加压时施力大小和方向不准确、在部件结构中形成了较大的应力等都会影响部件的装配精度。部件装配后会出现尺寸偏差和形状偏差，为保证部件的互换性，可采用两种方法：①提高零件的制造精度，由上述可以看出，当零件加工精度足够高时，就可以保证部件的精度要求；②不强求零件的制造精度，当部件精度要求较高或者某方向零件数量很多时，都将导致零件加工精度要求高，给零件加工带来相当大的难度，甚至在技术上无法实现。例如，用 10 根宽 60mm 的板条制成拼板，要求拼板极限偏差为 0.4mm，即要求每根板条的上偏差为 0.4/10=+0.04 mm，实际生产中是不可能以这样的精度来制造板条的。显而易见，在这种情况下，应按低精度制造板条，拼接以后再将拼板尺寸加工到精度为 +0.04 mm。按高精度加工零件所需的总成本必将高于通过部件加工来保证其互换性的总成本，因此一般装配好的部件往往需要进一步进行一些修整加工，然后才能进行总装配。

两种方法各有利弊，若提高零件精度的技术或成本企业可以接受，则生产达到要求精度的零件就可直接装配成部件，生产效率高、占用厂房面积小；若提高零件精度的技术或成本企业不能接受，零件装配后就需要对部件再加工，增加工序、工时、材料的消耗。

部件加工与零件加工的工艺过程相似，需要先加工一个表面作为基准面。基准面加工常使用平刨或铣床，相对面加工常使用压刨和铣床，不便于机械加工的部位则需要用手工加工。

部件中存在纵横连接的零件，为防止横向切削造成纤维撕裂或崩裂，加工部件时应沿对角线方向进给。部件尺寸较大或零件表面进行了饰面，不能利用平刨、压刨加工时，也可以使用砂光机加工。使用砂光机加工时，可获得较高的表面精度。但由于切削量有限，采用此法加工尺寸偏差较大的部件时，生产效率较低、成本较高。

生产中对部件形状精度提出的要求较少，通常只通过对角线长度尺寸公差控制矩形部件的形状，在部件装配过程中，常通过改变压力的大小和方向、局部敲打等方法调整。

7.1.4　总装配

产品总装配与部件装配相似，部件装配通常仅限于两个方向以下的组装，构成的部件可以抽象看成是平面，而总装配常涉及三个方向的组装问题。木质制品结构的复杂程度和精度要求的高低，将影响总装配过程的复杂程度。

结构比较复杂的木质制品，装配过程中也不适合经常搬运，不容易采用流水作业形式，通常在一个工作地点完成总装配的全部工作。少数情况下采用主体框架在一个工作区域装配，而活动部件、可拆卸的次要构件、装饰件等可在另一工作区域完成。

一般来说，总装配过程有四道工序，分别为结构框架、加固件、活动部件、装饰件。即首先装配骨架，在骨架上安装加固结构的、固定接合的零部件，并在相应的位置上安装导向装置或铰链连接的活动零部件，再安装次要的、装饰性的零部件或配件等。

总装配过程除应遵循部件装配的原则，还应遵循以下原则。

(1) 嵌板优先原则：木质制品结构中若有嵌板结构，则应将嵌板与框架视为一体，组装框架时先放入要安装的嵌板，再组装其他零件，柜类形式木质制品的背板可视为嵌板结构。

(2) 先下后上原则：按照木质制品结构受力方向的逆向组装，先组装支撑部分，后组装其他部分。

总装配结构连接处、榫接合处、胶黏剂的消耗定额等与部件装配消耗定额类似，固定结构连接处的涂胶量和胶层固化状态等也要均匀，防止装配后结构内部出现较大的应力；拆装结构连接处的紧固力大小要均匀；同样，在装配过程中也要尽可能保持室内安装环境的稳定。

与部件装配类似，木质制品的成品尺寸、形状、位置精度也与部件精度和总装配过程有直接关系。以往在总装配后可能对未达到成品精度和质量要求的部件进行手工加工，目前由于加工技术的提高，部件精度较高，成品装配精度比较容易保证，多采用先涂饰后装配和异地装配工艺，成品形状和位置精度通常通过调整连接件和局部压力等方法完成。

7.2　配件的装配

木质制品配件的装配目前在生产中大多采用手工操作，下面介绍几种常用配件的装配方法和技术要求。

7.2.1 铰链的装配

各种木质制品要求不同，可采用不同形式的铰链连接。目前常用的铰链形式有薄型铰链(明铰链、合页)、杯状铰链(暗铰链)和门头铰链等三种。根据门板的长度，明铰链或暗铰链可装 2～4 只，其中门头铰链应装在靠近门板的上、下两端。铰链的型号规格按设计图纸规定选用。

木质制品柜门的安装形式主要有嵌门结构和盖门结构两种，因此铰链的安装形式也有很多种。安装明铰链的方法有单面开槽法和双面开槽法两种。双面开槽法严密、质量好。安装暗铰链常用单面钻孔法；安装门头铰链一般采用双面开槽法。

7.2.2 拆装式连接件的装配

采用拆装式连接件组装的木质制品，零部件间需要进行多次拆装。通常在工厂里进行试装，拆装后，使用者可按部件包装或装配说明书再次组装。拆装式连接件形式有很多，常用接合形式的安装方法如下。

(1) 垫板螺母与螺栓接合的安装：将三眼或五眼垫板螺母嵌入接合部位的旁板内，用木螺钉拧固，在顶板相应接合部位拧入螺栓，并与垫板螺母连接。

(2) 空心螺钉与螺栓接合的安装：空心螺钉内、外都有螺纹，外螺纹起定位作用，内螺纹起连接作用。安装时先将空心螺钉拧入接合部位的旁板内，再在顶板相应接合部位拧入螺栓，使螺柱与空心螺钉的内螺纹连接。

(3) 圆柱螺母与螺栓接合的安装：旁板内侧钻孔，孔径略大于圆柱螺母直径 0.5mm，对准内侧孔，在旁板上方钻螺栓孔，孔径略大于螺栓直径 0.5mm。在顶板接合部位钻孔，并对准旁板螺栓孔，螺栓对准圆柱螺母将顶板紧固连接。

(4) 倒刺螺母与螺栓接合的安装：在旁板上方预钻圆孔，把倒刺螺母埋入孔中，螺栓穿过顶板上的孔，对准倒刺螺母的内螺纹旋紧，为使螺母不至于退出，可在孔中施加胶黏剂。

(5) 膨胀管螺母与螺栓接合的安装：膨胀管螺母相当于倒刺螺母，膨胀管一端开有小缝，当螺栓拧入时，会产生较大的挤压力使膨胀管螺母缝一端胀开，因此膨胀管螺母比倒刺螺母更为牢固。

(6) 直角倒刺螺母与螺栓接合的安装：连接件由倒刺螺母、直角倒刺和螺栓三部分组成。安装时，先在旁板、顶板上钻孔，把倒刺螺母嵌入顶板孔中，再把直角倒刺嵌入旁板中，最后将螺栓通过直角倒刺孔与倒刺螺母的内螺纹连接。

(7) 轧钩式连接件接合的安装：将带孔(槽)的推轧铰板嵌入面板内，表面略低于面板内面 0.2mm；将带挂钩的推轧铰板嵌入旁板内，要求同旁板边面平齐，挂钩高出边面。安装时，挂钩对准孔(槽)眼，向一方推进即可轧紧。该种方法接合牢固，使用方便，常用于拆装式台面板以及床屏与床梃的活动连接。

(8) 楔形连接件接合的安装：楔形连接件由两片形状相同的薄钢板模压而成，一个连接板用木螺钉固定在旁板接合部位，另一个固定在顶板上，靠楔形板的作用使部件连接起来，这种连接件拆装方便，不需要使用工具。

(9) 搁承连接件接合的安装：这种搁承(钎)用于活动搁板的连接，它是由倒刺螺母和搁承螺栓组成的。安装过程为先在旁板内侧钻一排圆孔，孔内嵌入倒刺螺母，并与旁板内侧面平齐，然后将搁承螺柱旋入倒刺螺母，再将搁板置于螺柱上即可。

7.2.3　锁和拉手的装配

门锁有左右之分，若以抽屉锁代用拉手，则不分左右。钻锁孔的要求是大小要准确、无缝隙、孔壁边缘光洁无毛刺。装锁时，锁芯凸出门板面 1～2mm，锁舌缩进门边 0.5mm 左右，不得超过门边，以免影响开关。大衣柜门锁的中心位置在门板中线下移 30mm，拉手下边缘距门锁的上边缘距离 30～35mm 为宜；双门衣柜只装一把锁时，可装在右门板上；小衣柜的门锁和拉手安装位置与大衣柜相同。抽屉锁不分左右，安装方法及技术要求与门锁相同。

7.2.4　插销的装配

(1) 暗插销：一般装在双开门左门的左侧面上(不装门锁的门)，将暗插销嵌入，表面要求与门侧边平齐或略低，以免影响门的开关，最后用木螺钉固定。

(2) 明插销：一般装在双门柜左门的背面，上、下各一个，离门侧边 10mm 左右，插销下端应距离门上、下口 2～3mm，以免影响门的开关。

7.2.5　门碰头的装配

碰头适用于小门使用，一般装在门板的上端或下端，也有的装在门中间。在底板或顶(台面)板内侧表面装上碰头的一部分，在门板背面装上碰头的另一部分。对于常用的碰珠或碰头，门板上安装孔板，安装时，钻孔大小、深浅都要合适，并用木块或专用工具垫衬敲入。装配后，关门时要求能听到碰珠清脆的响声和门板闭合后不自动开启的效果。

7.3　典型木质制品部件与产品的装配过程

1. 抽屉装配

抽屉部件一般安装如图 7-7 所示，安装步骤为：①把三合一连接件安装在抽屉侧板后面，将抽屉侧板与抽屉后板连接好，再将三合一连接件拧紧；②把三合一连接件安装在抽屉面板上，将抽屉底板和面板与步骤①完成后的组件连接好，并拧紧三合一连接件，完成抽屉部件的安装。

抽屉与柜体的安装步骤为：①将抽屉旁板底部滑道框架用木螺丝钉固定在侧板相应的位置；②将抽屉放进上、下抽屉滑道之间。抽屉上下接合处应留有 0.5mm 的间隙，确

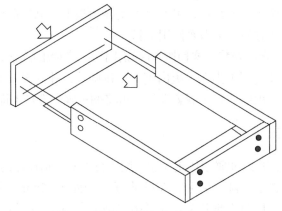

图 7-7 抽屉装配图

保抽拉轻松灵活。同时要求抽屉拉出 2/3 时，上下摆动不超过 15mm；左右摆动不超过 10mm。抽屉与柜体的安装如图 7-8 所示。

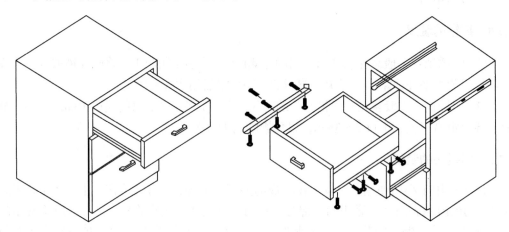

图 7-8 抽屉与柜体的安装

2. 实木椅子的装配

实木椅子各零件的装配关系如图 7-9 所示。

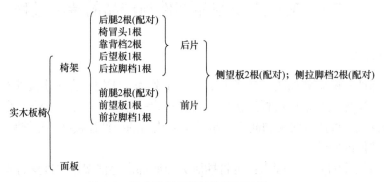

图 7-9 实木椅子各零件的装配关系

实木椅子的装配过程如下。

(1) 后片的装配：将左右一对后腿平放在工作台上，先在有关榫眼里涂上胶黏剂，然后将椅冒头、靠背档、后望板以及后拉脚档与一对后腿接合，借助螺杆夹具或其他方法夹紧并校正，待胶凝固后，刨平后腿与椅冒头、靠背档的连接处，并锯齐和刨平上端，锉好圆角，如图 7-10(a)所示。

(2) 前片的装配：在左右一对前腿的榫眼里涂上胶黏剂，然后将前望板和前拉脚档与一对前腿接合，并用夹具夹紧、校正，如图 7-10(b)所示。

(3) 椅架的装配：将前片涂上胶黏剂，再将左右一对侧望板和侧拉脚档与前片接合，再装上后片，并用夹具夹紧、校正，等胶黏剂固化后，刨平后腿及前腿上端，如图 7-10(c)所示。

(4) 面板与椅架的装配：将刨光、砂光的面板放在椅架上，检查面板上的缺口是否能很吻合地嵌入两后腿之间，若吻合，则将它们一起翻面用螺钉固定，若不吻合，则用工具进行修正至吻合。装配完毕后，用直尺检查四脚是否平稳，若不平稳，则可对稍长的腿进行修正，如图 7-10(d)所示。

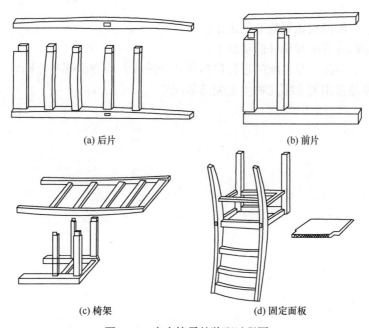

(a) 后片　　　　　　　　　　　　　　　(b) 前片

(c) 椅架　　　　　　　　　　　　　　(d) 固定面板

图 7-10　实木椅子的装配过程图

3. 方桌的装配

(1) 单片装配：首先将桌子的两只腿与一块望板装配起来，形成单片，四只腿装配出两个单片。

(2) 脚架装配：将两个单片与另外两块望板装配在一起，形成方桌的脚架。

(3) 方桌总装配：将桌面板底面朝上放在工作台上，用木螺丝连接已经装配好的脚架，组成完整的方桌，如图 7-11 所示。

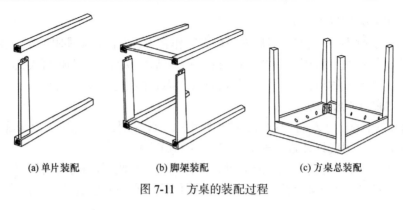

(a) 单片装配　　　　　　　(b) 脚架装配　　　　　　　(c) 方桌总装配

图 7-11　方桌的装配过程

习　　题

1. 什么是木质制品装配?

2. 为什么要鼓励拆装式木质制品生产? 实现拆装式木质制品生产应采取哪些技术措施?

3. 零部件装配前要做哪些准备工作?

4. 什么是部件装配和部件修整加工?

5. 什么是总装配? 总装配的过程包括哪几个阶段? 应遵循哪些原则?

6. 木质制品常用的有哪几种主要配件装配?

第 8 章　木质制品的涂饰

涂饰是按照一定工艺程序将涂料涂布在制品表面上，并形成一层均匀而平滑的漆膜的生产过程。涂饰可以改进木质制品的外观，调节它的光泽、色度和纹理，遮蔽木质基材的表面缺陷，提高普通木材及木质基材的表观质量。涂饰形成的漆膜可以减少外力对木材表面及木质基材的损伤，也延缓了环境中水分向木材及木质基材的渗透，还具有提高木质制品表面抗污染、保持清洁的能力。涂饰对提高木质制品的外观质量和性能有重要作用，并在很大程度上影响产品的市场价值，因此涂饰是木质制品生产过程中不可或缺的重要环节。

对木质制品的涂饰实践可以追溯到几千年前，在很长的一段时间里，天然植物油或树脂如桐油和大漆，一直都是木质制品涂饰的主要原料，而手工涂饰如刷涂和擦涂，是主要的涂饰方法。虽然它们至今仍具有鲜活的生命力，但本章重点是介绍适用于规模化生产的涂饰技术，以合成树脂为主要原料，机械化和智能化的喷涂、辊涂等工艺为主要涂饰方法，以更好地适应现代化生产对生产速度和产品多样性的需要，同时使涂饰质量和漆膜性能获得进一步的提高。

8.1　涂饰工艺的评价指标

8.1.1　涂饰质量

涂饰质量可以从外观质量和理化性能两个方面来衡量。涂层外观很大程度上决定了消费者对产品的印象，是决定产品质量的基本指标。涂饰外观的均匀性和平整性取决于所用的涂饰设备及其配置。涂料自身的性能如黏性和表面张力，也会影响涂层外观。涂层不仅需要有良好的外观，也需要具备一定的使用性能。漆膜上的鼓泡、开裂等缺陷不仅影响外观，也会破坏其整体性，板材润湿性不足会导致涂料附着力的下降。

8.1.2　施用量与涂布率

一项涂饰工艺的施用量是指形成具有一定厚度的漆膜所需要的涂料量，表达为单位面积的涂料量(L/m^2 或 g/m^2)。施用量主要取决于涂饰设备的涂布能力和涂料自身的黏度与固含量。一个给定涂饰系统的施用量一般是一个具有上、下限的数值区间。涂布率在数值上是施用量的倒数，它表示一定量的涂料在达到预定的涂层厚度的情况下可以涂布的面积(m^2/L 或 m^2/g)。

8.1.3 生产效率

生产效率是用来量化一个涂饰操作产出的尺度。它可以用多种形式来表达，最简单的是每分钟可涂饰的基材面积，油漆施工中工作量常用 m²/h 表示，有时它也以单位时间所涂饰的合格工件量来表达。生产效率是工业生产的基本参数，是工艺经济性的主要影响因子。

8.1.4 利用率

利用率是一个百分比数值，表示涂饰过程中涂料消耗量和实际涂布到基材上涂料量的比值。利用率越高，相对涂料消耗量就越少。高利用率不仅意味着经济性的提高，也有助于减少因涂饰向空气中排放挥发性有机物(VOCs)的量，对保护环境也是有益的。喷涂工艺中散逸到空气中的涂料可以通过回收来提高利用率。表 8-1 为常用涂饰系统的涂料利用率。

表 8-1 常用涂饰系统的涂料利用率

涂饰方法	利用率/%
辊涂	95～100
淋涂	95～100
真空涂	95～100
气压喷涂	30～50
高压无气喷涂	80～90
静电喷涂	80～90
静电辊涂	80～90
粉末喷涂	95～100

8.2 涂 料 概 述

涂料是涂布于物体表面，在一定的条件下能形成薄膜而起保护、装饰或其他特殊功能(绝缘、防锈、防霉、耐热)等的一类液体或固体材料。涂料形成的薄膜通常称为涂膜，又称漆膜或涂层。涂料主要由四部分化学成分组成：主要成膜物质、着色材料、溶剂和助剂。

(1) 主要成膜物质：是使涂料牢固附着于被涂物面上形成连续薄膜的主要物质，是构成涂料的基础，决定着涂料的基本特性。用于木质制品的成膜物质有植物油、油脂加工产品、纤维素衍生物、合成乳液、天然树脂和合成树脂(醇酸树脂、聚氨酯、不饱和树脂等)。成膜物质还包括部分不挥发的活性稀释剂。

(2) 着色材料：用于调制着色剂、填孔剂、腻子等，主要分为颜料和染料。它虽然不能单独形成涂膜，但是能和主要成膜物质结成涂膜，并能改进涂膜的理化性能，又称次要成膜物质。

① 颜料是一种细微的粉末状有色物质，不溶于水、油及其他有机溶剂中，但能在溶剂中扩散，成为混浊液，呈不透明状态。颜料用于制造色漆时，不仅能使涂膜呈现出所需要的色彩，而且能改善涂膜的理化性能，如涂膜的硬度、耐候性、机械强度等。

颜料的品种很多，可分为天然颜料和人工颜料；以化学成分为依据，可分为有机颜料和无机颜料；以色彩为依据，可以分为红、黄、蓝、黑等多种颜料；以在涂料中的作用为依据，可分为体质颜料与着色颜料。

② 染料是一种能溶于水、醇、油及其他溶剂的有色物质，可以配成溶液。染料溶液能渗入木纤维，并跟木纤维发生复杂的物理化学反应，产生亲和力，从而使木材纤维获得新的牢固色彩。

染料的品种繁多，可分为天然染料与人造染料；根据染料的化学成分和性质，可分为有机、无机、酸性、碱性等染料；根据染料的使用特性，可分为直接染料、分散性染料、活性染料、硫化染料等。

(3) 溶剂：将涂料中的成膜物质溶解或分散为均匀的液态，以便于施工成膜，也称为分散介质。溶剂可以是有机溶剂或水等，在干燥成膜过程中能从涂膜中挥发至大气，或与成膜物质进行化学反应，是一些易挥发的液体。溶剂对涂料的制造、贮存、施工，涂膜的形成和理化性能等有巨大的影响，是液体涂料中不可缺少的组成部分。

(4) 助剂(如消泡剂、流平剂等)：是涂料的辅助组分材料，不能独立形成涂膜，在涂料成膜后可以作为涂膜的一个组分在涂膜中存在，对基料形成涂膜的过程起着相当重要的作用，并使涂膜获得更好的理化性质。按照助剂在涂料中的功能，可分为催干剂、固化剂、增塑剂、消泡剂、消光剂、分散剂、防尘剂、皱纹剂、锤纹剂、紫外线吸收剂、防腐剂等。

按涂料中使用的主要成膜物质，可将涂料分为油性涂料、纤维涂料、合成涂料和无机涂料；按涂料或漆膜性状，可分为溶液、乳胶、溶胶、粉末、有光、消光和多彩美术涂料等。木材工业中常用的涂料按成膜物质的不同有以下几种。

1) 醇酸树脂涂料

醇酸树脂涂料是以各种醇酸树脂或改性醇酸树脂为成膜物质的一类漆。醇酸树脂是由多元醇(甘油)、多元酸(苯二甲酸酐)和脂肪酸经酯化缩聚反应制得的一种涂料树脂(图 8-1)。木材涂饰应用较多的是醇酸清漆和醇酸磁漆。醇酸清漆是用醇酸树脂加入适量催干剂与溶剂制成的，催干剂多用环烷酸钴、环烷酸锰、环烷酸铅等，溶剂多用松香水、松节油与苯类；醇酸磁漆则加入各种着色颜料与体质颜料。

乙醇 — 酸 — 乙醇 — 酸 — 乙醇 — 酸 — 乙醇 — 酸

　　｜　　　　　　｜　　　　　　｜　　　　　　｜

脂肪酸　　　脂肪酸　　　脂肪酸　　　脂肪酸

图 8-1　醇酸树脂的分子结构

　　醇酸树脂涂料综合性能较好，有较好的户外耐久性，较强的光泽，漆膜柔韧性好，附着力好，保光保色性好。漆膜软，不宜打磨抛光，一般不适用于中高级木器。醇酸树脂涂料含有植物油，因此干燥缓慢，一般涂饰一遍表干需要 4～6h，实干需要 15～18h。

　　2) 聚氨酯树脂涂料

　　聚氨酯树脂涂料是聚氨基甲酸酯涂料的简称，又称 PU 漆，是由多异氰酸酯(主要是二异氰酸酯)和多羟基化合物(多元醇)反应生成的，又称为多异氰酸酯涂料。它是以氨基甲酸酯为主要成膜物质的涂料，氨基甲酸酯涂料根据固化方式不同，有羟基固化型聚氨酯涂料、封闭型聚氨酯涂料、湿润固化型聚氨酯涂料、催化型聚氨酯涂料、弹性聚氨酯涂料等多种类型，在木质制品中使用的是羟基固化型聚氨酯涂料，它是由异氰酸酯基(—NCO)甲组分和含有羟基(—OH)乙组分两部分组成的。

　　含异氰酸酯基的预聚物(俗称固化剂)和另一组分带羟基的聚酯或丙烯酸等树脂(俗称主剂)是分开包装的，使用前按一定比例混合，异氰酸酯基与羟基发生化学反应而形成聚氨酯高聚物，即漆膜(图 8-2)。为了便于施工，还需要加入溶剂和一些助剂，常用溶剂为醋酸丁酯、环己酮、二甲苯，若做不透明涂饰，则需加入着色颜料和体质颜料。

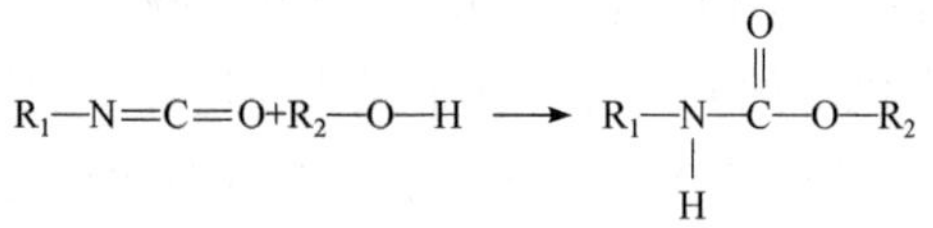

$$R_1\!-\!N\!=\!C\!=\!O + R_2\!-\!O\!-\!H \longrightarrow R_1\!-\!\underset{H}{\overset{O}{\underset{|}{N}}}\!-\!\overset{\overset{O}{\|}}{C}\!-\!O\!-\!R_2$$

图 8-2　聚氨酯漆的成膜反应

　　聚氨酯漆的漆膜附着力好，耐候性优良，耐化学药品性好，耐水性好，硬度高，耐磨性优良，漆膜饱满，固含量可达 50%左右，还可根据需要进行漆膜性能的调节。其缺点是施工性差，异氰酸酯中的—NCO 基有毒性，对呼吸道有较强的刺激性，会诱发哮喘、气管炎等疾病，漆膜丰满度与硬度低于聚酯树脂(PE)漆。PU 漆对水分敏感，木材水分过高或施工环境潮湿，漆膜上易形成气泡、针眼或变色等缺陷。因此，施工时需要注意通风换气。

　　聚氨酯漆综合性能优良，可以作为封闭底漆、打磨底漆、面漆(亮光或亚光，清漆或色漆)，应用广泛，还可以实现流水线涂饰，是目前家具与木地板生产中用量最大、最广泛的漆种。

　　3) 不饱和聚酯涂料

　　在木器涂料中，以不饱和聚酯树脂(PE)为基础的不饱和聚酯涂料是十分重要的品种。不饱和聚酯是由多元醇和多元酸缩聚制得的(图 8-3)，成膜物质主要是不饱和聚酯树脂，溶剂用苯乙烯，辅助材料有引发剂(又称固化剂、硬化剂)、促进剂和隔氧剂，色漆品种中还包括颜料，着色清漆中含有染料。

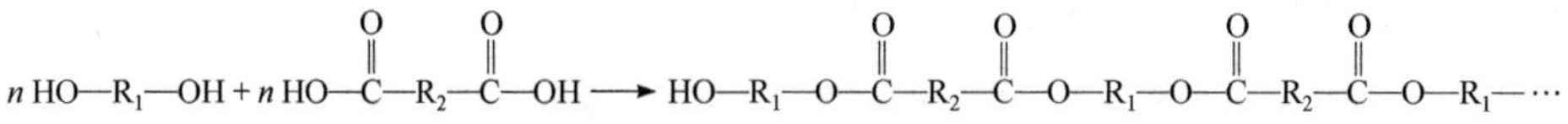

$$n\,HO\!-\!R_1\!-\!OH + n\,HO\overset{\overset{O}{\|}}{C}\!-\!R_2\!-\!\overset{\overset{O}{\|}}{C}\!-\!OH \longrightarrow HO\!-\!R_1\!-\!O\!-\!\overset{\overset{O}{\|}}{C}\!-\!R_2\!-\!\overset{\overset{O}{\|}}{C}\!-\!O\!-\!R_1\!-\!O\!-\!\overset{\overset{O}{\|}}{C}\!-\!R_2\!-\!\overset{\overset{O}{\|}}{C}\!-\!O\!-\!R_1\!-\!\cdots$$

图 8-3　多元醇和多元酸缩聚制得不饱和聚酯成膜反应

　　不饱和聚酯涂料中含有不饱和聚酯树脂、不饱和单体、阻聚剂、引发剂和促进剂等，不饱和单体既能溶解不饱和聚酯树脂，使其成为具有一定黏度的液体涂料，又能和不饱和聚酯树脂发生化学反应共同成为涂膜，起着溶剂与成膜物质的双重作用。因此，不饱和聚酯涂料也称为无溶剂涂料，固体含量可以达到 95%以上。不饱和聚酯的固化过程可分为引发、交联和终止三个阶段。

在引发阶段，作为溶剂的苯乙烯能与被其溶解的不饱和聚酯主链中不饱和双键发生游离基共聚反应(图 8-4)，因此一般称苯乙烯为活性稀释剂、可聚合溶剂或交联单体。引发过程产生的自由分子可以和其他树脂分子上的双键发生交联，最终形成漆膜。

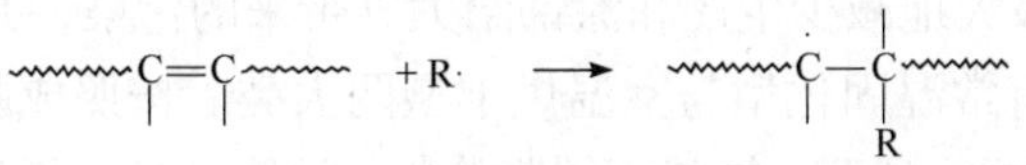

图 8-4　自由基对聚酯分子的引发作用
R 代表自由基

不饱和聚酯涂料固体成分含量高，涂料的涂膜厚实丰满，施工环保性也较好。不饱和聚酯涂料膜综合性能优异、坚硬耐磨、耐水、耐湿热与干热、耐多种化学药品、漆膜外观丰满充实，具有很高的光泽与透明度，清漆颜色浅，漆膜保光保色，有很强的装饰性。不饱和聚酯涂料属于高档涂料，常用于钢琴的表面涂饰。

4) 硝化纤维涂料

硝化纤维涂料也称硝基涂料。硝化纤维是将纤维素进行水解后再用硝酸进行酯化得到的产物，反应产物的氮含量一般在 11%～12%，形成稳定、透明的聚合物，可溶于多种有机溶剂(图 8-5)。硝基涂料以硝基纤维素(硝化棉)为主要原料，配以合成树脂、增韧剂、溶剂、助溶剂、稀释剂等制成清漆，再以清漆为基料加入体质颜料与着色颜料等制成硝基磁漆。

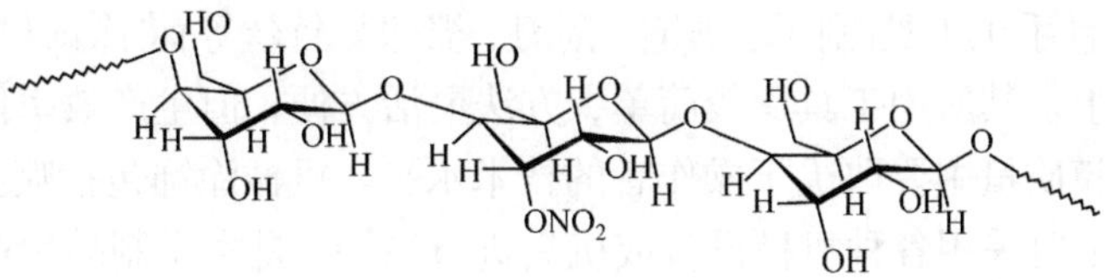

图 8-5　硝化纤维的分子链局部

硝基涂料对喷涂工艺的适应性较好，可用手工涂刷或揩涂，也能进行喷涂、淋涂、浸涂、抽涂，因此在 20 世纪早期迅速取代传统的涂料，在家具生产中得到了广泛应用。硝基涂料成本低、可溶性好、干燥快，形成的涂膜硬、透明性好，但聚合物分子链缺乏交联结构，与基材的附着力一般，因此为保证涂膜的附着力和韧性，还需要在涂料中添加适当增塑剂，如邻苯二甲酸盐、醇酸树脂。聚合物分子量较大，硝基涂料的溶剂含量可高达80%，以满足涂饰过程中流动性的需要，但这也导致其干燥过程 VOCs 的释放量较大，这是制约其应用的一个主要因素。在北美家具市场，硝基涂料因能较好地显现木材原有的纹理特征，仍然深受欢迎，具有较高的应用率。

硝基涂料使用期限长，不易变质报废。涂膜色浅、透明度高，涂层表干迅速，常温下每涂饰一层仅需 10～15min 可表干，具有一系列优异的理化性能。涂膜损坏后易修复，若产生流挂、橘皮、波纹、皱纹等缺陷，可用棉花球蘸上溶剂湿润涂膜使之溶解，稍用力就可揩涂干净。涂膜具有优异的装饰性，经磨水砂光处理后，可获得镜面般的装饰效果，但涂膜耐热性、耐寒性、耐光性、耐碱性欠佳。

5) 水性树脂涂料

水性树脂涂料是以水作为主要成膜物质的溶剂或分散剂的一类涂料，包括水溶性树脂涂料与水乳胶性树脂涂料。主要成膜物质能均匀溶入水中的涂料称为水溶性树脂涂料；不能溶于水但能以微粒状(粒径 10μm 以下)均匀分散于水中的涂料称为水乳胶性树脂涂料。以水作为溶剂能极大地减少生产和涂饰给大气带来的污染，并能消除火患风险。

水溶性树脂涂料有常温固化型与室温烘干型两大类。按照成膜物质分，现主要有水溶性环氧、醇酸、丙烯酸、酚醛、氨基等树脂涂料。涂膜的理化性能取决于涂料主要成膜物质的性能。这类涂料主要用于金属制品零部件的涂饰，应用尚不广泛。

水乳胶性树脂涂料根据制造方法的不同，可分为分散乳胶和聚合乳胶两种。分散乳胶是在乳化剂的存在下，靠机械的强烈搅拌使树脂、油等分散在水中而形成的乳液，或是由酸性聚合物加碱中和分散在水中而形成的乳液。聚合乳胶是在乳化剂的存在下进行机械搅拌，由不饱和单体聚合成树脂微粒，并均匀分散于水中的乳液，主要产品有聚丙烯酸酯、聚醋酸乙烯、聚苯乙烯、丙烯酸酯、丁苯以及由醋酸乙烯、丙烯酸酯、乙烯等不饱和单体共聚的水乳胶性树脂涂料。随着科学技术的发展，有一部分涂膜性能较好的品种，也可以用于其他制品的涂饰。

8.3　涂 饰 方 法

涂饰方法一般可分为手工涂饰和机械涂饰两类。手工涂饰包括刮涂、刷涂和擦涂(揩涂)等，是使用各种手工工具(刷子、排笔、刮刀、棉球与竹丝等)将涂饰材料涂布到木质制品零部件的表面上。其所用工具比较简单，方法灵活方便，但生产效率低、劳动强度大、施工环境差、漆膜质量主要取决于操作者的技术水平。机械涂饰包括喷涂、淋涂、辊涂、浸涂和抽涂等，主要采用各种机械设备或机具进行涂饰，是木质制品生产中常用的方法。其生产效率高，涂饰质量好，可组织机械化流水线生产，劳动强度低，但设备投资大。

此外，根据涂饰工具或设备与涂饰基础之间的接触关系，可分为接触式涂饰和雾化式涂饰。接触式涂饰装置、涂料与基材之间连续接触；雾化式涂饰时，液体涂料被雾化为液滴喷向基材。

8.3.1　接触式涂饰

1. 刷涂

刷涂是用不同的刷涂工具将各种涂料涂刷于木材表面，形成一层薄而均匀的涂层。刷涂是最简单的涂饰方法，可以使涂料更好地渗透木材表面，增加漆膜附着力，它具有成本低、材料利用率高和投资少的优点。刷涂是一种应用广泛的传统涂饰方法，工具是扁鬃刷、羊毛板刷、羊毛排笔、毛笔和大漆笔等，一般应根据涂料特点和制品形状选择刷具。慢干而黏稠的油性调和漆、油性清漆等，应使用弹性好的鬃刷；黏度较小的虫胶清漆、聚氨酯清漆、聚酯清漆等，应用毛软、弹性适当的排笔；而黏度大的大漆，一般用毛短、弹性特大的人发、马尾毛等特制刷子。刷涂操作时，用刷子蘸涂料，依次先横后纵、先斜后直、先上后下、先左后右刷成均匀一致的涂层，最后一次应顺木纹涂刷，并用刷尖轻轻修饰边角。但在工业化生产中，刷涂的应用因效率低(约 $1m^2/min$)、涂饰质量较低受到限制。然而，刷涂可以作为一种表面修补方法，如通过上色和渗透修补砂光后表面局部失色的木材。马海毛、织物、海绵等制成刷辊进行辊涂，也可看成是一种旋转式的刷涂方法，它们具有良好的利用率，并且比传统的刷子效率更高。刷辊可与不同的进料和压料系统配合，以进一步加快涂饰速度。

2. 揩涂

揩涂(擦涂)是一种简单的手工涂饰方法，它是以纤维或织物为涂饰材料浸以半固态涂料，如石蜡和虫漆涂饰于基材上。重复揩涂可提高涂料在木材导管中的渗透深度，并形成均匀一致的饰面效果。这是一种传统的涂饰方法，操作得当可获得镜面涂饰效果，但技术要求高、劳动强度大，不适合工业化生产。

3. 浸涂

浸涂是一种简单、经济、快速的涂饰系统，主要用于着色剂等低黏性涂料。它适用于外形复杂、采用常规方法难以均匀涂饰的部件，还可用于非成膜涂饰或低端产品的表面涂饰。涂料的流失会影响浸涂的效果，采用自动提升装置可缓解这一问题。浸涂系统尤其适用于水性涂料，它可以减少敞口涂料槽中的有机物挥发。

4. 辊涂

工业辊涂的基本原理是先将涂料分布于辊子表面，使转动的辊子与基材接触，涂料即被转移至基材表面。辊子同时起输送基材、并使其克服刮刀或其他涂饰辊阻力的作用。

辊涂工艺要求是在辊与基材之间保持固定间隙，这使该工艺的应用局限于平板，具有三维形状或模压板不适用于辊涂，即使对平板部件边部涂饰，也要借助喷涂等其他方法。

辊涂机(roller coater)适用于着色(溶剂型或水溶性)和单组分涂料，包括底漆和面漆。它特别适用于光固化涂料，该类涂料黏性高、固含量高，在漆膜厚度和表面均匀性方面均可以达到较好的效果。辊涂机可以回收涂料，该类涂料混合后的有效期较短，因此不太适用于双组分涂料。

辊涂法的优点主要有以下几点：

(1) 多辊系统可满足每平方几克到几十克不等的涂饰量；

(2) 自动化程度高、涂饰速度快；

(3) 适用于高黏性产品，如高固含量光固化涂料；

(4) 可回收未涂到基材上的涂料，涂料利用率可接近 100%。

辊涂设备的类型很多，它们配有几个组合好的辊子，每组辊子配有一个将涂料涂饰于基材上的涂布辊和一个分配涂布量的分料辊。在很多系统中，涂布量由一个刮刀来控制。

基材与辊子的运动方向相同的涂饰方法称为顺涂，反之称为逆涂，顺涂辊涂机和逆涂辊涂机示意图如图 8-6 和图 8-7 所示。不同辊涂机在辊子数量、转动方向和覆面材料上都有显著区别。

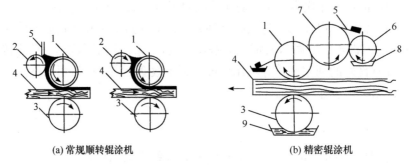

(a) 常规顺转辊涂机　　　　　　　　　　　　(b) 精密辊涂机

图 8-6　顺涂辊涂机

1. 涂布辊；2. 分料辊；3. 进料辊；4. 工件；5. 刮刀；6. 拾料辊；7. 刮料辊；8. 涂料槽；9. 洗涤剂槽

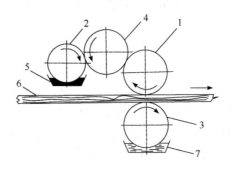

图 8-7　逆涂辊涂机

1. 涂布辊；2. 拾料辊；3. 进料辊；4. 刮料辊；5. 涂料槽；6. 工件；7. 洗涤剂槽

刮刀可以保持涂布辊的清洁，刮涂未被使用的涂料。中密度纤维板和其他基材可通过皮带运输机或辊柱运输机进行输送。

单头辊涂机配有一个涂布辊和一个分料辊。涂布辊的转动方向与基材的进料方向一致，两个辊子的转动方向可以一致或相反。有些单头辊可以独立控制板子的进料速度。单头辊涂机可适用于着色、底漆和面漆，涂料在两个辊子之间流动，涂布量取决于两辊的间距、速度和辊子与板件之间的压力，单头辊涂机如图 8-8 所示。

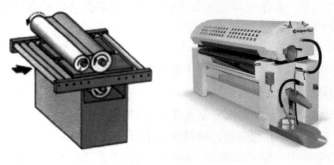

图 8-8　单头辊涂机

　　两个辊子的转动方向相同时，涂布量较大，但涂饰表面粗糙，更适用于底漆涂饰。

　　涂饰面漆时，两个辊子的转动方向相反，分料辊对涂料有拉伸的作用，使涂料在涂布辊上分布更均匀，从而获得均匀的漆膜。将基材用可调速的带式运输机进行进料，可进一步提高漆膜质量。

　　单头辊涂机的涂饰速度在 $10g/m^2$(面漆)至 $30g/m^2$(底漆)。涂布辊表面常覆以橡胶，它的材质取决于涂布速度、对涂料中有机溶剂的耐久性和它的硬度。为了保持辊子表面的清洁，主辊上都配有一个刮刀，其宽度与辊子的宽度一致。

　　上色辊涂机是在平板表面上色或底漆最简单的设备。在上色时，基板首先通过一个清扫辊，以去除表面杂质。镀铬钢材质的分料辊和涂布辊构成了涂饰部分。当颜料为有机溶剂时，涂布辊表面覆以橡胶；当颜料为水溶性时，则覆以海绵材料。涂饰速度一般在 $10\sim50g/m^2$。在涂布辊后面还会布置 1~2 个清扫辊。

　　上色辊涂机特别适用于橡木等具有环孔材树种，它可使颜料较好地渗透到导管中，并去除多料部分，如图 8-9 所示。

图 8-9　上色辊涂机

　　上色辊涂机的一个子类是印刷辊涂机，它可以在普通单板、聚氯乙烯(PVC)贴面或其他适合的表面印上任意树种的纹理。印刷部分一般由两个辊(油墨辊与偏置辊)构成。油墨辊的金属表面刻有需要印刷的纹理，橡胶覆面的偏置辊则从油墨辊接收油墨，再将纹理印至板材表面。印刷往往需要多个连续的辊涂完成，板材表面首先要涂以浅色的底漆。

　　印刷辊涂机主要采用光固化油墨，是模仿贵重木材的一种经济方法。新兴技术已使印刷的仿真度达到很高，印刷速度也非常快，这都是该方法的优势。

　　单头辊涂机很难在辊面保持连续和均匀的涂层，在涂饰时可能会在板子表面形成轻微的纵向条带，这加大了后续砂光的难度，破坏了板材的表面质量。解决这个问题的一个方法是降低涂饰速度或涂料黏度，但生产效率会因此受到影响。双头涂饰可以在提高漆膜均匀性的同时，保持足够的涂饰速度，双头辊涂机如图 8-10 所示。第二个辊的涂饰速度一般低于第一个辊，典型的配置是第一个辊为橡胶覆面辊，第二个辊为表面平整的镀铬钢辊，此外还可能有其他多种配置形式。

　　填孔辊涂机配有三个辊(分料辊、涂布辊和平整压辊)，它和单头辊涂机相似，分料辊与涂布辊的转动方向相反，如图 8-11 所示。第三个辊是镀铬钢辊，转动方向与皮带运输机方向相反。平整压辊有两个功能：

　　(1) 刮去板面多余涂料；

　　(2) 通过将涂料压入基材的管孔和孔隙获得平整的涂层。

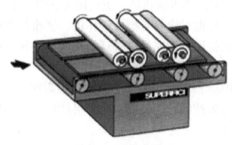

图 8-10　双头辊涂机　　　　　　　　　　图 8-11　填孔辊涂机

通过调节辊子的压力和转速可以精确控制涂布量。填孔辊涂机的涂布量较高，对于刨花板等多孔性基材，其填孔剂或底漆涂布量一般为 $30 \sim 40g/m^2$，对于中密度纤维板等致密性基材填孔剂或底漆涂布量一般为 $20g/m^2$。平整压辊往往是独立于涂布辊配置的，它可通过手动调节高度作为简单的单头辊。

逆转辊涂机涂布辊的转动方向与基材的运动方向相反，如图 8-12 所示。逆涂可以获得更好的涂层质量和精确的涂布量。逆转辊涂机可分为双辊辊涂机和四辊辊涂机两类。

双辊辊涂机的涂布量可达 $30g/m^2$，一般适于 UV 面漆(清漆或混水漆)。

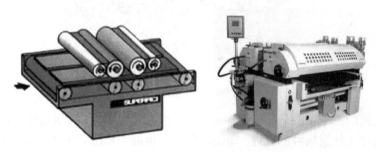

图 8-12　逆转辊涂机

四辊辊涂机将双头联合，第二个涂布辊为逆转辊。将第二个辊去除后，该系统可作为单辊辊涂机。四辊辊涂机通过两次涂饰可实现较大的涂布量范围，涂布量下限为 $10g/m^2$，上限可高于 $100g/m^2$。涂布量取决于辊筒转速、涂布辊与分料辊间距、压力、橡胶硬度、进料速度等。

5. 淋涂

淋涂机适用于平面涂饰。涂料通过条缝状槽口或刮刀流到板面上，形成薄薄一层均匀的液态涂层。淋涂机典型的配置包括单头或双头涂布辊和带式进给装置。其每个头上都配有一个条状的涂料槽，涂料从底部的条缝流出，在流动过程中形成连续稳定的薄幕帘，涂料的流动由重力驱动，有时带有压差辅助，在涂布辊下面有回收系统，可回收多余涂料。当被涂饰的板材通过幕帘时，涂料就直接转移到板面上，底缝成幕式淋涂机示意图如图 8-13 所示。

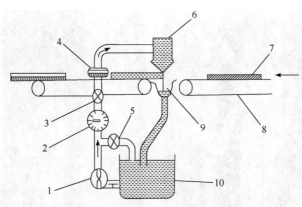

图 8-13　底缝成幕式淋涂机示意图

1.漆泵；2.压力计；3.调节阀；4.过滤器；5.溢流阀；6.淋漆机头；7.工件；8.传送带；9.受漆槽；10.贮漆槽

淋涂机是一种高效快速的涂饰系统，速度最高可达 100m/min，主要用于面漆涂饰。涂料的成分可以是水基或有机溶剂聚酯、丙烯酸酯涂料。要对涂料进行回收，幕帘中的有机物很容易挥发，因此涂料的黏度需要不断调整。

涂布率取决于进给用运输机的速度，一般在 $100 \sim 300g/m^2$，有时能达到更高。

单头淋涂机难以处理固化时间短的双组分涂料，但使用双头配置就可以解决这个问题。第一个辊子上通过的是混有过氧化物的聚酯涂料，第二个辊子上通过的是混有固化剂的相同涂料，固化反应在两辊之间的基板上直接进行。处理双组分涂料的其他方法还有顺序配置辊涂与淋涂。

淋涂的不足主要有以下几方面。

(1) 清洁与维护复杂。

(2) 漆幕可能受气流影响而中断。

(3) 只适用于水平通过的平板材料，形状的起伏不平会导致漆膜厚度的差别。

(4) 淋涂和辊涂无法对基材边部进行适当涂饰。

基材的边部和表面一样，需要涂饰处理。边部的涂饰一般在板面涂饰之前或之后进行，典型的方案包括：①以 PVC 或 ABS 等进行封边处理；②用经涂饰的实木条进行封边处理；③将堆放好的一批板材成批进行喷涂处理。

6. 流涂

流涂工艺是将流料从高处向下流淌过待涂部件，它是浸涂的一种替代工艺。在一些流涂系统中，涂料通过粗喷口射向挂在悬式运输机上的部件。涂料以大尺寸液滴的形态流过部件，多余部分滴到漆房底部以供回收。涂饰窗框流涂设备如图 8-14 所示，该设备虽然采用了喷嘴，但这种方法仍被归为一种接触式涂饰而非雾化喷涂，它的主要优点是涂饰系统的生产效率很高。

流涂系统尤其适用于低黏性的涂料，如着色剂或中间涂层，它可以涂饰三维构件(如组装好的窗框和椅子)的各个面。流涂系统和浸涂系统一样，挥发性有机物释放是流涂系统需要考虑的主要问题。适用于水溶性涂料的系统已经开始采用，一种改进型流涂系统

图 8-14　涂饰窗框流涂设备

使用水溶性涂料对水平进料的异型件进行涂饰。

7. 真空涂饰

自动真空涂饰系统一般用于对窄长形部件(无论表面平整，还是曲面)的各面进行涂饰，一般与 UV 涂饰联合使用。涂饰腔的内部为负压状态。

8.3.2　雾化式涂饰

雾化式涂饰(雾化喷涂)是使液体涂料雾化成雾状喷射到木质制品表面上形成涂层的方法。根据使涂料雾化的原理不同，可分为空气喷涂、无气(液化)喷涂和静电喷涂等。

1. 传统空气雾化系统——气压喷涂

气压喷涂由 De Vilbiss 博士于 1890 年发明，DeVilbiss 公司至今仍是该领域的知名公司。喷涂是一种多用途工艺，可人工或自动操作，适用于大多数涂料，擅长处理形态复杂的部件，缺点是涂料利用率低。

喷枪可以将涂料雾化为微小颗粒喷向基材。喷射可以借助气压、液压或静电的方法实现，此外还可通过离心力和超声等方法实现。

双组分涂料两个组分的混合直接在枪头中完成，避免出现涂料固化的问题。气压喷枪借助空气来雾化和输送涂料，涂料通过喷嘴后立即承受喷射气流压力，气压喷枪工作示意图如图 8-15 所示。

液态涂料因重力或气流流动产生的吸力流向枪头并喷出，漆罐可保持在微压之下。

影响雾化的因素有以下几方面。

(1) 喷枪的结构：包括枪针、空气帽和喷嘴，主要类型有 PQ-1 型、PQ-2 型。

(2) 压力：压力越高，雾化效果越好(液滴尺寸越小)，压力通过调压阀来调节。

(3) 表面张力：减小表面张力会降低液滴尺寸，但是表面张力的变化会产生橘皮缺陷。

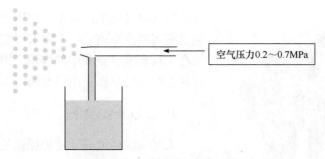

图 8-15　气压喷枪工作示意图

(4) 黏性：涂料黏性越高，越不利于形成良好的雾化效果。黏度一般为 15～30s，对黏性的调节(稀释)是喷涂操作的关键。

(5) 温度：温度可以调节黏性和表面张力，提高温度可以增加溶剂的挥发和成膜物质的交联反应。加热可以减少稀释剂的使用，一些喷涂系统配备了加热器。

(6) 喷距或密度：在给定条件下，喷距越近，密度越高，液滴颗粒越大，一般喷距为150～250mm。

气压喷枪是简单、经济且用途广泛的喷涂装置。它适用于低黏性的涂料，为木质制品提供了良好的漆膜质量。气压喷枪的主要缺点是涂料利用率低，因此它的生产效率和环境性能都受到了影响。喷枪的气压和涂料的流速等参数都可以根据涂料的类型、漆膜的质量要求和生产效率而进行调整。喷涂所用压缩空气的压力为 0.2～0.7MPa。空气喷涂的应用和特点如表 8-2 所示。

表 8-2　空气喷涂的应用和特点

适用涂料	喷涂工件	特点
(1) 清漆或色漆(油性漆、挥发型漆、聚合型漆)； (2) 稀薄腻子、填平漆； (3) 染色溶液	(1) 具有凹凸不平表面的零部件； (2) 直线形零部件； (3) 具有斜面和曲线形的零部件； (4) 大面积零部件	优点： (1) 设备简单、施工效率高(每小时可喷涂 150～200m² 的表面，为手工刷涂的 8～10 倍)，适用于间断式生产方式； (2) 可以喷涂各种涂料和不同形状、尺寸的木质制品和零部件； (3) 形成的涂层均匀致密、涂饰质量好 缺点： (1) 漆雾并未完全落到木质制品表面，涂料利用率一般只有 50%～60%，喷涂柜类制品大表面时，涂料利用率约为 70%，喷涂框架制品时，涂料利用率约为 30%； (2) 喷涂一次的涂层厚度较薄，需多次喷涂才能达到一定的厚度； (3) 漆雾向周围飞散，对人体有害并易形成火灾，须加强通风排气； (4) 水分或其他杂质混入压缩空气中会影响涂层质量

2. 高流量低气压喷涂

高流量低气压(HVLP)系统降低了喷枪的后坐力，将涂料的利用率从传统喷枪的30%～45%提高到了 60%～75%。

有一些 HVLP 喷枪内置了泵(图 8-16)，它们也可由外部压缩空气系统驱动，内置的文丘里管可以使喷口处气压降至 0.07MPa。雾化通过特殊结构的喷嘴实现，它可以实现比

图 8-16　DeVilbiss 公司生产的 HVLP
喷枪(适用于木质制品的涂饰)

如图 8-17 所示。

传统喷涂更高的生产效率,但需要一些操作技巧,包括缩短喷涂距离。这个要求可能限制了 HVLP 系统在木材和家具企业中的应用,因为在这些企业中普遍存在大尺幅和复杂形态的三维构件。

3. 无气(液化)喷涂

无气喷涂借助高压使油漆以足够高的速度通过喷嘴并雾化,而无须借助气流的作用。无气喷涂的涂料可以渗透到常规气压喷涂无法到达的区域,如大尺寸封闭容器的内表面和一些涂料消耗量极高的部位。水溶性涂料所需的喷嘴有别于溶剂涂料,水溶性涂料需要额外的泵,该类装置的成本更高,而更高的压力也意味着安全性有所下降。无气喷涂在家具行业应用的一个不足是涂料的消耗速度过快,难以对漆膜厚度进行控制。无气喷涂的示意图

压力:15~30MPa

图 8-17　无气喷涂的示意图

无气喷涂的优点可以归纳如下:
(1) 单道涂饰可形成较厚的涂层;
(2) 适用于在平面上的底漆喷涂;
(3) 生产效率较高,每小时可喷涂 200~300m²;
(4) 适用于相对黏稠的涂料(如水性涂料),可喷黏度为 20~100s 的涂料;
(5) 涂料利用率高于气压喷涂,可达 80%~90%。
无气喷涂的缺点如下:
(1) 每种喷嘴的喷出量和喷出漆形不能调节;
(2) 不宜大量喷体质颜料,否则易堵喷嘴;
(3) 成本比气压喷涂设备高;
(4) 不易形成开放漆(open-pore)等薄漆膜。

4. 空气辅助压力喷涂

空气辅助液压雾化系统整合了气压系统和无气系统,通过降低涂饰压力改善无气系统存在的问题,补充性的低压空气形成更温和的扇形气流。辅助气流由喷嘴处的空气射流形成,初始压力为 4~8MPa。气流对漆膜起雾化作用,同时形成扇形射流,使雾化压力降低,减少了喷涂后坐力。空气辅助无气喷涂示意图如图 8-18 所示。

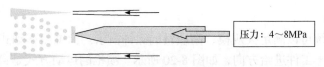

图 8-18　空气辅助压力喷涂示意图

空气辅助液压雾化系统具有无气系统的优点，同时增加了涂料消耗量的精确性。漆膜更加均匀，外观质量得到提高。该系统可以涂饰小尺寸部件或复杂部件(三维、模压)，适用于着色剂、底漆、面漆等各种涂料。

5. 喷涂系统的操作

喷涂工作可以完全由人工完成，或辅助以不同程度的自动化设施，如机械手。具体的选择取决于诸多因素，如价格、法规许可等。在车间层面，主要需要考虑的是易操作性，对员工技能要求和维护保养等。

1) 手工喷涂

喷漆工应在通风良好的喷涂间进行操作。挥发出的溶剂和未附着的油漆颗粒必须通过水幕或过滤器持续去除。

喷涂的方向须与排气流动方向一致。排气强度与方向对油漆液滴施加额外的作用，从而进一步影响喷涂效果。

手工喷涂主要用于小尺寸或复杂形态的工件。喷涂效果很大程度上取决于操作工的技术与受训水平。

2) 机械手喷涂

对于组装好的家具等具有三维结构的产品，机械手喷涂可以更好地适应规模化生产的速度。机械手根据移动轴的数量来进行分类，最简单的系统喷枪只能进行前后和左右(两轴)的移动，适用于窗框的涂饰。对于具有空腔和隐蔽面(如椅子)的复杂三维结构的产品，需要采用"拟人化"的机械手(机器人)，该种仿真手臂通过计算机控制臂杆与转动关节，喷涂机械臂如图 8-19 所示。

图 8-19　喷涂机械臂

3) 自动涂饰

自动喷涂系统可以满足大规模、高质量的涂饰需求。涂饰由移动式喷枪完成，其运行轨道一般垂直于工件进给方向，如图 8-20 所示。喷枪的运动方式是自动喷涂系统的特征性参数。自动喷涂系统的生产效率由以下因素决定：

(1) 漆面要求(如显孔、填孔)；

(2) 工件形状；

(3) 喷枪的运动方式；

(4) 喷枪数量。

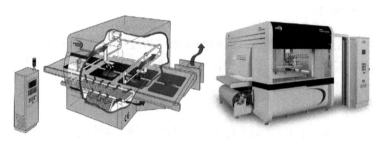

图 8-20　自动喷涂系统

不同厂商自动喷涂系统的配置各有差异，主要表现在：

(1) 工件输送方式；

(2) 自动清洁和漆色变化方式；

(3) 涂料回收方式；

(4) 吸气方式；

(5) 压力水平；

(6) 废水处理工艺；

(7) 自动控制方式；

(8) 工件识别系统和喷枪电控系统；

(9) 喷枪运动系统。

对工件尺寸的自动扫描使喷涂更加精准，减少了涂料的损耗。压力系统的风机将清洁空气送入喷漆室，这样防止了喷出的多余漆雾和粉末对喷涂质量产生影响。

与辊涂和淋涂相比，自动喷涂系统的一个优点是可以对工件边部和成型工件进行涂饰。

6. 静电喷涂

传统的静电喷涂装置是将喷涂系统与一个配有变压器的发电机或电池组相结合，发电机或电池组使工件或涂料颗粒荷电。对涂料颗粒荷电是由喷枪口附近的电极完成的。20 世纪 30 年代，该工艺已衍生出很多类型。因此，雾化涂饰系统均可通过荷电的方式进行改善，而对目标工件的静电吸引力大大提高了涂料的利用率。

高压电极通过一个点或边在其周围产生离子(电晕)使喷出的涂料颗粒荷电，此外也可以通过接触、电磁感应和摩擦等方法荷电，对于液态颗粒，电晕和摩擦是最常见的方法。

荷电颗粒借助射流的动能喷向基材，通过静电力吸附在接地基材表面，这使得涂料可以包裹住工件，包括隐蔽面在内的各个表面。

影响静电吸附的因素可归纳如下。

(1) 基材的导电性和形状。基材需要有足够的导电性将涂料颗粒传递的电荷释放掉。干燥的木材是一种绝缘材料，它的导电性取决于含水率水平。如果待涂饰的木材比较干燥，涂料就会吸附到接地喷漆柜的其他部位。为避免这个问题，在环境干燥时，一个方法是静电喷涂应在一个"云雾室"内进行；另一个方法是在木材表面预涂上导电性的底漆。对于形状，法拉第笼效应限制了涂料向木材孔隙中的渗透能力，具有圆润形状工件的涂饰效果也优于具有尖锐边角的工件。

(2) 电场电荷。静电力的强度取决于两个因素：①传递到涂料颗粒上的电荷(电极极性)；②喷枪与基材之间的距离一般为 200~300mm。一个典型的静电系统电压为 4~6kV/cm，最大电流为 150μA。

(3) 涂料的比电阻。比电阻表征液态涂料抵抗电流流动的程度，是和导电率相反的指标。静电喷涂适宜的比电阻范围在 25~100MΩcm。一些溶剂性涂料的比电阻显著高于这一范围，一旦比电阻超过200MΩcm，静电效应就是衰减的。可以通过添加导电的极性溶剂来降低涂料的比电阻。对于水溶性涂料，比电阻过低又成了另一个问题。静电喷涂时，需要将水溶性涂料隔绝。

(4) 颗粒尺寸与速度。静电效应对小颗粒更有效，因为此时单位面积上的荷电量更大。涂料颗粒的尺寸取决于喷枪、表面张力和黏性等多个因素。速度也是一个重要的影响因子，低速颗粒改变初始轨迹的可能性更大。

(5) 环境条件。环境温度升高导致溶剂挥发，使涂料颗粒的尺寸变小，而单位面积上的电荷强度被增强。空气湿度也是一个重要参数，它可以增加空气的导电率，从而增强颗粒向基材的输送能力。

7. 粉末涂料的喷涂

粉末涂料可通过流化床或静电方式喷涂。木材的耐高温性差，只有木材衍生产品，特别是中密度纤维板才适用于这种方法，因此主要通过静电喷涂技术进行涂饰。中密度纤维板基材可以通过水平传送带或悬式运输机竖直进料。

水平输送时，喷涂的均匀性和附着力都很好，竖直输送可以实现单次通过完成对各表面的涂饰。无论采用哪种输送方式，都要保证涂料颗粒能有效地喷向基材。粉末喷涂工艺主要由五步构成：

(1) 预热基材；

(2) 粉末喷涂；

(3) 粉末融化；

(4) 涂层固化(加热炉、红外光照、紫外光照)；

(5) 冷却。

静电喷涂主要有两种方法，它们的主要区别为给涂料颗粒荷电的原理。电晕系统使用高压装置，而摩擦系统通过摩擦荷电。

1) 电晕系统

电晕系统主要由四部分构成:

(1) 粉末进样系统(料槽与管道);

(2) 静电喷枪;

(3) 高压发生器(约 100kV);

(4) 空气泵。

喷涂过程中多余的涂料一般会通过适当方式回收,它可以将空气与粉末分离开来,同时保持清洁以备涂料变化。电晕系统与液体涂料的静电喷涂系统具有很大相似性,电极布置在喷枪的出口处。

粉末颗粒通过电极的电离作用荷电,顺气流喷向基材。粉末颗粒的尺寸必须控制得当,过小的颗粒会过度荷电并在基材的尖角处聚集;相反,尺寸过大的颗粒会吸附过多电荷,而漆膜的厚度会不均匀。气流中的自由离子也会吸附在接地基材上,并在材料凹部聚集。法拉第笼效应导致漆膜厚度不均(橘皮现象),且无法渗透到材料的孔隙中,也无法对形态复杂的产品进行均匀的喷涂。增加气流速度能减轻这一问题,但速度过快会降低粉末吸附的时间。

2) 摩擦系统

在摩擦系统中,电荷通过涂料颗粒与塑料管道表面的摩擦而产生。若材料是聚四氟乙烯(PTFE),则电荷往往是正的,但这也取决于粉末的化学结构。摩擦系统与电晕系统相比,颗粒的荷电较弱,相互的排斥力也较小,因此涂层的均匀性会更好。

摩擦系统中没有自由离子,减小了法拉第笼效应,单个喷枪的喷涂量小于电晕系统,但可以通过采用多个喷枪来解决。

应正确选择和配比涂料的化学成分,环氧树脂和聚酯原料荷负电,尼龙则荷正电。除上述参数,粉末喷涂中还需要考虑基材的导电率。对于实木锯材,在粉末喷涂时需要具有足够的导电性,以便对电荷进行接地处理。湿度与含水率在此方面具有重要作用。虽然高湿度有利于增加材料的导电性,但也使加热阶段材料的水分挥发量增加,导致鼓泡、发白和凹陷等漆膜质量问题。其他增加导电率的方法包括使用导电性底漆、在中密度纤维板中施加添加剂等。

8.4　涂饰工艺

用涂料涂饰木质制品的过程,就是木材表面处理、涂料涂饰、涂层固化以及漆膜修整等一系列工序的总和。各种木质制品对漆膜理化性能和外观装饰性能的要求各不相同,木材的特性(如具有多孔结构、各向异性、干缩湿胀性、某些树种含有单宁和树脂等内含物)以及木质制品生产中大量使用刨花板、中密度纤维板等人造板材,都对木质制品涂饰工艺和效果有直接的影响。

木质制品的涂饰根据使用的涂料种类、涂饰工艺和装饰要求的不同,形成了不同的分类方法,其主要类别及其特征如表 8-3 所示。

表 8-3　木质制品的涂饰类别及其特征

涂饰类别		特征		
		涂料	漆膜	工艺
按是否显现木纹分	透明涂饰(清水涂饰)	各种清漆	漆膜透明并保留和显现木材的天然纹理和色泽,纹理更明显,色彩更鲜艳悦目,木质感更强	基底处理:表面清净(去污、除尘、去木毛)、去树脂、漂白(脱色)、嵌补; 涂料涂饰:填孔或显孔、着色(染色)、涂底漆、涂面漆; 漆膜修整:磨光、抛光
	不透明涂饰(混水涂饰)	各种色漆	漆膜完全遮盖木材的纹理和颜色,漆膜的颜色即木质制品的颜色	表面处理:表面清净(去污、除尘、去木毛)、去树脂、嵌补; 涂料涂饰:填平、涂底漆、涂面漆; 漆膜修整:磨光、抛光
按漆膜表面光泽分	亮光涂饰	各种清漆和色漆	填实木材管孔、漆膜厚实丰满、光泽度在 60% 以上	(1) 原光涂饰:气干聚酯漆和光敏漆的漆膜原光质量好	不进行漆膜的最后修整加工,工艺简单、省工省时
				(2) 抛光涂饰:表面平整光洁、镜面般光泽装饰质量高	在原光涂饰漆膜的基础上增加漆膜的研磨和抛光等工序
	亚光涂饰	各种清漆、亚光清漆、亚光色漆	漆膜较薄、光泽微弱而柔和	(1) 填孔亚光:填满管孔。 ① 亮光涂饰+研磨消光; ② 亚光漆直接涂饰	① 用亮光涂饰后再研磨消光,其他工艺与亮光涂饰相同; ② 用亚光漆直接涂饰成消光漆膜
				(2) 半显孔亚光涂饰:不填满管孔,不连续、不平整的漆膜,降低光泽度	因不填或不填满管孔,且面漆涂饰次数少,工艺简单、省时省料
				(3) 显孔亚光涂饰:不填管孔,不连续、不平整的漆膜,降低光泽度	

木质制品由于使用的基材和饰面材料不同,其涂饰工艺有所不同。当用刨切薄木(或旋切单板)和印刷装饰纸贴面以及镂铣、雕刻、镶嵌等艺术装饰的板式木质制品,一般采用不遮盖纹理的透明涂饰工艺;而用刨花板、中密度纤维板等材料且表面不进行贴面装饰的木质制品,常采用不透明涂饰工艺,运用各种色彩来表现其装饰效果。

各种涂饰类型的基本操作过程和内容都是一样的,其基础理论也是相同的,一般涂饰工艺过程可分为三个阶段,若干个工序,涂饰工艺过程如表 8-4 所示。

表 8-4　涂饰工艺过程

序号	工序名称	工序基本目的	工艺阶段
1	表面清净	提高美观性和其他材料的附着力	基底处理
2	去树脂	提高其他材料的附着力	

续表

序号	工序名称	工序基本目的	工艺阶段
3	脱色	减淡工件表面颜色、减少工件表面颜色差异	
4	嵌补	降低基底不平、减少涂料浪费	
5	填孔	降低基底不平、减少漆膜中的气泡和涂料浪费、强调木材纹理	
6	染色	使工件外观具有某种颜色、强调木材纹理	
7	涂饰底漆	起隔离、封闭作用，降低成本	涂料涂饰
8	层间处理	减少漆膜不平、提高下一层材料的附着力	
9	涂饰面漆	提高漆膜性能	
10	磨光	使漆膜表面平整光滑	表面漆膜修整
11	抛光	提高漆膜的光泽	

1. 基材的准备

漆膜很薄，不可能将所有的基底缺陷都遮盖住。只有基底的粗糙度远小于漆膜的厚度才能获得均匀平整的漆膜，漆膜质量状态在很大的程度上取决于木质制品基底的表面状态。基底处理阶段包括表面清净、基材漂白、去树脂、嵌补等几个工序。

1) 表面清净

表面清净就是利用一些手段将工件表面清理干净，增强涂料附着力，为方便涂饰处理和获得高质量漆膜做准备。表面清净工序主要包括磨光、去木毛、去污、除尘等。

磨光(或砂光)是产品涂饰前的最后一道加工，它磨掉木材表面的木毛、灰尘，得到光滑而均匀的表面，同时去除之前加工产生的缺陷。

磨光(或砂光)也可以是涂饰工艺的一个环节，在前面涂饰漆膜干燥后和面漆涂饰前进行。砂光在这里的作用是磨去涂饰中木材表面竖起的纤维，增加后续涂饰中涂料间的内结合力。

砂光工艺有以下几种。

(1) 自动砂光。自动砂光系统可用于平板类部件的处理。自动砂光机配有 2～3 个砂架，第 1 个砂架的砂削方向往往垂直于板材进给的方向，而后面的 2 个砂架的砂削方向与板材进给方向平行。后面的 2 个砂架中，第 1 个进行粗砂，第 2 个用来细砂。自动砂光机表面还配有清扫装置，用以在最后清除木材表面的粉尘，如图 8-21 所示。木粉尘若不及时清除，则会造成健康和安全隐患，应及时吸集处理。

带式砂光机是常见的砂光机类型，此外还有盘式砂光机和鼓式砂光机。在大规模生产中，砂光机还可能需要处理曲面部件。对于组装好的家具三维表面，可用尼龙刷进行处理，它们的磨削性比砂削弱，不适用于硬质表面。

(2) 半自动砂光。半自动砂光机配有粉尘吸集装置，工件通过人工进料，一般进行两道砂削，砂光材料可以是砂带、砂盘或砂鼓。

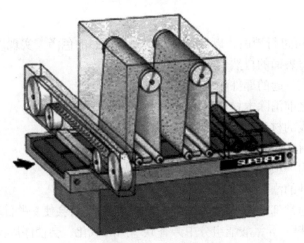

图 8-21　自动砂光机

（3）手工砂光。手工砂光通常用来处理具有复杂表面的产品，采用的工具可以是刷子或砂板。砂板装在振动头上，砂削时应注意避免在材料表面留下印痕。手工砂削的磨料可以是砂纸、刷子或金属丝。

砂纸由基材和磨粒构成，磨粒黏附在纸制基材上，主要是不同大小的矿物质材料颗粒，如硅酸盐、氧化铝等，磨粒的尺寸以"目"表示。表 8-5 为不同规格的磨粒与其对应的类别。

表 8-5　不同规格的磨粒与其对应的类别

目数	类别
40，60，80	极粗
100，120，150	粗
180，200，240	中等
280，320，360	细
400，500，600	极细
700，800，900	超细

目数表示用筛网分选不同尺寸的磨粒时，每平方英寸的筛孔数。目数越高，表示单位面积上筛孔的数量越多，磨粒的尺寸越小。

砂纸的其他特征参数有以下几个。

（1）磨粒密度。磨粒分布越密，砂削的效率就越高，但也可能造成材料表面的不平整，因此应根据需要进行平衡。

（2）基材。基材赋予砂纸韧性和机械强度。

（3）胶黏剂。胶黏剂将磨粒黏合在基材上，它必须能耐受砂光过程中的高温。

2) 基材漂白

对特定树种可进行漂白,以消除或减少木材自然的色泽,实现以下功能:

(1) 消除木材表面的自然色斑;

(2) 使组装在一起的部件颜色统一;

(3) 在上色之前消除木材原有的材色;

(4) 获得较浅的材色。

漂白在操作上存在一些不足,对其应用构成了限制。

(1) 漂白作为一项额外操作,增加了生产成本。

(2) 不同树种的漂白效果不尽相同。

(3) 漂白剂通常都是强氧化剂,其在木材表面的残余会使一些涂料组分发生氧化,特别是对聚氨酯涂料、异氰酸酯组分中芳香族基团的氧化,会使漆膜颜色变浅。

(4) 漂白剂中的活性物质对操作者存在潜在安全风险。

(5) 漂白剂的常用组分是过氧化氢,它具有相当强的氧化性,因此有必要在酸性条件下进行操作,以促进反应。

其他氧化剂或还原性漂白剂的应用在木材工业中较为少见,偶尔会有酸性漂白剂(草酸或氟化氢)用于消除木材局部色斑或由铁粉等造成的材色污染。

3) 去树脂

许多针叶材如落叶松、红松、马尾松等,均含有丰富的松脂,松脂的主要成分为松节油和松香。遇热或有机溶剂时,松节油和松香会渗出木材表面,影响着色、涂料的固化和漆膜的附着力。因此,在涂饰涂料前要脱除树脂(脱脂)。脱脂的方法有以下几种。

(1) 高温干燥法:在木材环节采用高温干燥技术,利用高温和汽蒸等将树脂从木材内部迁移到表面或挥发掉,除掉树脂。

(2) 封闭法:将聚氨酯封闭底漆或虫胶漆涂在工件表面,阻止树脂的外逸。

(3) 挖除法:将木材分泌树脂较多的部位挖掉,然后补上相应的木块。

4) 嵌补

木材表面上出现虫眼、节子、钉孔、开裂、压痕等,在涂饰前必须用腻子将这些孔缝填平,这种操作称为嵌补。嵌补用的腻子是用粉末状颜料与黏接剂等物混合而成的,形成黏稠的膏状物,腻子通常是在现场调制的。颜料常用碳酸钙(大白粉)、硅酸镁(滑石粉)、氧化锌(锌白)、硫酸钡(钡白)和各种着色颜料(如氧化铁红、氧化铁黄等),黏接剂常用乳白胶(聚醋酸乙烯酯乳液胶),也有用虫胶漆、硝基漆、聚氨酯漆等涂料的。

2. 涂料涂饰阶段

涂料涂饰前必须对白坯木料填孔、着色。

1) 填孔

填孔的目的是用填孔剂填导管槽,使其表面平整,此后涂在表面上的涂料就不至于过多地渗入木材中,从而保证形成平整而又连续的漆膜。填孔剂中加入微量的着色物质可同时进行适当的染色,更鲜明地显现出美丽的木纹。填孔是制作平滑漆膜不可缺少的重要工序。为了突出木材的自然质感,简化工艺,对栎木、水曲柳等大管孔材往往不进行填孔，应进行显孔或半显孔涂饰。

2) 着色

着色就是使木质制品表面具有某种颜色或颜色图案的操作过程。企业希望木质制品外观是某一色调，或者希望模拟某种名贵木材的颜色(颜色图案)，就需要对不太符合要求的地方进行着色处理，其目的就是使木质制品外观具有预期的颜色特征，美化木质制品。

木质制品着色使用着色剂，着色剂用能使基底形成颜色的物质(颜料、染料)与分散剂(水、油、树脂、溶剂)混合调配而成，常见的有三种：颜料着色剂、染料着色剂和色浆着色剂。

3) 涂饰底漆

构成漆膜底层的涂料称为底漆，构成漆膜上层的涂料称为面漆。

底漆的作用有封闭基底、提供平整底层、降低成本、减少面漆消耗、改善漆膜性能、增加漆膜的韧性和耐磨性能等。

涂饰底漆要兼顾基底漆和面漆，注意与基底漆及面漆之间的附着力。目前我国常用聚氨酯漆、硝基漆作为底漆。仅起封闭作用的底漆，其固含量一般较低，通常涂布一遍；起填充和降低成本作用的底漆，固含量一般较高，通常涂2～3遍。

涂布底漆可选择刷涂、揩涂、喷涂、辊涂和淋涂，目前企业中应用最普遍的是喷涂，少数采用辊涂或淋涂。

4) 底漆漆膜处理

底漆漆膜处理主要包括漆膜磨光和漆膜补色两部分。

(1) 漆膜磨光：漆膜磨光就是用砂纸对漆膜进行研磨处理。

漆膜磨光既可以消除漆膜的不平，又能提高漆膜的活性，改善与下一层漆膜的附着力。漆膜磨光分干磨和湿磨两种方法。

一般漆膜磨光只需将漆膜磨乌(失去光泽)即可。

(2) 漆膜补色：弥补和修正基底颜色差异的过程称为补色(修色、拼色)。为保证进行漆膜补色时不会影响原有的着色效果，通常在涂饰1～2遍底漆后进行补色。

一种补色方法是有丰富经验的工人用毛笔在漆膜局部一点一点修补，直至将颜色校正；另一种方法是利用带颜色的清漆大面积涂布在底漆上，以此校正颜色。无论是哪种处理方法，对生产效率和成本都有一定的影响，因此也只是在高档木质制品中进行补色处理。

5) 涂饰面漆

涂饰面漆的操作与涂饰底漆相似，但要求更细致，最好在底漆干燥24h以后再涂饰面漆。

面漆的固含量应低些，涂层的流平性好，一般面漆涂1～2遍，高档木质制品也有涂3遍的。同一批木质制品要用同一批次、一次调配的漆。

6) 面漆漆膜处理

普通用途的产品，面漆干燥后即为成品。高档和特殊要求的产品，还需要对干燥后的漆膜进行磨光、抛光和打蜡处理。

习　题

1. 家具涂饰的目的是什么?
2. 家具涂料施工方法有哪些?
3. 木制品涂饰基本工艺过程是什么?
4. 如何控制油漆间的空气质量?
5. 漆膜的修整方法主要有哪些?

参 考 文 献

顾炼百. 2011. 木材加工工艺学. 2 版. 北京: 中国轻工业出版社.

李军, 熊先青. 2011. 木质家具制造学. 北京: 中国轻工业出版社.

吕斌. 2017. 我国木门产业发展现状与建议. 中国人造板, 24(5): 1-5.

梅启毅. 2002. 木制品生产工艺. 北京: 高等教育出版社.

宋魁彦, 郭明辉, 孙明磊. 2014. 木制品生产工艺. 北京: 化学工业出版社.

王传贵, 蔡家斌. 2014. 木质地板生产工艺学. 北京: 中国林业出版社.

蔚建元. 2016. 浅析未来我国家具产业的制造模式. 江西建材, 201(24): 247.

张晓明, 李丹丹. 2014. 木制品生产技术. 2 版. 北京: 中国林业出版社.

朱长岭. 2013. 中国家具行业可持续性发展探讨与展望. 家具, 34(1): 1-5.

Bulian F, Graystone J A. 2009. Wood Coatings: Theory and Practice. Amsterdam: Elsevier.